六ヶ所村核燃料サイクルの今

小山内 孝

本の泉社

はじめに

世界は10ほどの大きなプレートから成っています。そのなかで島弧日本列島は、４つのプレートで成り立ち、そのきしみ合いで誕生しました。しかもそのプレートは、年間約7～8センチも移動していまず。北は亜寒帯・南は亜熱帯に位置する日本列島は、地震や火山噴火が頻発する世界で最も危険な災害列島です。

また、気候上も、ヒマラヤ山脈の形成に端を発し、モンスーン地帯となり、現在は、地球温暖化の影響による「爆弾低気圧」と呼ばれる風速50メートル以上の台風と大雨や大雪による大災害列島です。

原子力発電、再処理工場、核燃料サイクルなどをおこなうところではありません。リニア新幹線を走らせるところでもありません。また、高レベル放射性廃棄物（ガラス固化体）を処分する地層もありません。

日本の核燃料サイクル（※使用済み核燃料の再処理・操業・最終処分まで。アクティブテスト中の高レベル放射性廃液をそのままにして置くのは危険すぎます。ただちにガラス固化体にしてください。MOX燃料加工建設・操業処分まで。高レベル放射性廃棄物・貯蔵・貯蔵輸送・最終処分まで。TRUを含む低レベル放射性廃棄物・処理施設建設・最終処分・中間一時貯蔵まで。）の始まりから終わりまでの総費用は45兆円以上となります。これが日本国民から電気料金と税金として徴収されるのです。

日本の核燃料サイクル政策は、初めから原子力発電の全使用済み核燃料を「全量再処理」し、プルトニウム循環を目指したものです。

しかし、高速増殖炉「もんじゅ」のナトリウム火災事故（１９９５年12月8日）により、高速増殖炉サイクル構想は破綻しました。その後の軽水炉サイクル、プルサーマルサイクル、高速炉サイクルは夢想に近い非科学的な技術的にできもしないサイクルです。

また、六ヶ所村は、大陸棚外縁断層という大活断層が存在します。マグニチュード9の地震で、送電鉄塔は倒れ、外部電源がなくなります。

高レベル放射性廃棄物（ガラス固化体）は、外気による冷却です。真夏には90度に近い熱風が管から吹き出しています。その空気の通路管が地震などにより数ミリでも移動するだけで、管のなかの温度がすぐにステンレス容器の融解温度である４００度を超し、ステンレス容器は崩壊し、高レベル放射性廃棄物が外気に出る可能性すらあります。青森県知事は「安全最重視」と言って、海外からガラス固化体を受け入れていますが、ガラス固化体の安全性の検証は一度も為されていません。

このことに対して「日本学術会議」は２０１２年9月11日に、現在の原発をやめ、廃棄物の総量を規制し、高レベル放射性廃棄物（ガラス固化体）を現在より安全なキャスクに保管する「暫定保管」を提案しています。その間に、処分方法の社会的合意を得、処分方法を考えることを提案しています。直ちに**キャスク保管**にすべきです。

国が提案している「科学的特性マップ」による「地層処分」は、３・11福島原発震災により、全く不可能となっています。地層処分地を申し出た自治体があったとしても、日本の地質で長期に安定した地層はありません。国が六ヶ所村から搬出する時間は、２０２０年から、あと25年となりました。青森県も六ヶ所村も、国へ約束通りに高レベル放射性廃棄物の搬出を迫る時です。

また、六ヶ所再処理工場内に存在する高レベル放射性廃液の貯槽に存在する液体は、現在絶えず水素（H_2）と「崩壊熱」が発生し続けています。大地震などで「全電源」が喪失すると、高温や水素爆発の危険にさらされます。しかし、これは最も重要なことですが、原子力の発電に関して直接、施設に立入調査する権限をもつ真の規制機関がありません。

国連での「核兵器禁止条約」が50ヵ国の批准で成立しました。条約の第一条は、核兵器の開発、製造、保有、使用、威嚇から、さらに自国の管理下への配置許可まで、すべての活動を違法としました。故古川和男氏は著書『「原発」革命』（文藝春秋社）で、プルトニウムと核兵器のない、平和にかける熱意・意欲を語っています。私の思いも同じです。現在所有している約47トンのプルトニウムや高レベル放射性廃棄物を燃やし尽くせる「トリウム溶融塩炉」サイクルを実現し、1日も早くプルトニウムと核兵器のない世界にしましょう。

２０２１年4月1日　小山内　孝

【第1部】

I　世界で地質学上・気候上最も危険で美しい島弧日本列島──多様な地形と四季──

1　危険で美しい島弧 日本列島
──7つの偶然から奇跡的に生み出された危険な災害列島さらに現代では人為的な地球温暖化により、日本は世界で最も危険な災害列島に──

これから啓林館の『地学 改訂版』の教科書によって、島弧日本列島が世界で地質学上、また、気候上最も危険な列島であることを見て行きたいと思います。教科書が最もよくその危険性を表現しているからで、島弧日本列島は、7つの偶然から奇跡的に生み出された危険災害列島です。

第1は、中生代から新生代への地質時代の大変化は、巨大隕石が海ではなく、メキシコのユカタン半島に落下し、その結果、地球の気候に大変動が起こり、99%以上もの生物種が絶滅し、中生代が終わり、新生代へと地質時代が変わったことです。生物種も中生代に繁栄していた恐竜の時代から、新生代の哺乳類の適応放散への時代に変わりました。人類の祖先キネズミのようなプロンコンスルが出現し、人類の祖先が現れたのです。また、植物も裸子植物から被子植物へと変わって植物の多様化が進行しています。

第2は、世界のプレートが10ほどなのに、日本にはそのうちの4つのプレートが存在し、そのきしみあいで誕生しました。

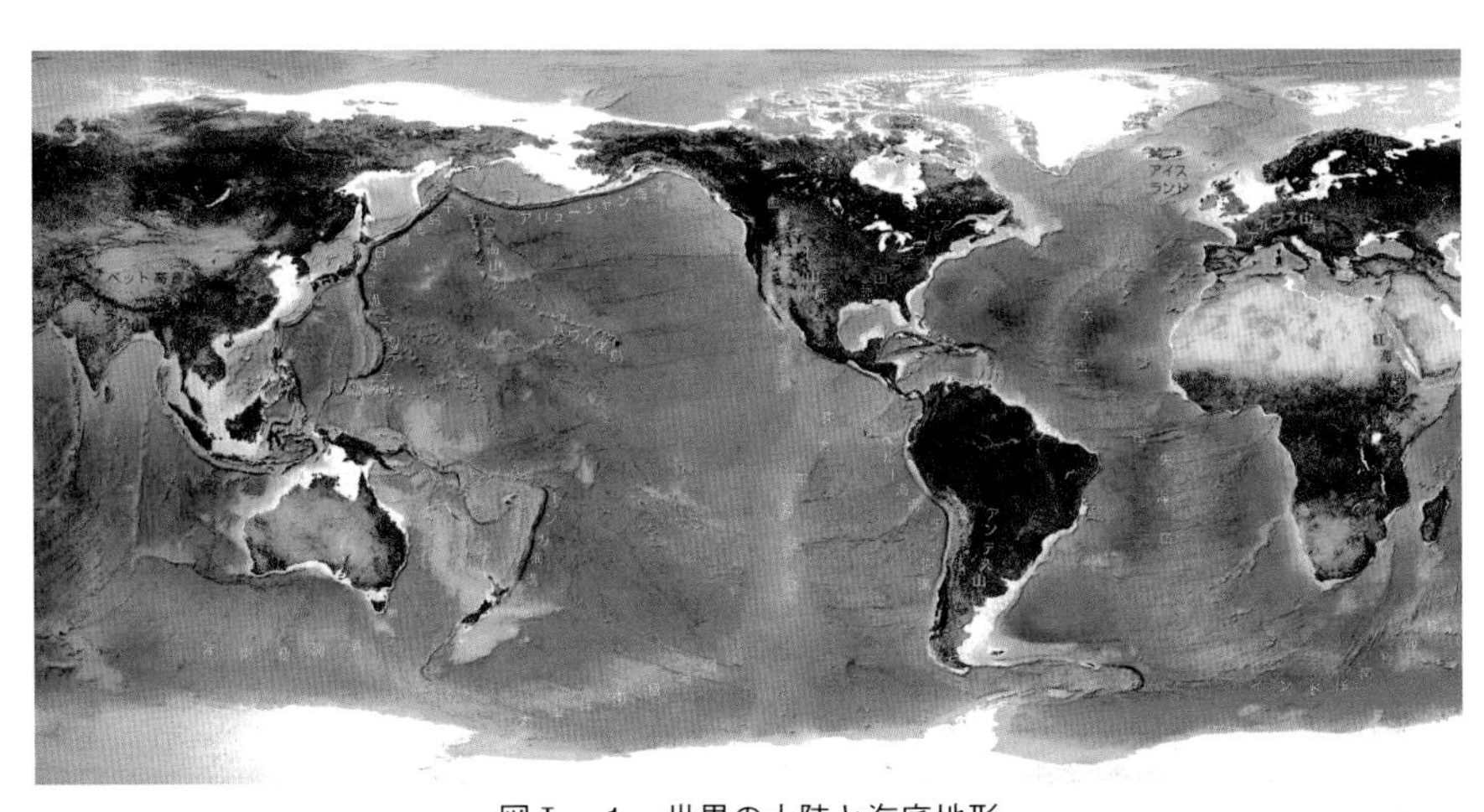

図Ⅰ－1　世界の大陸と海底地形
出所：磯崎行雄　川勝均　佐藤薫『地学改訂版』平成29年2月6日　新興出版社　啓林館（表2）　※写真：株式会社ピーピーエス通信社

第3は、インド亜大陸が、約2億年前に南極大陸と分離して北上し、約5000万年前にアジア大陸と衝突しはじめ、密度の小さな大陸は持ち上げられ、ヒマラヤ山脈が出現したことです。現在もヒマラヤ山脈は高くなり続けています（図Ⅰ—2参照）。

海側・東側は、海から湿った風により、雨の多い大陸性気候と変わり、森林地帯となり、ヒマラヤ山脈の反対側は、乾燥し、砂漠化しました。このころ、東側は多雨モンスーン性気候のはじまりとなりました。現在は、人為的なCO_2の増加などによる地球温暖化で海水温度が上昇し、日本には強力な雨台風を増やしています。

地球温暖化については、後述します。

第4は、日本海の誕生です。

新第三紀の中ごろ（約1500万年前ごろ）に、アジア大陸の東縁の地殻が裂けて広がり、「大陸地殻」ができ、その隙間に複数のリフト帯が生じました。そして、原日本海が誕生しました。

第5は、南北に長い弓状の島弧日本列島は4つのプレートの境界がアジア東縁にできたことです。また、約1400万年前ごろ、紀伊半島の北側から史上最大の噴火が次々に起こり、火山噴火口が約40キロメートル、火山灰が1日に2000メートルも降り積もる巨大火山も出現しました。激しい地殻変動の基ともなっています。この巨大噴火のことを**巨大カルデラ噴火**と言っています。カルデラ噴火は、その火山灰で世界の気候を変えたほどの大噴火です。ユーラシアプレート・フィリピンプレート・北アメリカプレートの3つのプレートが東西から圧縮され、それに太平洋プレートがユーラシア大陸の下に沈み込み、日本列島は隆起し、高山が南から北へ石鎚山や八海山、北の日高山などが形成されていったのです。

第5は、日本列島の中央部に岩石や地層の変形が激しい所ができ、その屈曲部付近を大地溝帯**フォッサマグナ地帯**と言っています。これが危険な島弧日本列島の現実の姿です。

東日本の火山前線も、本州中部で南北になり、伊豆・小笠原弧へ続くフォッサマグナ地帯も、日本列島のなかで、北海道中部地域（図Ⅰ—3）とともに、新生代後期にプレートの動きで地層が最も変形していっ

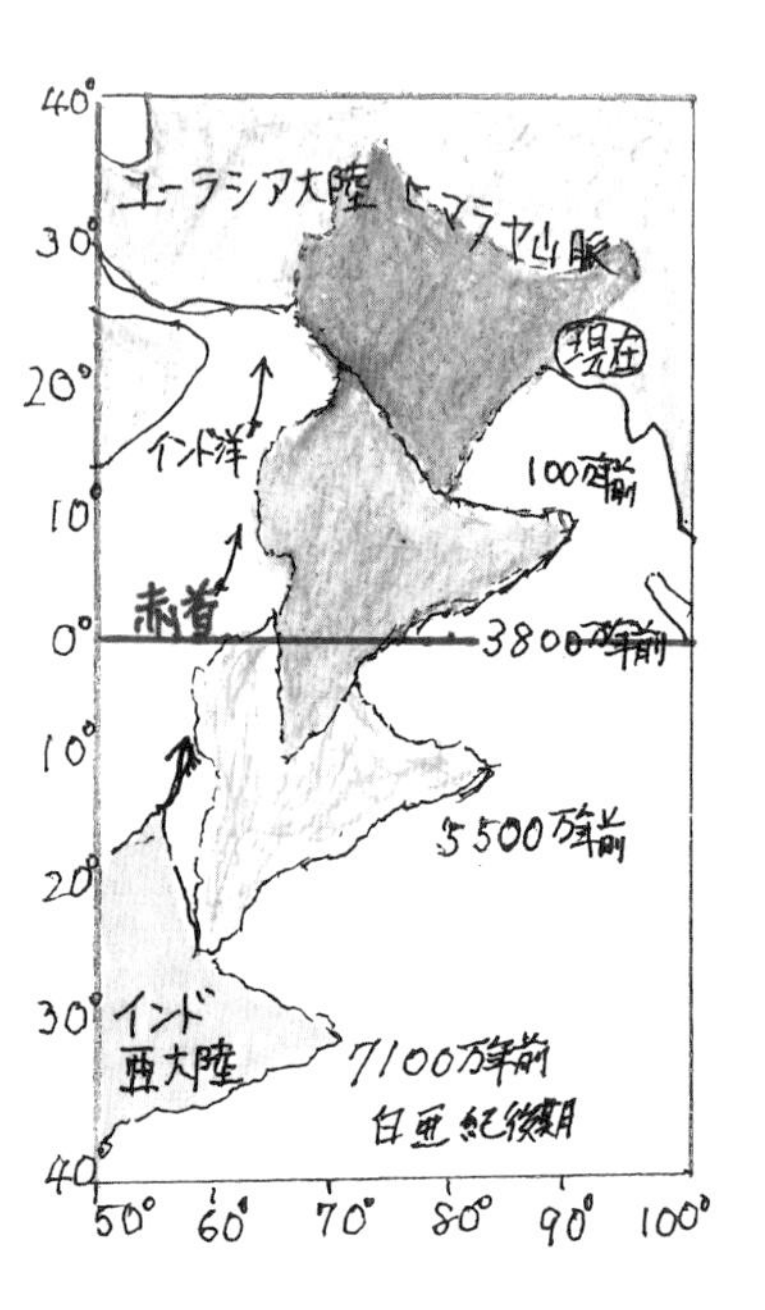

図Ⅰ－2　ユーラシア大陸へインド亜大陸への衝突

ヒマラヤ山脈の成り立ち
──地球の気候の大変動に──

ヒマラヤ山脈は、大陸のプレート同士が衝突してできた山脈です。ヒマラヤ山脈は、約1000万年前にインド亜大陸を載せたプレートとユーラシア大陸のプレートとの衝突で始まり、大山脈が形成されていったのです。
大山脈は褶曲や断層が見られる複雑な地層構造が現れます。山頂付近では海に生息していた化石が見られることがあります。
やがて、ヒマラヤ山脈の北側は、草原・高原に、南側は熱帯多雨林となっていきます。

た危険な所です。

なかでも、フォッサマグナの西縁に位置する糸魚川――静岡構造線は、西南日本から東西に連続する中央構造線を横切っています。島弧日本は本当に世界で最も危険で変化のはげしい美しい列島が出現したのです。

第7は、**ホットスポット**と呼ばれるマグマの湧き出す火山活動があります。このの火山のマグマはハワイ島から始まり、日本列島に至っていることで有名です。

最近、地質学、地震学、火山学の進歩は、著しいものがあります。かつては、地震や火山など個別のものとして理解されてきましたが、1960年代に入って、プレートテクトニクスという考え方が登場し、日本周辺の4つのプレートの動きによって、統一的に火山・地震なども説明できるようになりました。

GPS（全地球測位システム）を日本列島各地や海底にまで多数配置し、その観測結果から、プレートの動きを正確に測定することができるようにもなってきています。そのことから、ある程度地球上の地震・火山などの過去の動きと今後の地殻変動を予測できるようにもなってきています。

また、日本列島がどのように誕生し、日本海がどのように形成されたか、日本列島が現在どのように動いているかがわかるようにもなってきています。高校の「地学」

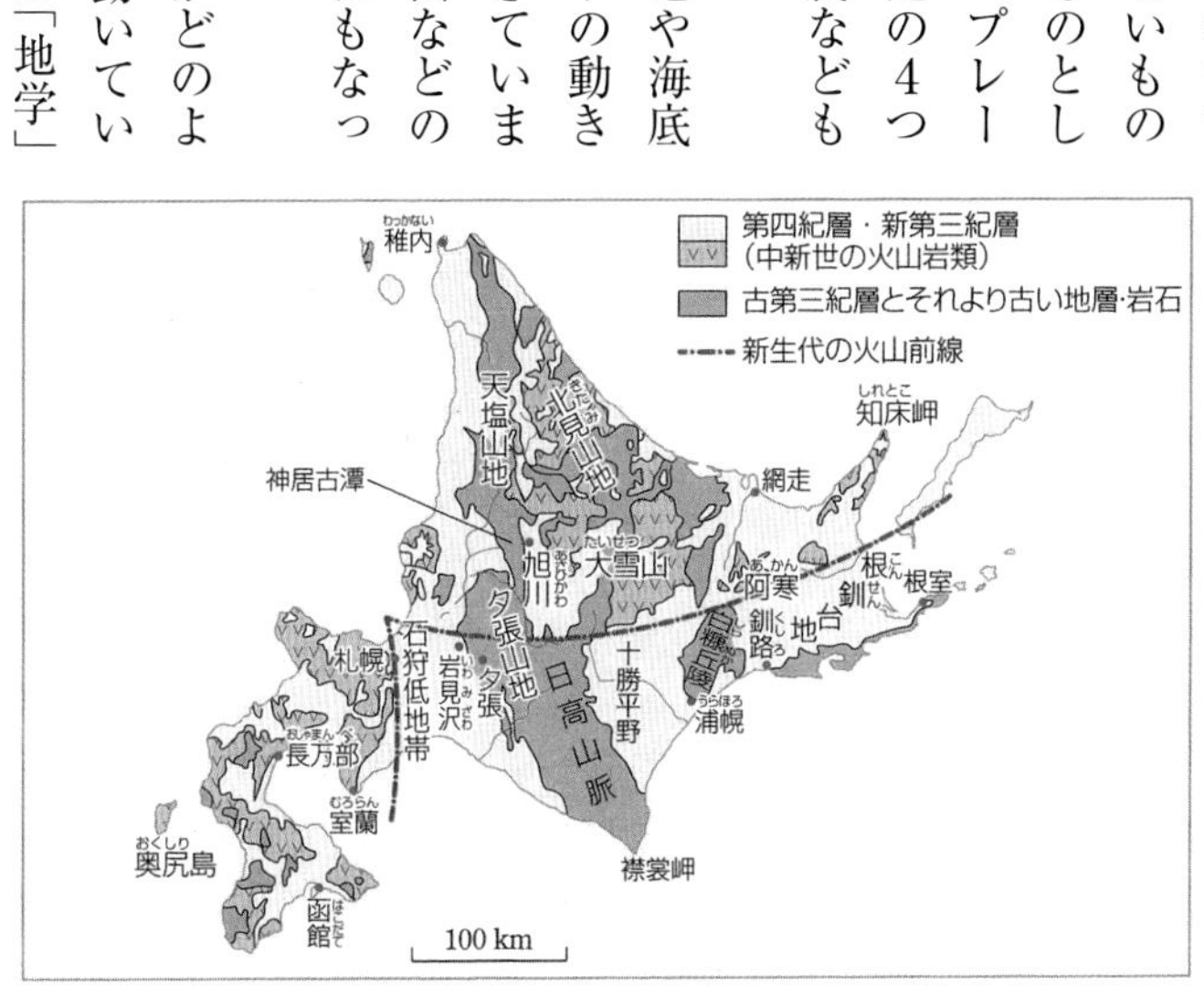

図Ⅰ－3　衝突できた北海道中央の山脈

出所：磯崎行雄　川勝均　佐藤薫『地学改訂版』平成29年2月6日　新興出版社　啓林館（p.207）

の教科書は、日本列島がいかに危険・災害列島であるかを実に良く説明しています。

また、現在は、地球温暖化により、自然災害がますます増大しています。そのことについては、気象庁HPにある「気候変動監視レポート2019」に詳しく掲載されていますので、ぜひご覧ください。

主として高校啓林館発行の『地学』(改訂版・平成29年検定済)教科書と浜島書店のニューステージ「新地学図表」からの引用で説明していきます。最近の知見として、日本列島で「巨大カルデラ噴火」という世界の気候まで大きく変えた大噴火があったことも先述しました。それでは、日本列島が火山・地震国となった様子と危険で美しく多様な自然となった島弧日本列島を見ていきます(図I―4参照)。

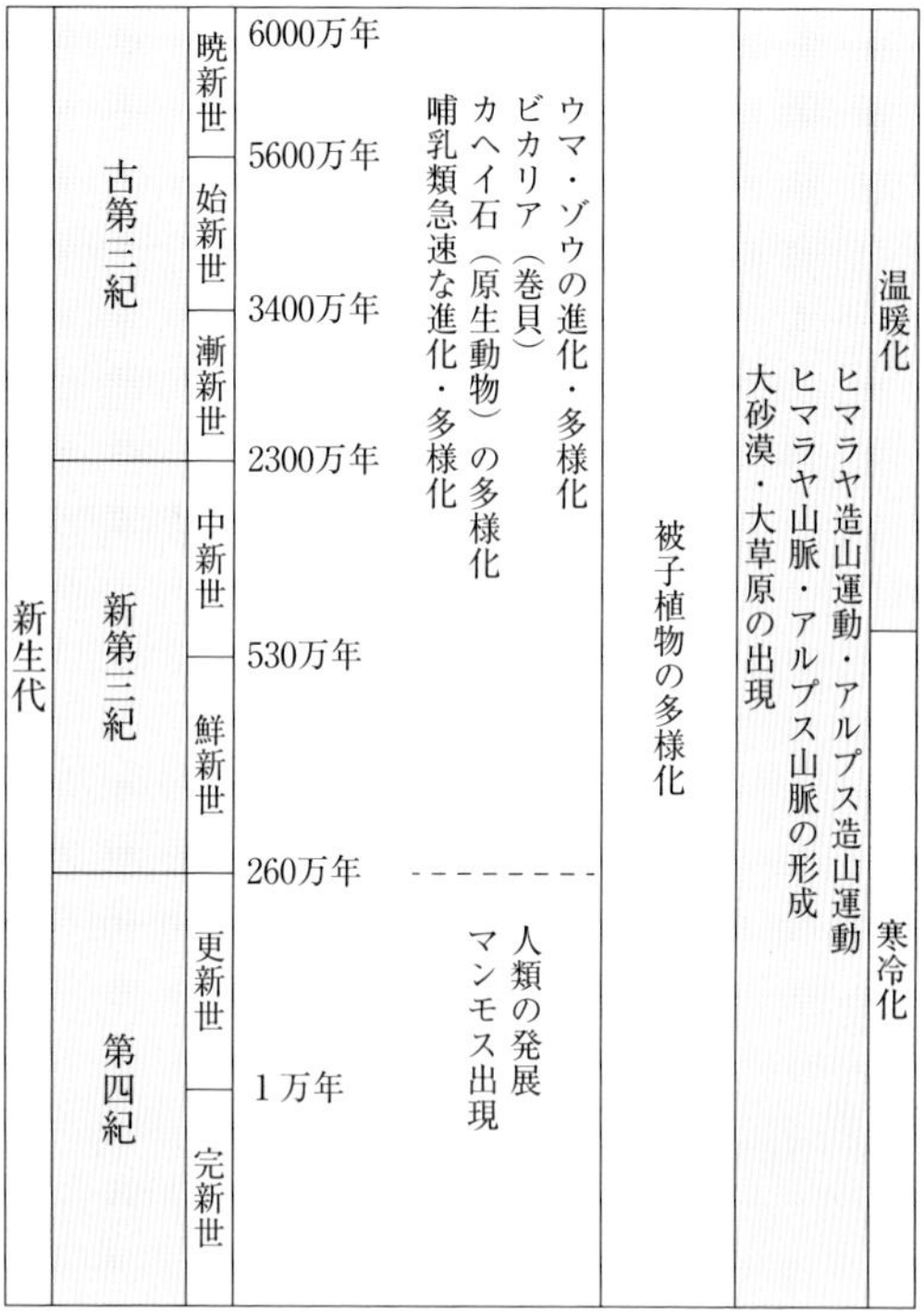

新生代	古第三紀	暁新世	6000万年	ウマ・ゾウの進化・多様化 ビカリア(巻貝) カヘイ石(原生動物)の多様化 哺乳類急速な進化・多様化	被子植物の多様化	ヒマラヤ造山運動・アルプス造山運動 ヒマラヤ山脈・アルプス山脈の形成 大砂漠・大草原の出現	温暖化
		始新世	5600万年				
		漸新世	3400万年				
	新第三紀	中新世	2300万年				
		鮮新世	530万年				寒冷化
	第四紀	更新世	260万年	人類の発展 マンモス出現			
		完新世	1万年				

※ヒマラヤ山脈が形成されてから季節風などが始まった。

図I－4

2 プレートテクトニクスによるプレートの動きと大陸の変化のなかでの島弧日本列島の誕生

（1）プレートテクトニクスとは

地球の表層を水平に移動する十枚ほどのプレートをもとに、地球の変動を説明する考えをプレートテクトニクスと言っています。地球ができたときに内部に蓄えられた熱や放射性元素の崩壊熱などで、マントルは対流しています。高温になって上昇したマントル物質が地表で冷えてプレートを形成します。

プレートの動きの原動力は、海溝で沈み込んだプレート（スラブ）が、自分の重さで引っ張る力となります。海嶺（中央海嶺で生まれた海洋プレートが冷えて重くなり、落ちようとして押す力だと考えられています）の他にも、プレートが左右に拡散したすき間を埋めるように、マントル物質が湧き出すときの力などが考えられます。尚、プレートは平らな板ではなく卵の殻のような球面状で、リソスフェアやアセノスフェアの動きと関連し、プレートも移動しています。

現在では、海洋底拡大説が有力となっています。マントルの物質が海嶺の所で上昇し、プレートが生

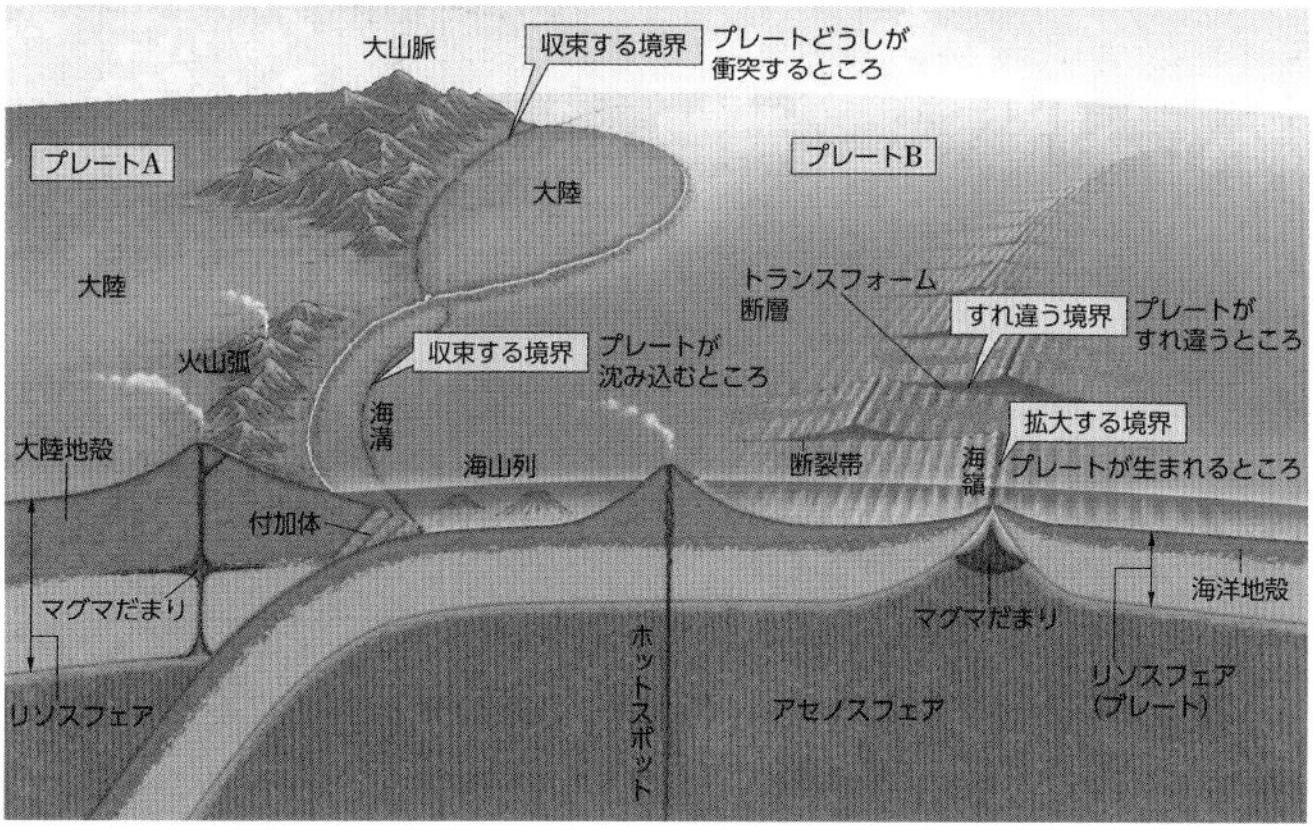

図Ⅰ－5
プレートテクトニクス　プレートの移動によって、地形の形成、火山、地震など
出所：『ニューステージ　新地学図表』2013年11月5日発行　浜島書店（p.67）

まれ、海洋底が作られ、この海洋底が両側に移動し、広がっていくマントルの物質が下降する海溝付近で地球内部に入っていくという説です（図Ⅰ―5、6参照）。

（2）日本列島の成長（古生代～古第三紀）

古生代前半（約5億年前）には、中国南部の大陸塊の太平洋側に新しくプレートの沈み込み境界が生まれました。それに伴って新しい造山帯が出現し、大陸縁の海洋側に岩石や地層が追加され始めました（図Ⅰ―6、7、8参照）。

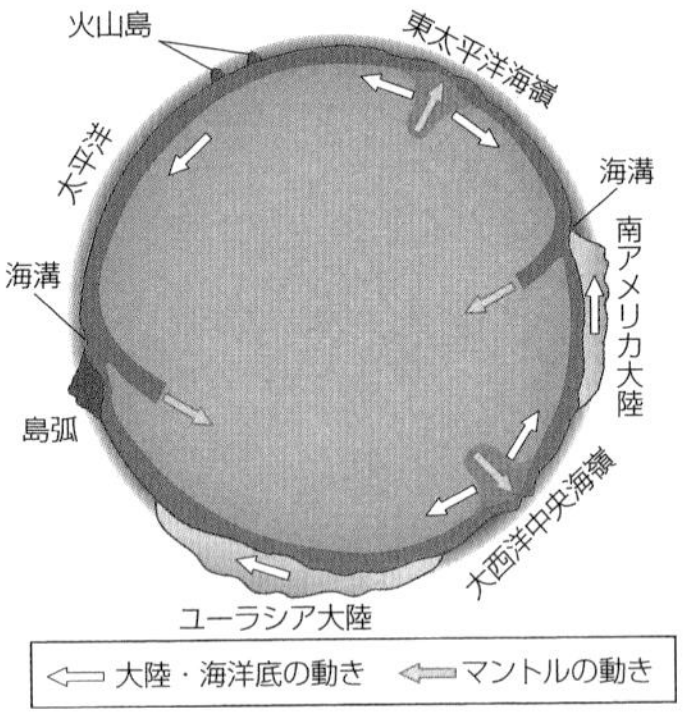

図Ⅰ－6
出所：磯崎行雄　川勝均　佐藤薫『地学　改訂版』平成29年2月6日　新興出版社　啓林館（p.56）

■古生代～中生代の付加体と変成された付加体■

古生代後半から中生代にかけて、海のプレートが活発に沈み込んだために、海溝では次々に付加体が形成されました。

日本最古の付加体は徳島県や京都府の大江山に達するオルドビス紀の低温高圧型変成岩（岩石は変成作用直前に形成された付加体）です。約2億５０００万年前のペルム紀末ごろや約1億６０００万年前のジュラ紀中ごろには大量の付加体がつくられ、それらは、それぞれ西南日本秋吉台や美濃・丹波帯に広く分布しています。

一方、海溝の陸側には火山列が出現し、その地下では巨大な花こう岩の岩体がつくられ、それらは大陸縁に新たな大陸地殻物質を追加しました。日本で知られている最古の花こう岩は、熊本県氷川、茨城県日立、岩手県水沢に産する約5億年前のものです。

年代（億年前）	原生代（後期） 7 6	顕生代 古生代 5 4 3	顕生代 中生代 2 1	顕生代 新生代 0（現在）	−1 −2
日本列島史における主要事件と時代区分	①誕生 太平洋の出現	②成長開始 構造反転（伸張→圧縮）		③島弧化 日本海出現	④成長停止 オーストラリア衝突 ⑤同化・消滅 北アメリカ衝突
	Ⅰ.沈み込みなしの大陸縁の時代	Ⅱ.沈み込み型大陸縁の時代（大陸地殻の増加）		Ⅱ'.島弧の時代	Ⅲ.大陸化の時代
主要地質体の形成（分裂直後の海洋地殻・付加体・高圧型変成岩・花こう岩）	リフト帯堆積物	？ ？ 秋吉 蓮華	美濃・丹波 周防	四万十 三波川	大陸衝突型造山帯産物
超大陸・超海洋	ロディニア ミロビア海（拡大）	ゴンドワナ 古太平洋 テチス海	パンゲア パンサラサ海（縮小）	大西洋・インド洋 太平洋	アメイジア（拡大）
スーパープルーム	★太平洋		★アフリカ		★

日本列島の形成史年表

日本列島の歴史は大きく3つの時代に区分される。Ⅰの時代には，南中国の縁辺で厚い地層が堆積した。Ⅱの時代には，沈み込みに関連して，花こう岩や付加体，そして低温高圧型変成岩が形成され，大陸縁が海側に成長した。Ⅱ'の時代には，日本は同様に海側への成長を続けながらも大陸から独立した島弧となった。この状態はしばらく続くが，やがてⅢの時代が訪れ，アジア東縁にオーストラリアや北アメリカなどの大陸が衝突すると，境界部にはヒマラヤのような巨大な山脈が形成されると予想される。

図Ⅰ－7

出所：磯崎行雄　川勝均　佐藤薫『地学改訂版』平成29年2月6日　新興出版社　啓林館（p.194）

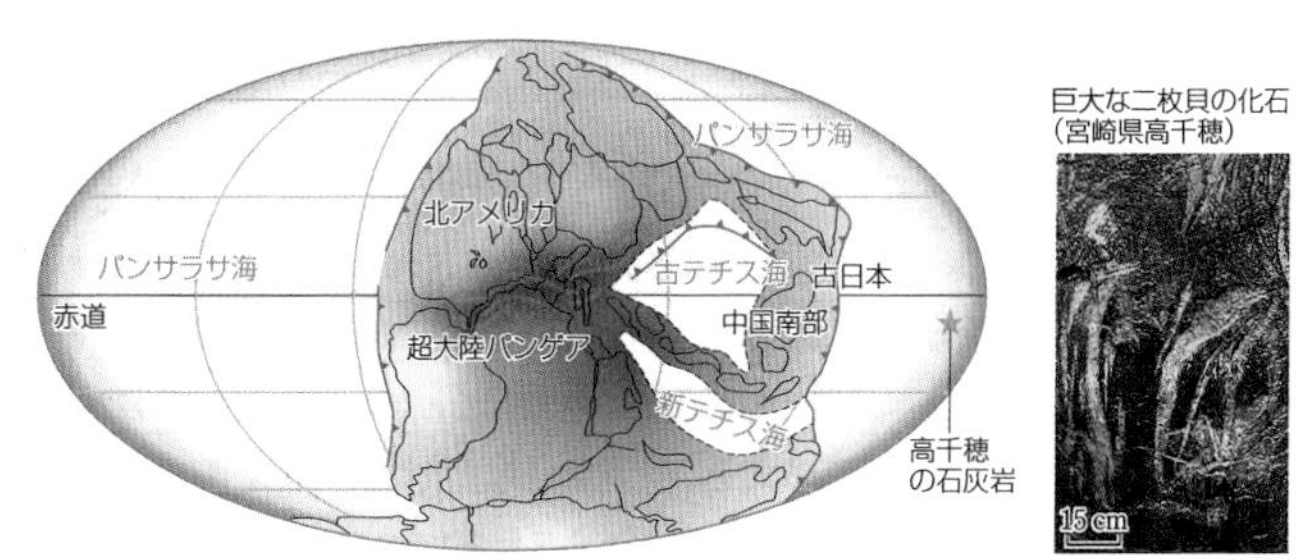

古生代と中生代の境界ごろの古地理図

超大陸パンゲアの東縁の低緯度地域に当時の日本を含む中国南部の大陸塊が位置していた。
宮崎県高千穂町に分布するペルム紀の石灰岩は，もともとは赤道付近で堆積したものである。

図Ⅰ－8　古生代と中生代の境界ごろの古地理図

出所：磯崎行雄　川勝均　佐藤薫『地学改訂版』平成29年2月6日　新興出版社　啓林館（p.197）

■海のプレート起源の岩石（石灰岩、チャート）■

山口県の秋吉台に産する古生代（石炭紀―ペルム紀中期）の石灰岩は、ペルム紀の付加体のなかに巨大な岩石として産します。これは、もともとハワイのような海洋内部のホットスポットでできた海山の上に、サンゴ礁石灰岩として堆積しました。約2億5000万年前あたりから、海のプレートにのって数千キロメートル移動した後に、ペルム紀末の海溝で大陸縁に付加されました。日本各地に産するフズリナやサンゴの化石を含むサンゴ礁石灰岩の大部分は同様の起源をもち同様のしくみで日本の内陸の地層に組み込まれたと考えられています。この時、海のプレートの大部分は、海溝からマントルへと沈み込んでしまいましたが、プレート表面に突出した高さ5キロメートル地塊海底火山の頂部だけが陸のプレートによって剥ぎ取られ、付加体のなかの岩塊として表層に残されました（図Ⅰ—9参照）。

図Ⅰ－9　古生代（石炭紀—ペルム紀中期）の山口県秋吉台の石灰岩
出所：磯崎行雄　川勝均　佐藤薫『地学改訂版』平成29年2月6日　新興出版社　啓林館（p.198）

【言葉の解説】
○付加体
プレートの収束境界では、海洋プレートを構成する岩石と陸地に由来する堆積岩とが混在し、これらが海溝の陸側斜面の底に付け加えられることを**付加作用**という。付加作用によって形成された地質体を**付加体**という。（図Ⅰ—5、10参照）

愛知・岐阜県境を流れる木曽川沿い（美野・丹波帯）では、ジュラ紀の海溝で形成された付加体の、典型的な内部構造が観察されます。

付加体の主体をなすのは、大陸・火山弧から削られ海溝へと運ばれ、陸からの砂や泥でできた地層です。過去の遠洋深海で堆積した細粒のチャートも含まれ、ほとんどが海洋プランクトンである放散中のケイ質の殻からできています。当時

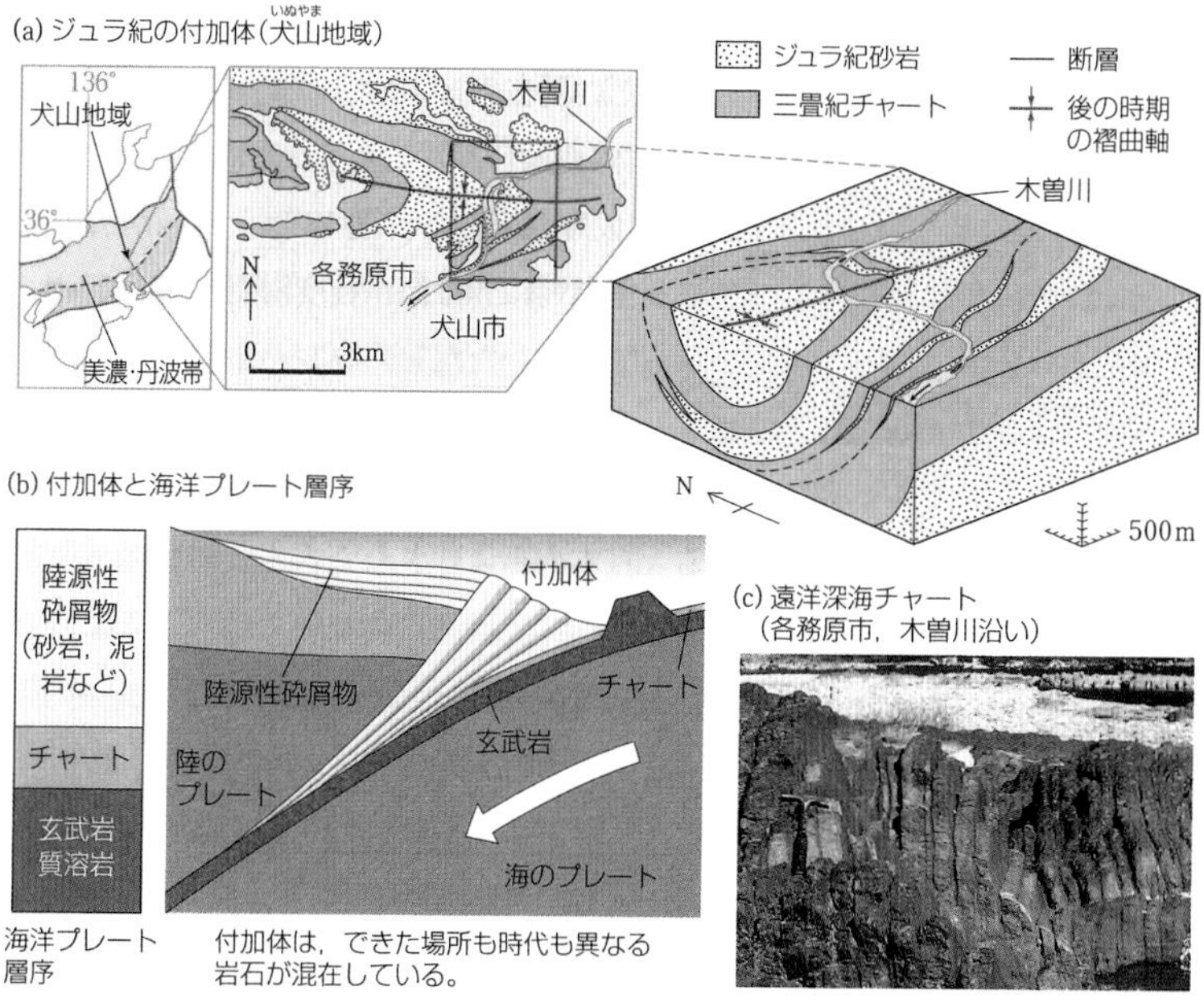

図Ⅰ－10　ジュラ紀付加体の地質図と遠洋深海チャート
出所：磯崎行雄　川勝均　佐藤薫『地学改訂版』平成29年2月6日　新興出版社啓林館（p.199）

の太平洋（パンサラサ海）中央部で堆積し数千キロメートルもの長距離を海のプレートにのって水平に移動してきたものです。チャートは海溝までたどり着くと陸側から運ばれてきた砂・泥の層に覆われました。これらの地層が、２枚のプレートの間にはたらく水平圧縮の力で変形を受け、ほぼ地層面に平行な断層を伴って何度もくり返す構造をしています。このような海洋プレート層序及び過去の付加の内部構造の詳細は、１９８０年代初めに世界に先駆けて日本で解明されました。このような付加体の成長によって、陸の辺縁部は海側へと拡大しました（図Ｉ―10参照）。

■変成された付加体■

付加体の一部は、付加直後に沈み込み帯の深部（地表から20～30キロメートルの深さ）に引きずり込まれて、低温高圧型変成岩になります。荒川沿いの埼玉県長瀞（ながとろ）や吉野川沿いの徳島県大歩危（おおぼけ）・小歩危（こぼけ）には、白亜紀の付加体（砂岩・泥岩・チャート・玄武岩など）が広く露出しています。

沈み込み帯の深部で変成された付加体が、再び地表に現れるしくみには、おそらく間欠的に大陸縁辺に到達する海嶺自体の沈み込みが関係していると考えられています。

■日本の基盤岩の形成■

古生代の後半以降、中国南部の大陸塊の南側で海のプレートの沈み込みが続き、それに伴って海溝の位置は徐々に海洋側へと移動し、大陸縁で付加体が占める面積が増大しました。海溝からの距離が約２００キロメートルの内陸には、花こう岩質マグマが次々に貫入し、その周辺は高温低圧型の変成岩となりました。現在の日本列島の表層の地殻は、ほとんどが中生代後半以降の若い付加体（西南日本の美濃・丹波帯、四万十帯など）と白亜紀～新世代の花こう岩で構成されています。図Ｉ―11は、中国南部の大陸塊がこのような過程によって約5億年間に４００キロメートル程度海側に幅を広げ、日本列島の土台になったことを示しています。ただし、プレートの沈み込みは、付加体を成長させるだけではなく、いったんできた付加体を底面から機械的に削って、マントルへ運び去ること（構造浸食）もあります。その現在の例は、東北日本沖の日本海溝で観察することができます。日本列島に残された古生代の付加体や花こう岩の量が、新しい時代のものと比べて圧倒的に少ないのは、このような構造浸食が過去に何度も起きて、古い地殻物質ほど多く失われたことを物語っています。

（３）世界の気候を変えた日本の巨大カルデラ噴火
——２０００メートル級の火山灰の連なる山脈紀伊半島の山々が世界の気温を10度も低下させた——

１４００万年前、紀伊半島で、地球史上でも最大級の**巨大カルデラ噴火**が6回もありました。それは、地上の火山灰が、２０００メートルに達する山々となるほどの巨大噴火です。その火山灰により、世界の気温が約10度も低下したと考えられています。

また、カルデラの底には幅20キロメートル、長さ60キロメートルほどの巨大な楕円状の花崗岩石から成る岩石が発見されています。その花崗岩の隆起により（周りの岩石より花崗岩の比重が軽いので）、西日本の石鎚（いしづち）山などの山々

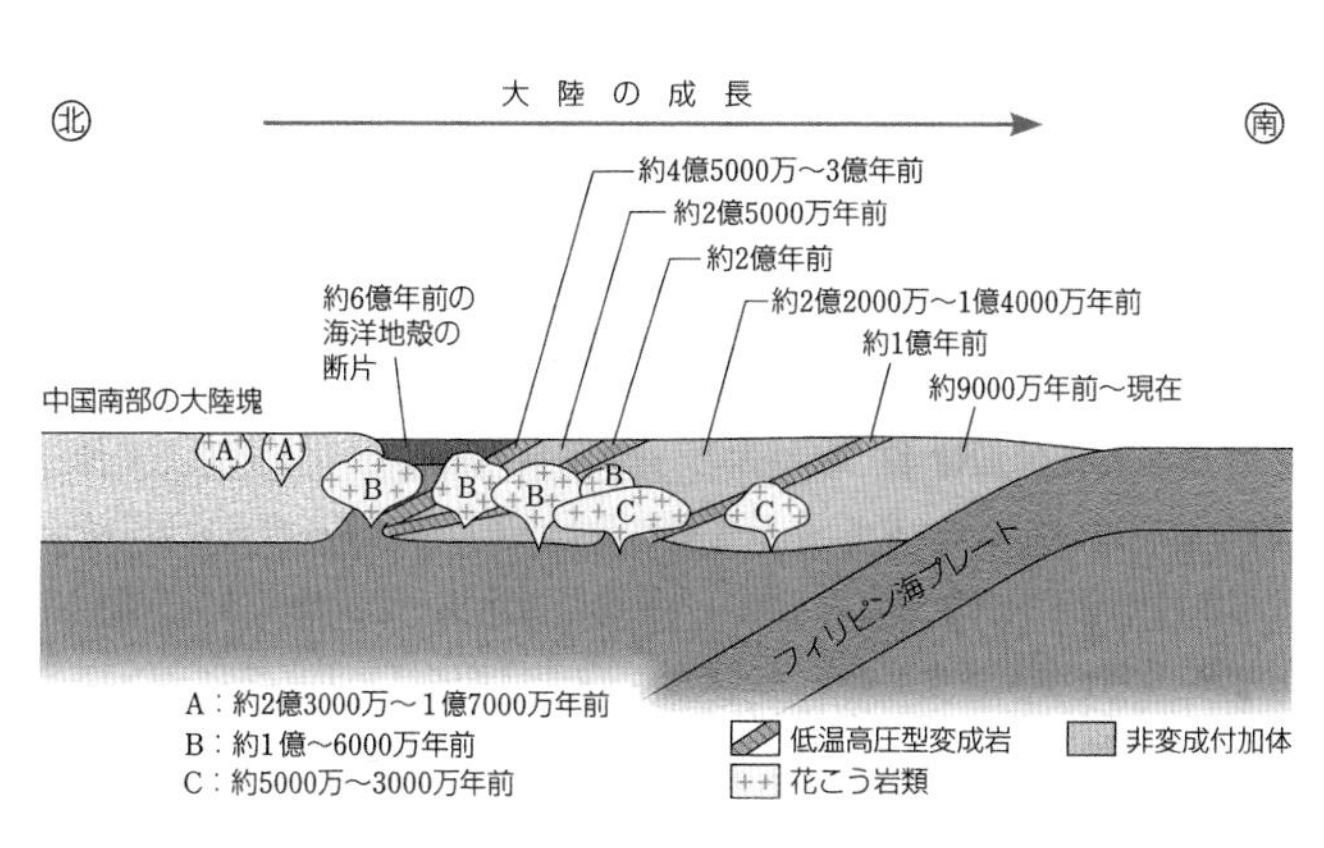

図Ⅰ－11
出所：磯崎行雄　川勝均　佐藤薫『地学改訂版』平成29年2月6日　新興出版社　啓林館（p.200）

が形成されたのです。また、フィリピンプレートや太平洋プレートの動きによって、地殻が圧縮されたり、引っ張られたりし、その後の日本の山々が形成されたのです。

巨大カルデラ噴火は、紀伊半島で次々に起こりました。

《鬼海・姶良カルデラ噴火》

鹿島周辺のシラスと呼ばれる白い崖を作っている軽石質の地層は、約2万9000年前の大噴火姶良カルデラ噴火です(図Ⅰ―12参照)。

また、約7300年前には、大隅諸島の硫黄島付近で大噴火が起こり、その時できた**鬼海カルデラ**は、現在大部分海面下にあります。この阿蘇山と鹿児島北部に起こった2つの巨大噴火は、関東・北海道日本全国の土地を火山灰で覆いました。本州・四国の土地を広く覆ったため、その火山灰は鍵層として、地層対比の重要な役割をしています。

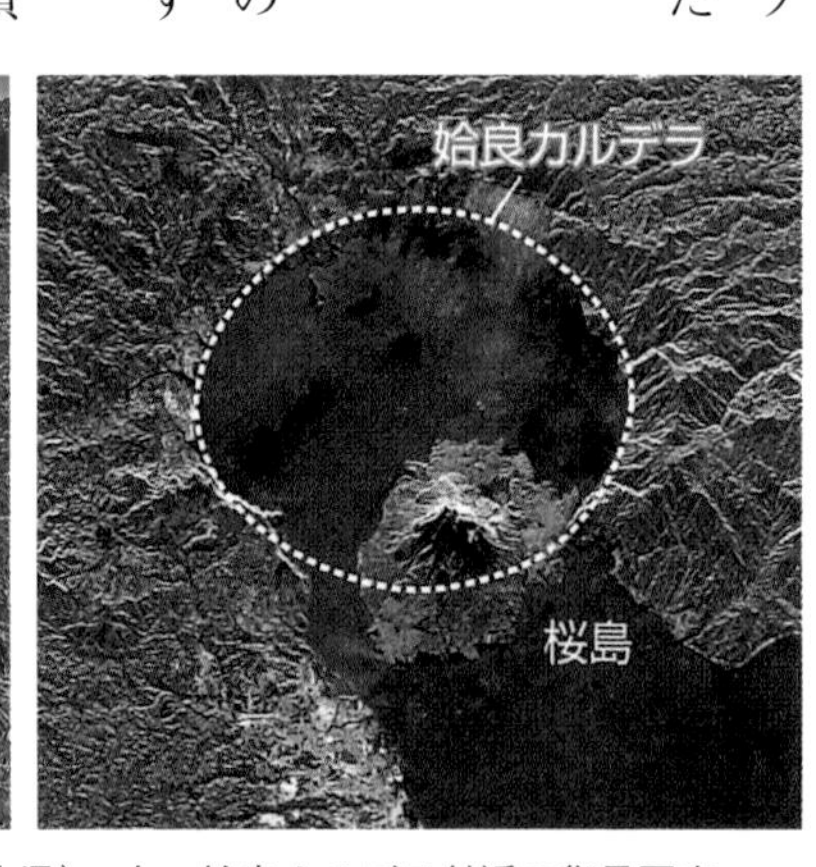

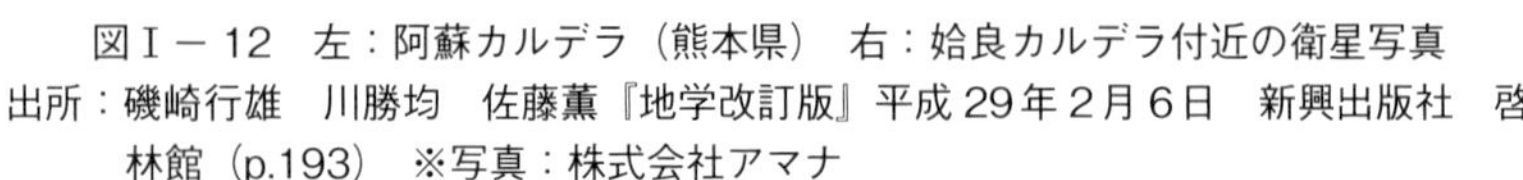
図Ⅰ－12　左：阿蘇カルデラ（熊本県）　右：姶良カルデラ付近の衛星写真
出所：磯崎行雄　川勝均　佐藤薫『地学改訂版』平成29年2月6日　新興出版社　啓林館（p.193）　※写真：株式会社アマナ

危険で美しい日本列島の誕生と日本海の誕生

（1）世界の気候を変えたカルデラ噴火〈新生代新第三紀（約1500万年前）〉
―多様な海と海流の出現―

新第三紀の中ごろ（約2000万から1500万年前）にアジア大陸の遠縁の大陸地殻が裂けて広がり、そのすき間に複数のリフト帯が生じました。そのなかに複数の小さな海嶺ができて玄武岩質の海洋地殻を作り、日本の主部はそれに伴って大陸から離れて南に移動し、現在のような島弧の形になりました。その結果、アジア大陸との間には、日本海という縁海（背弧海盆）ができたのです。日本海の形成については、観音開きといわれる説と九州西縁と棚倉構造線を横ずれ断層として、大陸から日本列島が滑るように押し出されて日本海ができたという説が考えられています。

また、移動した本州に、南方にあった伊豆・小笠原弧が衝突したため、本州中部の付加体の帯状配列がハの字型に屈曲しました（図I―13参照）。

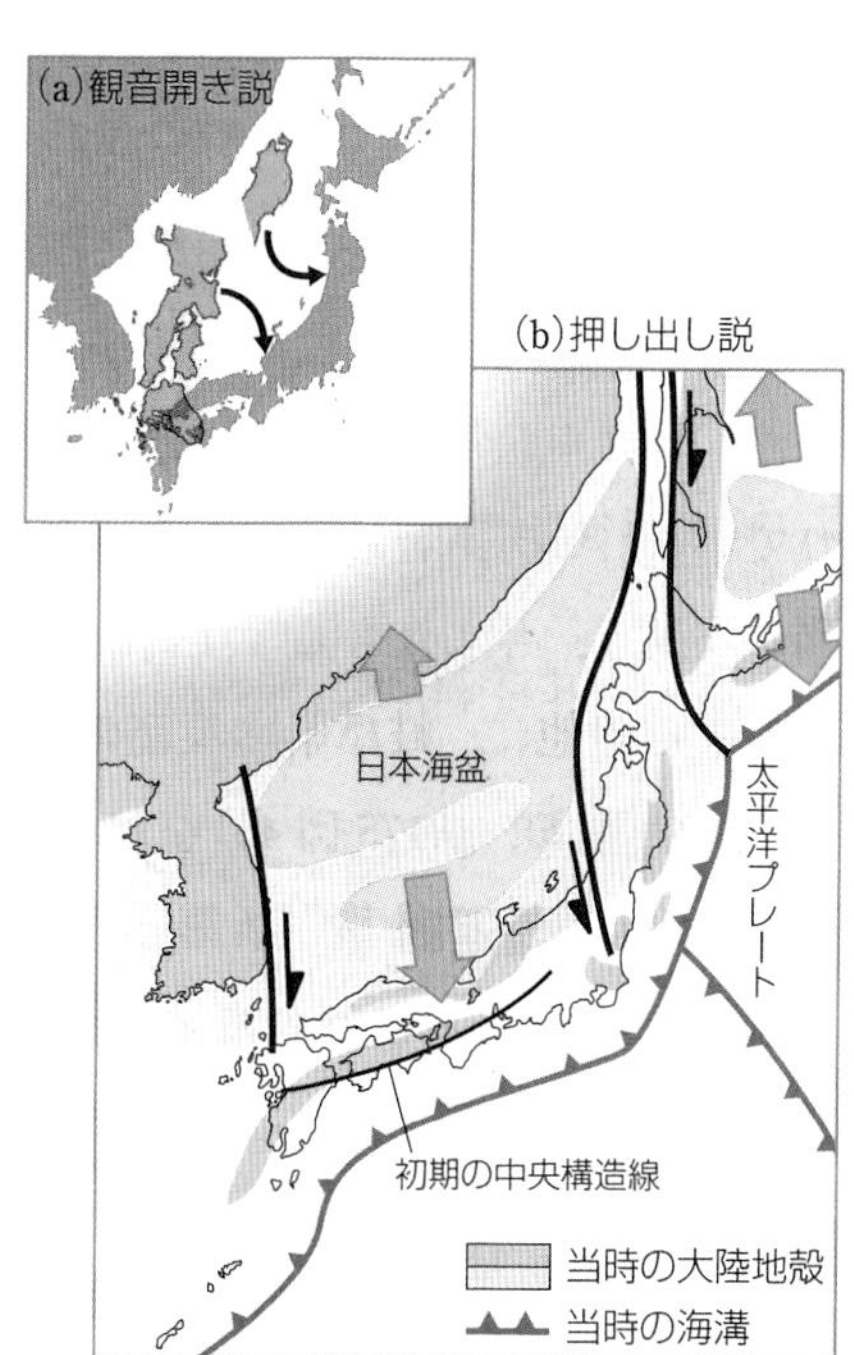

図I－13
出所：磯崎行雄　川勝均　佐藤薫『地学改訂版』平成29年2月6日　新興出版社啓林館（p.203）

《古生代から新生代、古第三紀までの日本列島》

古生代前半約５億年前に、中国南部の大陸塊の太平洋側に新しくプレートの沈み込みが活発となり、**海溝**では、次々に付加体が生じました。

日本では、最古の付加体は、徳島県や京都の大江山に産します。

《海洋プレートの起源の岩石・石灰岩やチャート》

山口県の秋吉台に産する石灰岩──ペルム紀の付加体のように、なかに巨大な岩石とし、産する物があります（図Ⅰ─11参照）。

【言葉の解説】

○海溝

海溝は、海嶺で生産されたプレートが移動していくと、２つのプレートが近づいていく境界に行きつきます。一方のプレートが他方のプレートの下に沈み込んでいく、このようなプレートの境界の海底は、図Ⅰ─14のように谷状の地形になります。これが**海溝**です。

海溝の陸側には、前線や大陸縁の山脈ができたりします。

愛知県と岐阜県の境を流れる木曽川沿いには、ジュラ紀の海溝で形成された、過去の付加体が見られます。

付加体は、過去の遠洋で堆積したチャートが含まれますが、主としてその後、火山弧から削られ、海溝へと運ばれた陸源性の砂や泥でできた地層です。チャートは、細粒のケイ質の殻からできています。チャートは、海溝まで辿り着くと、陸から運ばれてきた砂・泥の層に覆われます。その後、時の経過と共に、これらの海の中央部にできた地層と、大陸縁でできた地層が、２枚のプレートの間に働く水平圧縮の力で変形を受け、地層に平行な断層が何度も繰り返す構造となっています。最も下部の海嶺起源の玄武岩は、木曽川沿いでは観察されていません。

現在の日本列島の表層地殻は、ほとんど中生代以降に変成岩となったものです。そして、白亜紀～新生代の花こう岩で構成されています。

《日本列島の成立〈新生代新第三紀〉――日本の二度のカルデラ噴火、世界の気候を変える――》

日本が現在のような島弧（弧状列島）の形になっていった時代は、約１５００万年前の新生代後半です。新生代前半の時代はまだ温暖で、ワニの仲間やゾウの仲間が、ユーラシア大陸に生息していました。太平洋プレートが白亜紀には、北北西に移動し、アジア大陸の東側の海溝から沈み込んでいました。

北海道は、古第三紀（約４３００万年前）には独立していて、北海道東部が本州と連続する北海道西部に合体して、現在のような北海道の姿となりつつありました。太平洋プレートが伊豆・小笠原弧の所で、フィリピン海プレートの下に沈み込むようになり、伊豆・小笠原弧が生まれたので

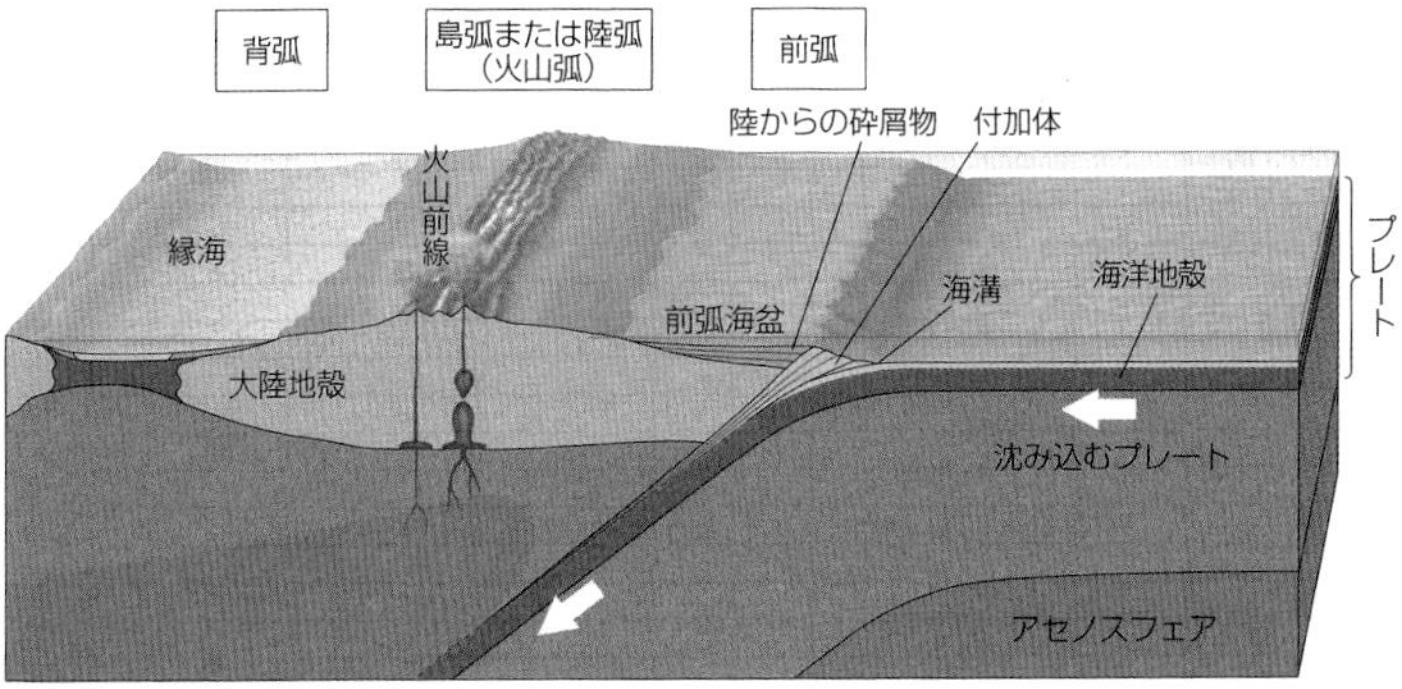

造山帯としての島弧の区分
背弧には，日本海のような縁海が形成されることもある。

図Ⅰ－14　造山帯としての島弧の区分
出所：磯崎行雄　川勝均　佐藤薫『地学改訂版』平成29年2月6日　新興出版社　啓林館（p.47）

す（図Ⅰ—15参照）。

　これは最近判明したのですが、今から約1400万年前ごろ、日本列島がまだ島弧化されていない、大陸の東の端にあった時代は、地球はまだ温暖で、ワニ・ゾウの仲間が生息していた時代です。現在を含む第四紀という地質時代の後半の約80万年間は氷河時代で（図Ⅰ—16参照）、約10万年周期で、

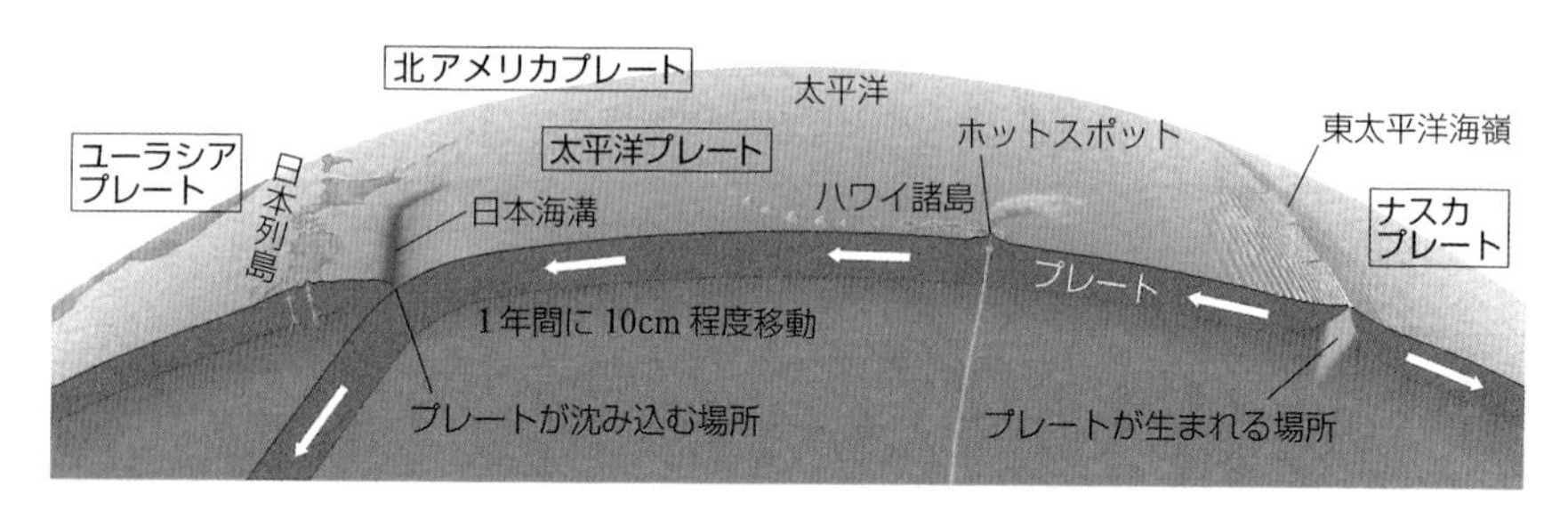

図Ⅰ－15　プレートの移動と海底の大地形
出所：磯崎行雄　川勝均　佐藤薫『地学改訂版』平成29年2月6日　新興出版社　啓林館（p.47）

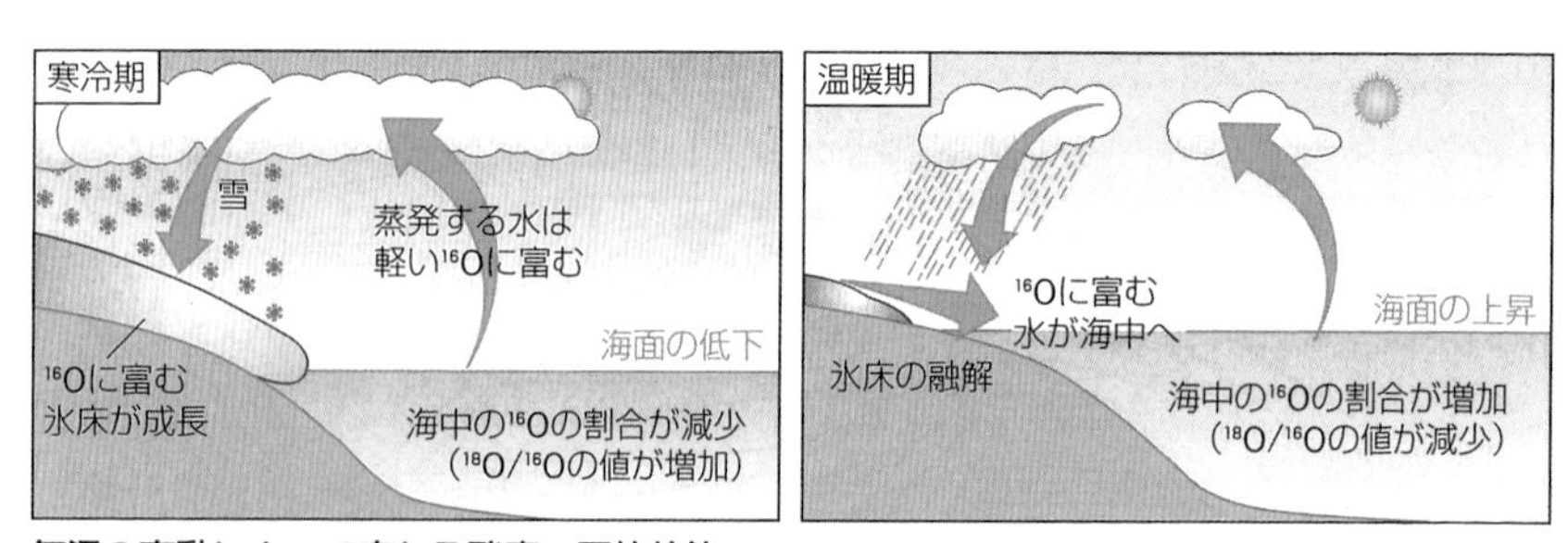

気温の変動によって変わる酸素の同位体比

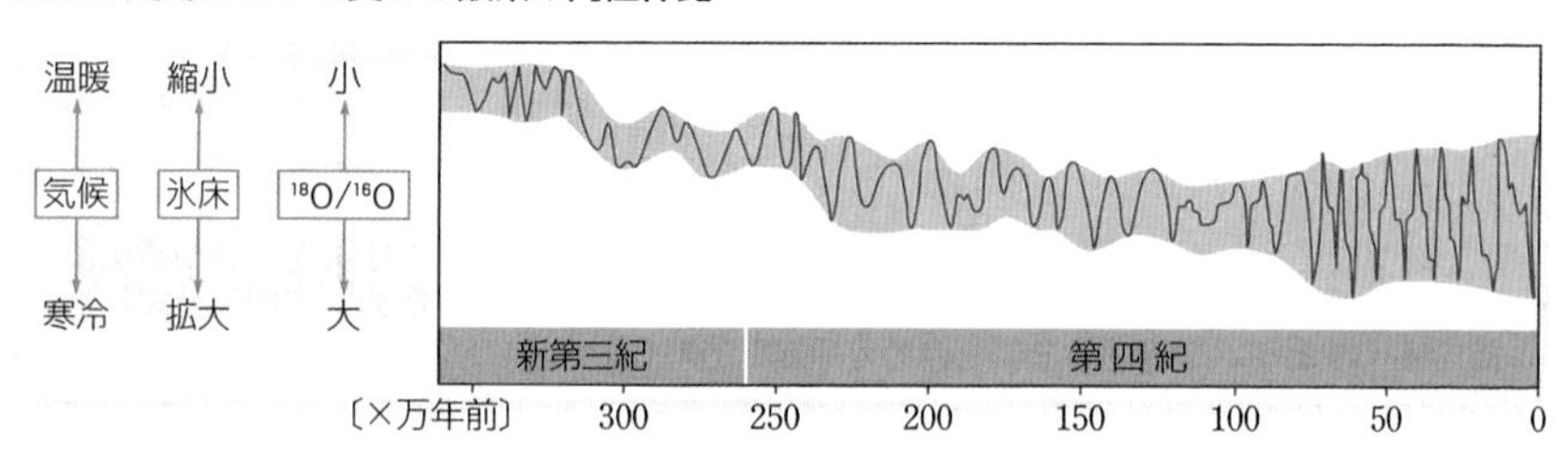

過去350万年間の有孔虫の殻中の$^{18}O/^{16}O$の増減

図Ⅰ－16
出所：磯崎行雄　川勝均　佐藤薫『地学改訂版』平成29年2月6日　新興出版社　啓林館（p.180）

ほぼ正確に氷期（寒い時代）と間氷期が繰り返されていたことが南極の氷床の分析から明らかになっています。このような周期はミランコビッチ周期と言って、地球がケプラーの法則により、太陽の周りを楕円軌道で公転しますが、その軌道は約10万年周期で円に近くなったり、長い楕円に近くなったりすることによっています。

いずれも氷期が長く、間氷期（暖かい時期）は短く、約1万年程度だったのです。少し余分なことですが、現代は間氷期が1万年続き、自然の状態では氷期の時代へと気候が変化するのですが、人間の生産活動により、空中 CO_2 などが人工的に増え、地球温暖化が大きな問題となっています（図I―6参照）。

第四紀・更新世の時代は、全般を通して見ると、寒い時代、氷河時代でした。約1万5000年前の最終氷期が最も寒冷で、海退した時代です。現在までの約1万年前からの完新世は、暖かい間氷期です。

この時代の気候の変化と海水基準の変化を見ておきましょう。また、日本の自然が最終氷期極寒の時代から間氷期に植物や動物が大きく変わっていきました。植物は多くの種子植物が誕生し、多様化しました。動物はホ乳類が適応拡散で、多数のホ乳類のなかで、人類が誕生したのです。

第四紀は全体としては寒い「氷河時代」で、約10万年周期で氷期（寒い時代）と間氷期（暖かい時代）が1万年繰り返されました（図I―16参照）。

（2）世界の地震と火山

①世界の地震と火山

世界の大地形、山脈、海溝、海嶺は、線状に分布しています。図I―17は、海底の地形が線状になっている様子がわかる地形図です。山脈・海溝・海嶺は、地殻の変動しているところです。

地震の分布は、主として海溝や海嶺付近で起こり、海溝では深発地震も起きます。

一方、火山の分布も、主として海溝、海嶺と地溝帯に連なって分布しています。

しかし、火山は独立に分布しているものがあります。日本付近が、如何に込み入っているかがわかります。その原因となっているフィリピンプレート、太平洋プレート、ユーラシアプレート、北アメリカプレートと、太平洋プレートを作っている海嶺まで見て取れ複雑です。

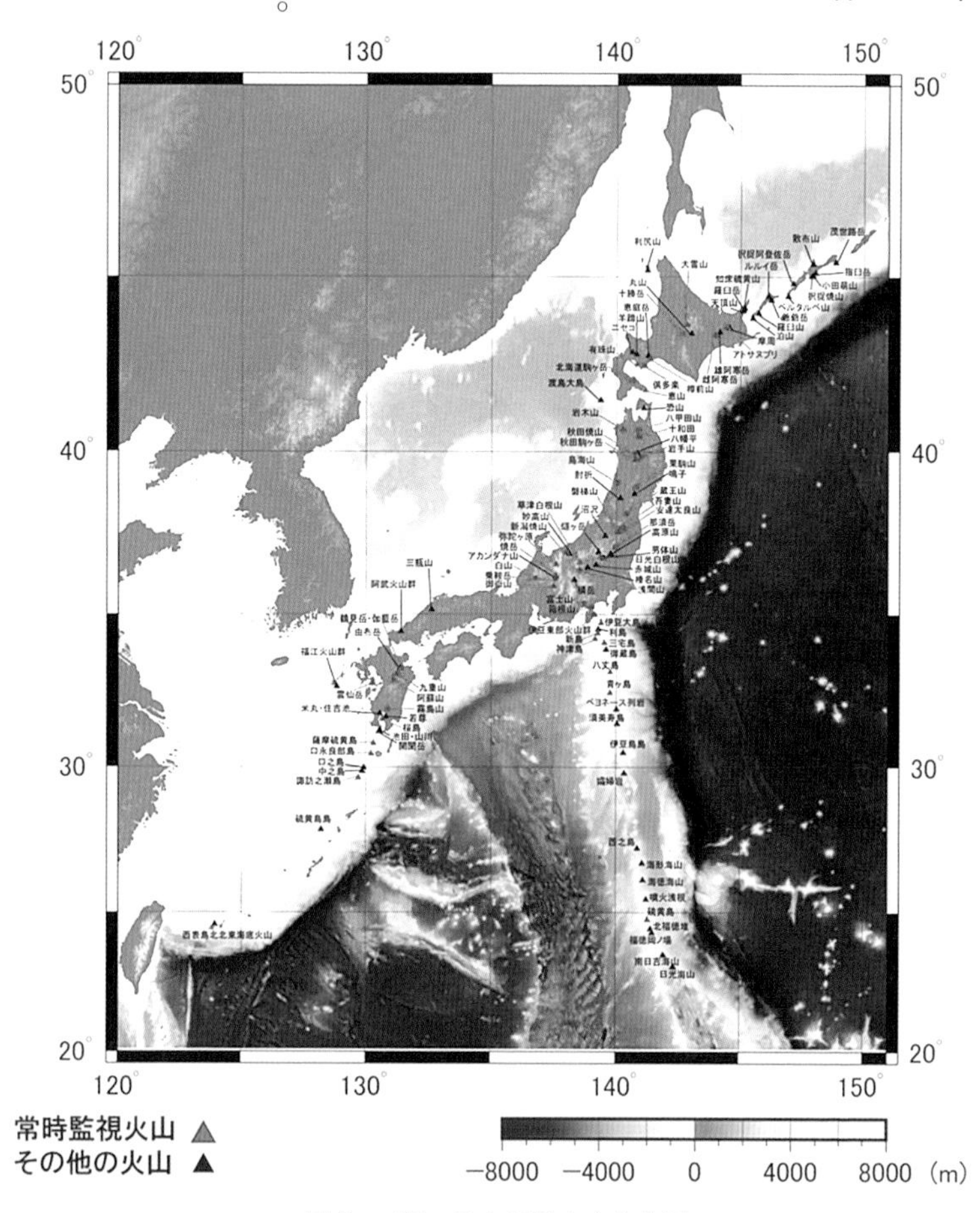

図Ⅰ－17　日本の活火山分布図

出所：気象庁の「各種データ・資料」→「火山月報（カタログ編）」→「付記」→「日本の活火山分布図 Map of Active Volcanoes in Japan」

ＨＰ：https://www.data.jma.go.jp/svd/vois/data/tokyo/STOCK/bulletin/catalog/appendix/v_active.html

②日本周辺の地震と火山（図Ⅰ―17、18参照）

日本列島は、列島の地下にある陸のプレート2つと海のプレート2つの4つのプレート境界がせめぎ合い、相互運動によって誕生し、変動しています。

日本列島の太平洋側に広い海洋底を作っている太平洋プレートとフィリピン海プレートがあり、日本列島の陸地の大部分は、ユーラシアプレートと北アメリカプレートの上に存在しています。太平洋プレートは、年間8～10センチメートルの速さで西北西に移動し、千島海溝～日本海溝～伊豆小笠原海溝で、日本列島の下へ斜めに沈み込んでいます。

フィリピン海プレートは、年間3～4センチメートルの速さで北北西に移動し、相模トラフ～駿河トラフ～南海トラフ～南西諸島海溝で沈み込んでいます。

ユーラシアプレートと北アメリカプレートの日本付近での動きは非常に遅く、西日本はユーラシアプレートに属しており、東日本はほとんどが北アメリカプレートに属しています。

世界の陸地のなかで、島弧日本列島は極めて特別な所で危険な場所となっています。

それは、プレートの境界に位置し、集束している所だか

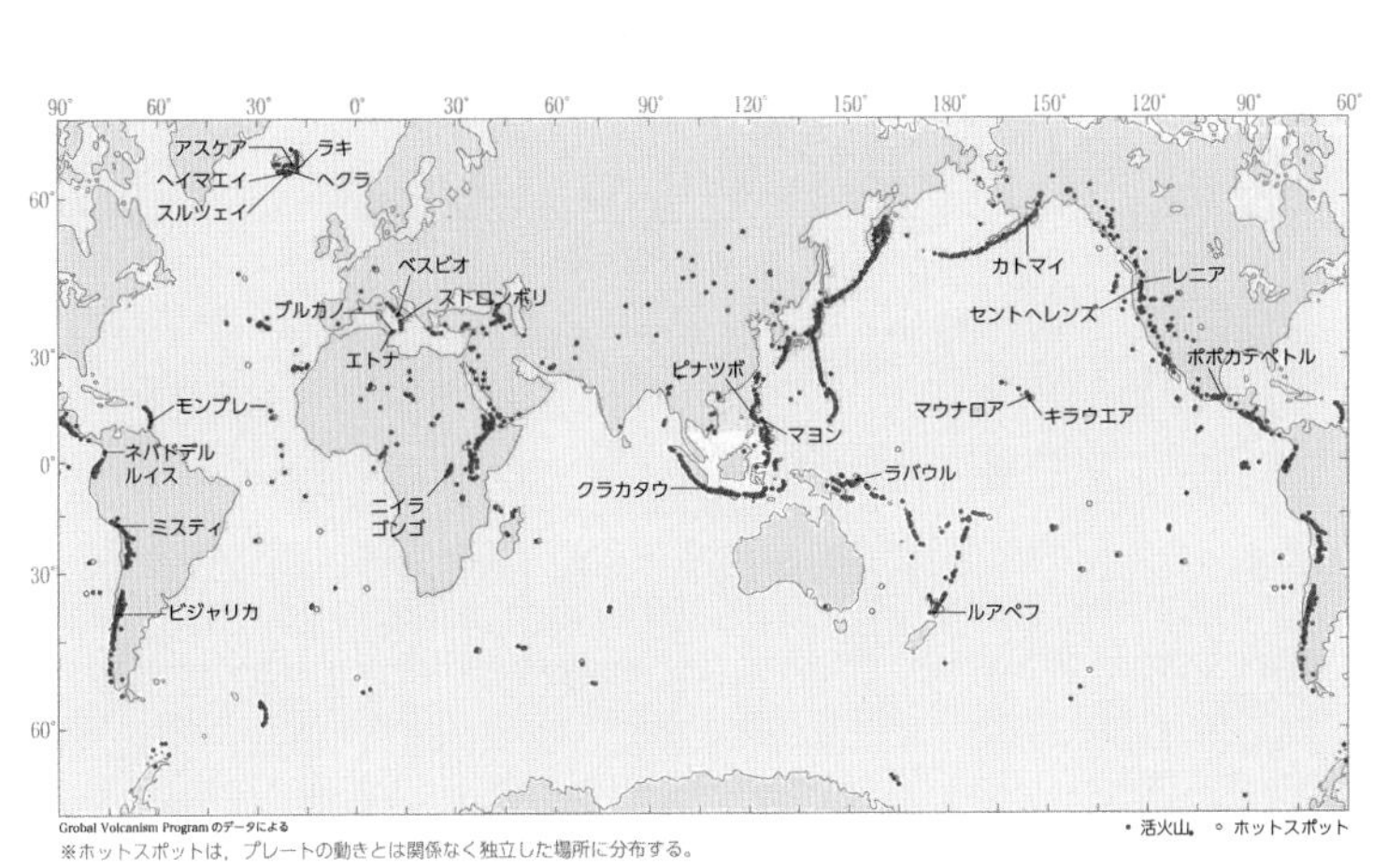

図Ⅰ－18
出所：『ニューステージ　新地学図表』2013年11月5日発行　浜島書店（p.69）

らです。また、現在も極めて速い速度で成長し続けている地域であり、東アジア造山帯の一部でもあり、地質学的には多様で、美しくも危険な所です（図Ⅰ―19参照）。

（a）地震

地震は、断層が活動し、岩石が破壊されることにより発生します。世界の地震は、図Ⅰ―19のように、プレート境界に帯状に集中して起きています。

◎日本の地震

日本の地震の多くは、プレートの沈み込みによって起きている弧――海溝系の地震です。

地震は、プレートの境界、収束境界、拡大境界、すれ違い境界で発生しています。なかでも多いのは、プレートの収束境界付近で発生する**逆断層**です。一方、先述の太平洋の海嶺に沿って発生する地震は、**正断層型**が多いのです。

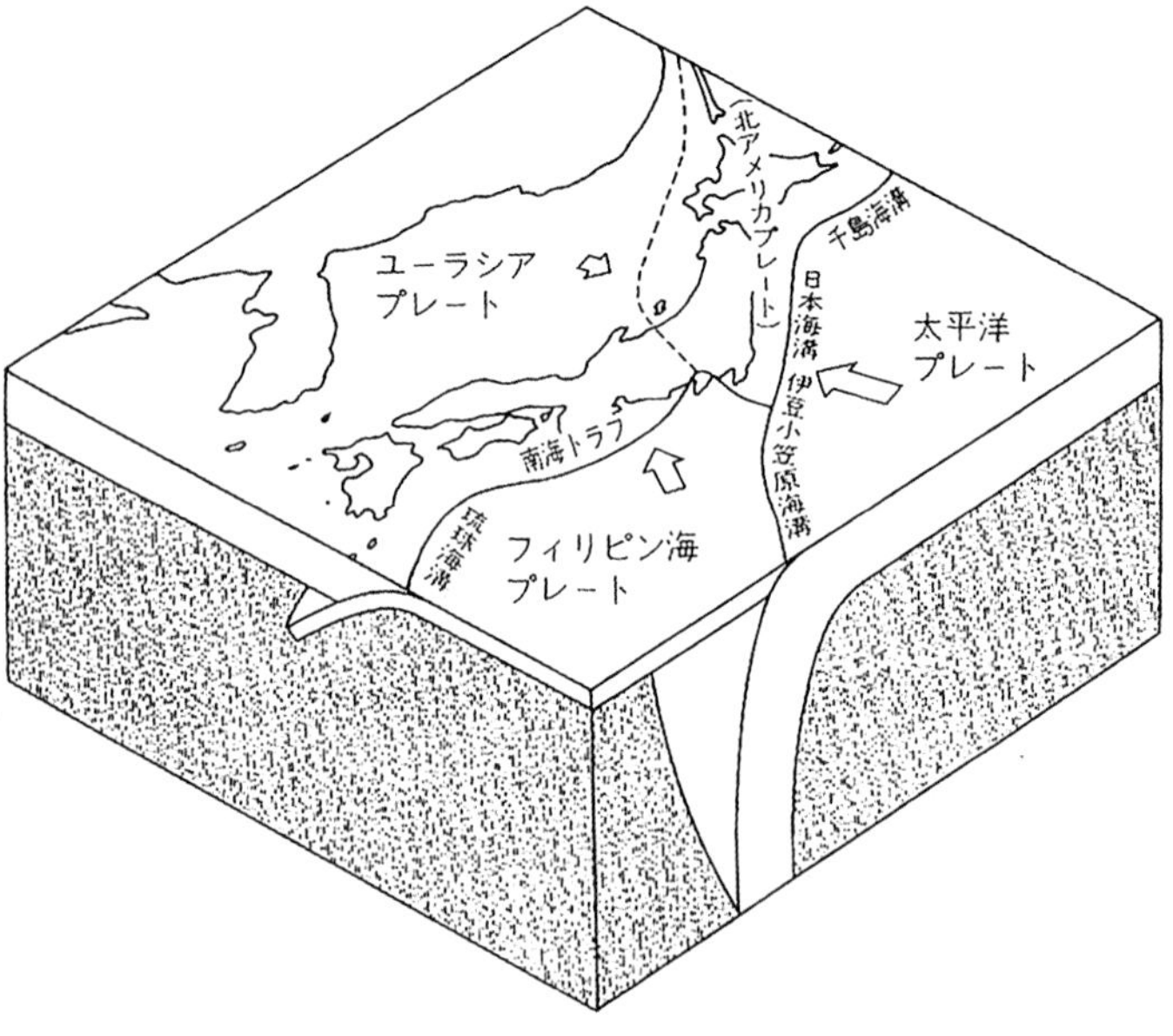

図Ⅰ－19　日本付近のプレート分布図
出所：萩原尊禮編『日本列島の地震――地震工学と地震地体構造』（1990年）「第一章　地震と地体構造」（p.23）鹿島出版会

〔弧—海溝系の地震〕

日本のような弧—海溝系では、非常に多くの地震が発生しています。その1つとして、海溝やトラフのすぐ近くの陸上で繰り返し発生し、M（マグニチュード）8クラスの巨大地震となります。それが、図Ⅰ—20の南海トラフ地震です。地震の際に急激に隆起するような地殻変動が起こる特徴があります。

逆に、海溝からある程度離れた地域では、沈降する場合があります。このような地震は、**海溝型地震**と呼ばれています。この地震源海域であるため、津波が発生し、多くの被害をもたらして来ました。

南海トラフ沿いで発生したプレート境界地震については、図Ⅰ—20をご覧ください。

684年から

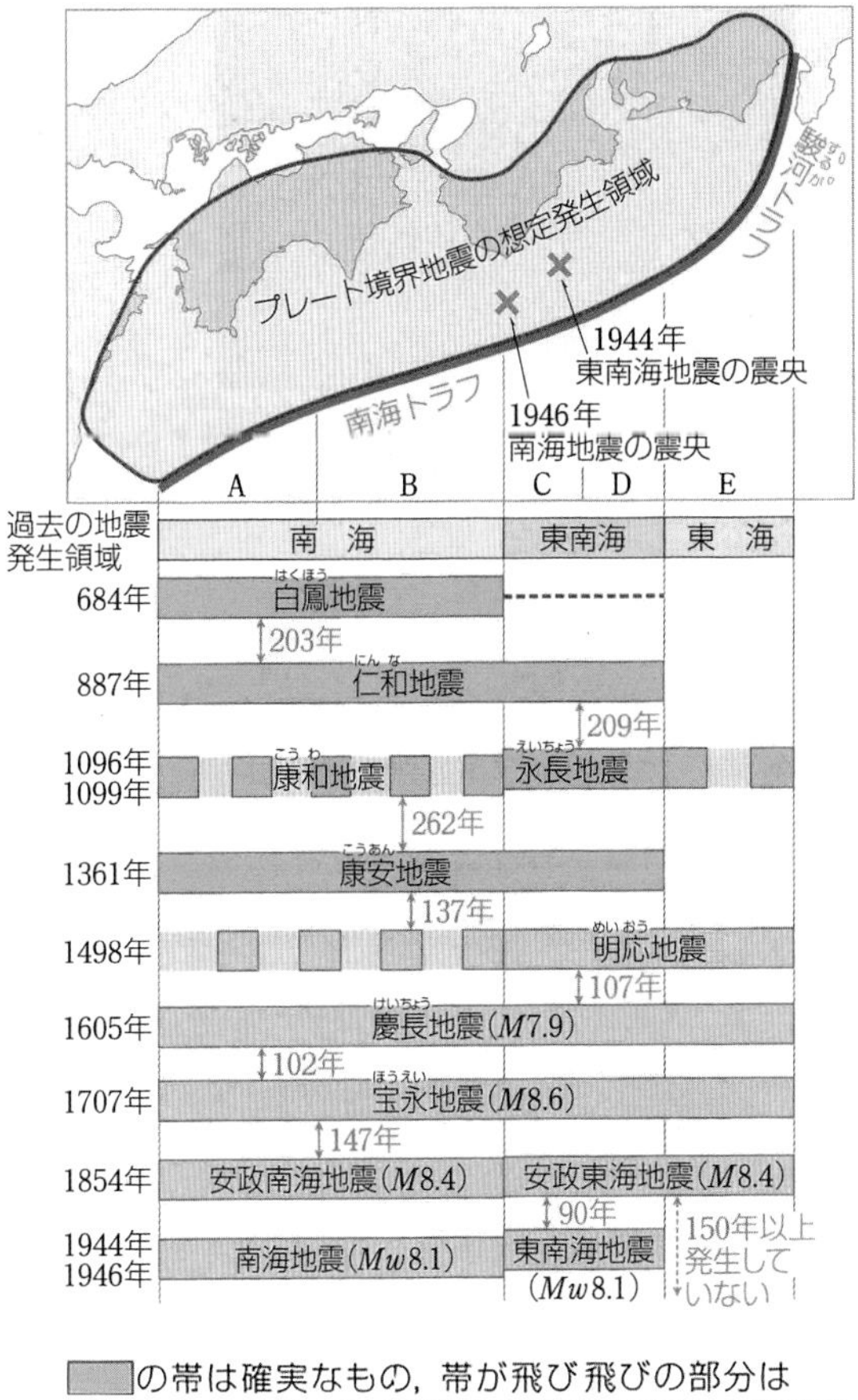

■の帯は確実なもの，帯が飛び飛びの部分はほぼ確かなもの，赤い破線は可能性があるものを示す。

図Ⅰ－20

出所：磯崎行雄　川勝均　佐藤薫『地学改訂版』平成29年2月6日　新興出版社　啓林館（p.75）

１９４６年まで、数年を機に、多くの地震が発生しています。

◎2つの地震のタイプ

❶直下型地震

兵庫県阪神・淡路大震災１９９５年のＭ７・３や、福井地震１９４８年のＭ７・１のようなマグニチュードが７程度でも、大きな火災や多くの死者をもたらす地震があります。

これらの地震は、地殻の浅い部分で発生したため、揺れが激しかったのです。このような地震を**直下型地震**と呼ばれます。

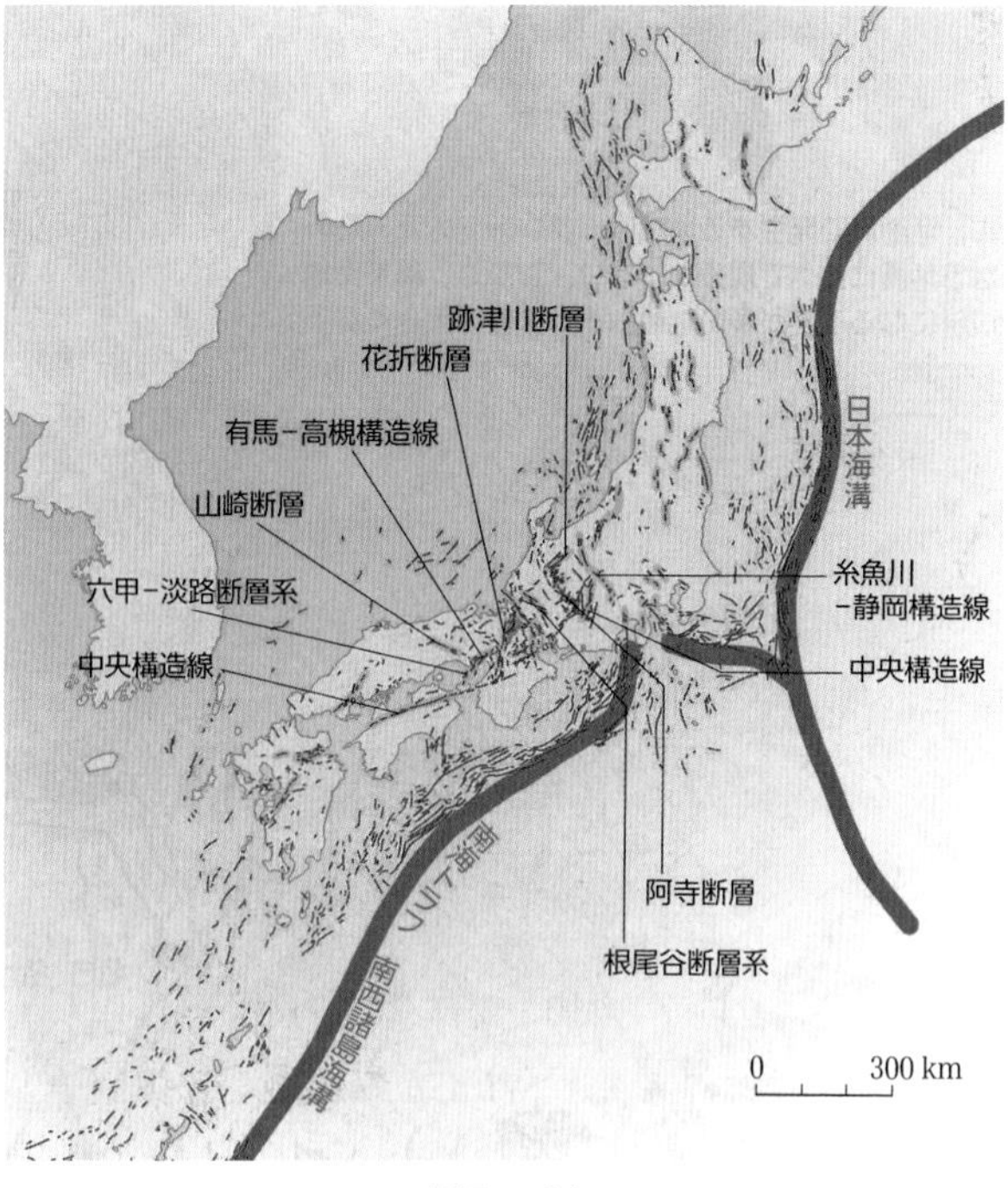

図Ⅰ－21
出所：『ニューステージ　新地学図表』2013年11月5日発行
浜島書店（p.81）

❷海溝型地震

海溝型地震は、海溝末で起こる多くの地震です。

［活断層について］

地震は、地殻の破壊、断層運動によって起こりますが、破壊は地殻の弱い部分、具体的には過去に断層運動があった部分で、繰り返し起こる場合が多く、最近数十万年間に繰り返し活動した証拠があり、今後も活動すると考えられる断層を、**活断層**と言っています。今すぐ起こり得ると考えられる断層です（図Ⅰ―21参照）。

（b）火山

第四紀に形成され、火山特有の地形や火山噴出物が残っているものは、「火山」と言われています。多くの火山はマグマが発生し、火山活動が起こったり、火成岩が形成されますが、その要因は、海嶺や**弧―海溝系**、ホットスポットに限られています。

また、日本列島のように、海溝沿いにできる島を**島弧**といい、島弧からなる地域を**島弧海溝系**と言っています。

一方、ハワイ火山など、プレート境界に位置しない火山もあります。ホットスポット火山と言い、海底地形に見られる孤立して存在する火山島や海山の多くは、このようにホットスポットで過去に形成されたものです。

③日本列島の火山

日本列島のようになプレートの沈み込み帯に位置する火山の多くは、プレートの沈み込み帯に位置し、プレート上面の深さが１００キロメートルに達する辺りに多く帯状に分布していることが知られています。海溝とほぼ平行に、帯状に分布しています。

この帯状の火山分布の海溝側の端をつなぐ線は**火山前線（火山フロント）**と呼ばれています。そして、火山を作るマグマが発生する海溝側の端と考えられています。

◎海嶺の火山海溝

海嶺は、海洋底下にあるプレートの裂け目であり、裂け目を埋めるようにマグマが上昇し、新しい海洋プレートが定常的に作られています。

◎ホットスポットの火山活動

ハワイのホットスポットは太平洋の真ん中に単独で存在する火山で、世界最大の活火山とも言われています。ホットスポットの原因は、マントルのプルームから由来するマグマであるため、ほとんどその位置を変えることがありません。ハワイの載っている太平洋プレートは、常に北西方向に移動しています。ハワイから遠ざかるほど、古いのです。そして、日本まで到達しています。

◎活動期に入った日本列島の活火山――大地変動の時代――

これまでいろいろ地震活動について述べてきましたが、火山活動も歴史を振り返ってみますと、地震と同じように九世紀には火山噴火が多く、それと同じように、近年では２０１４年の御嶽山噴火、２０１５年の箱根山噴火があり、「大地変動の時代である」と、地球科学者の鎌田浩毅(ひろき)氏も述べています（図Ｉ―22参照）。

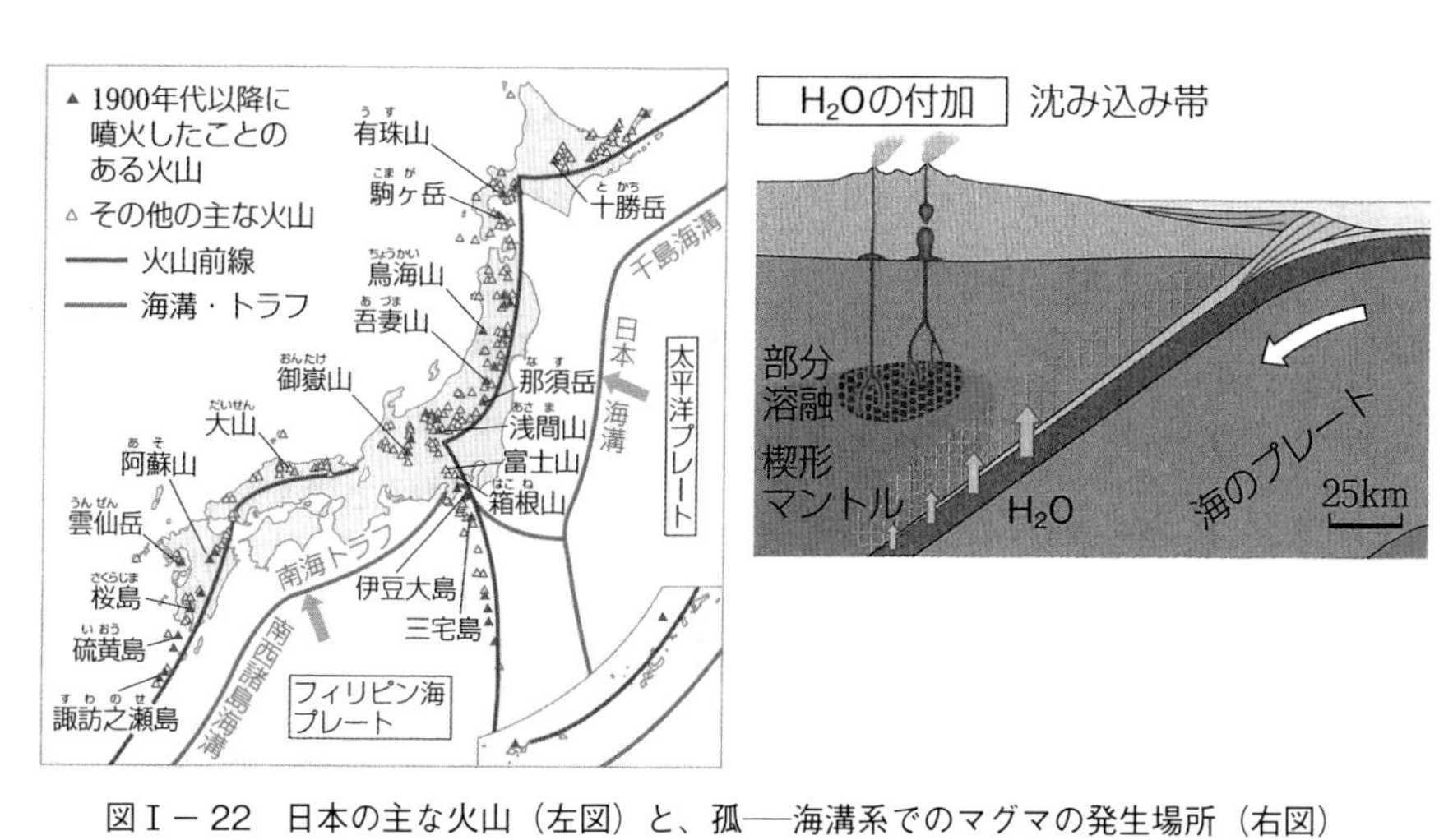

図Ｉ－22　日本の主な火山（左図）と、孤――海溝系でのマグマの発生場所（右図）
〈日本の主な火山〉日本の火山は主として、島弧――海溝系火山で、火山列島です。
出所：磯崎行雄　川勝均　佐藤薫『地学改訂版』平成 29 年 2 月 6 日　新興出版社　啓林館（p.85-図 25（b）、p.87-図 29）

Ⅱ　世界の気候変動と日本の気候——地球温暖化による気候大変動——

地質時代、少なくとも80万年間では氷河時代で、図Ⅱ—1に見られるように、約10年の周期で、ほぼ正確に氷期と間氷期を繰り返しています。

氷期が長く、間氷期が約1万年程度です。現在は1万年を過ぎ、通常では氷期に入り寒くなる時期ですが、間氷期のままです。多分、人為的なCO_2（二酸化炭素）の影響で遅れていますが、確実に氷期が訪れます。急激な海水温暖化によって、やがてその後急激に海水温の低下が起こるからです（図Ⅱ—1参照）。

1　地球温暖化は人類が創り出したもの

昨今大きく話題となっているIPCC（Intergovernmental Panel on Climate Change）「国連気候変動に関する政府間パネル」は、地球温暖化などの人為起源の気候変化の実態や、将来起こると予測される事態について、その根拠を科学的に検討することを

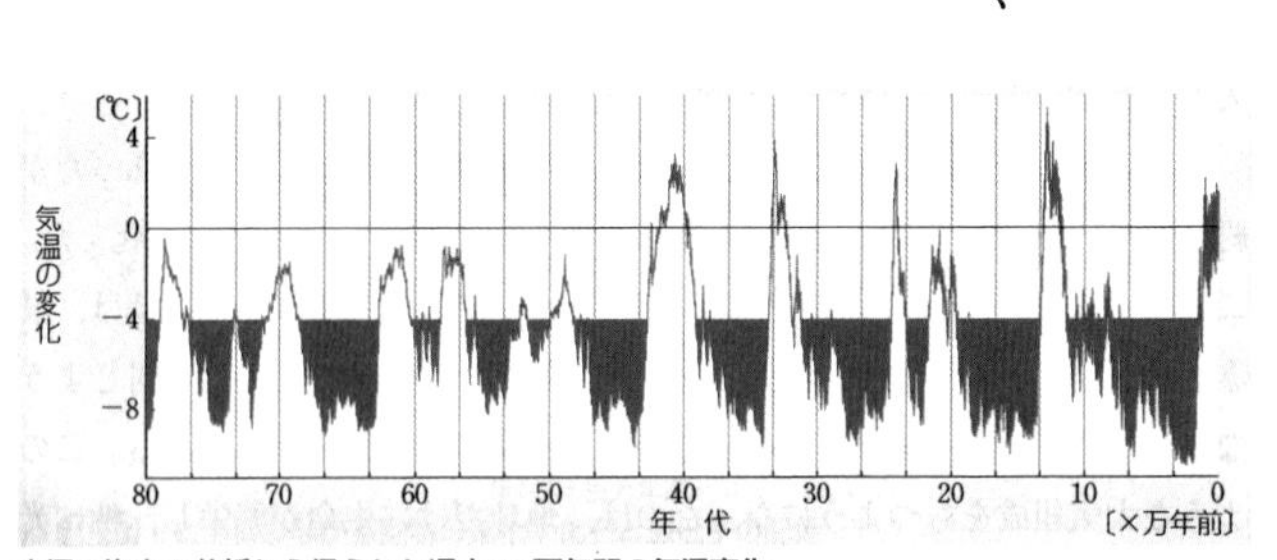

南極の氷床の分析から得られた過去80万年間の気温変化
青色で塗りつぶした期間は氷期を表す。縦軸は$^{18}O/^{16}O$（→ p.180）を用いて求められた現在の平均気温との差。

図Ⅱ－1
出所：磯崎行雄　川勝均　佐藤薫『地学改訂版』平成29年2月6日
新興出版社　啓林館（p.177-図43）

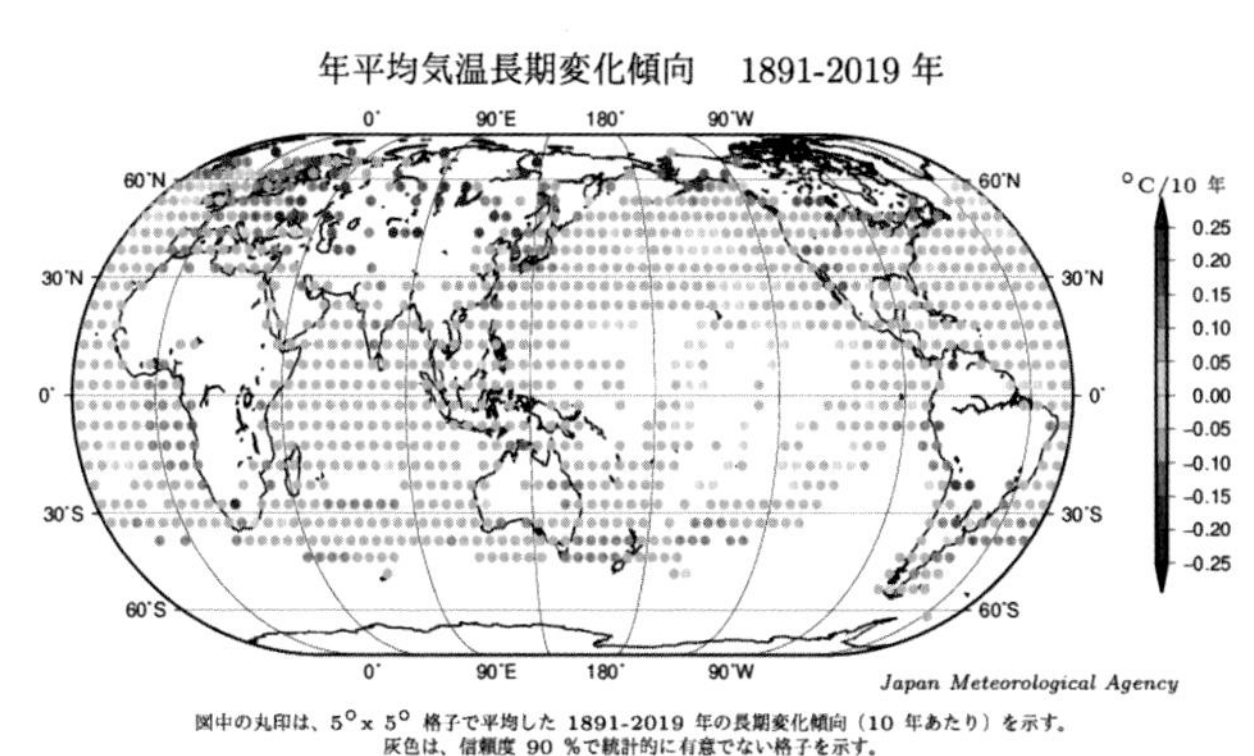

◀図Ⅱ－2
出所：気象庁ＨＰの「年平均気温長期変化傾向1891-2019年」（https://www.data.jma.go.jp/cpdinfo/temp/an_wld.html）

▼図Ⅱ－3
出所：気象庁ＨＰ「世界の年平均気温偏差」（上図）（https://www.data.jma.go.jp/cpdinfo/temp/an_wld.html）、気象庁ＨＰ「気象庁の観測点における二酸化炭素濃度及び年増加量の経年変化」（左図）と「地球全体の二酸化炭素の経年変化」（右図）（https://ds.data.jma.go.jp/ghg/kanshi/ghgp/co2_trend.html）より

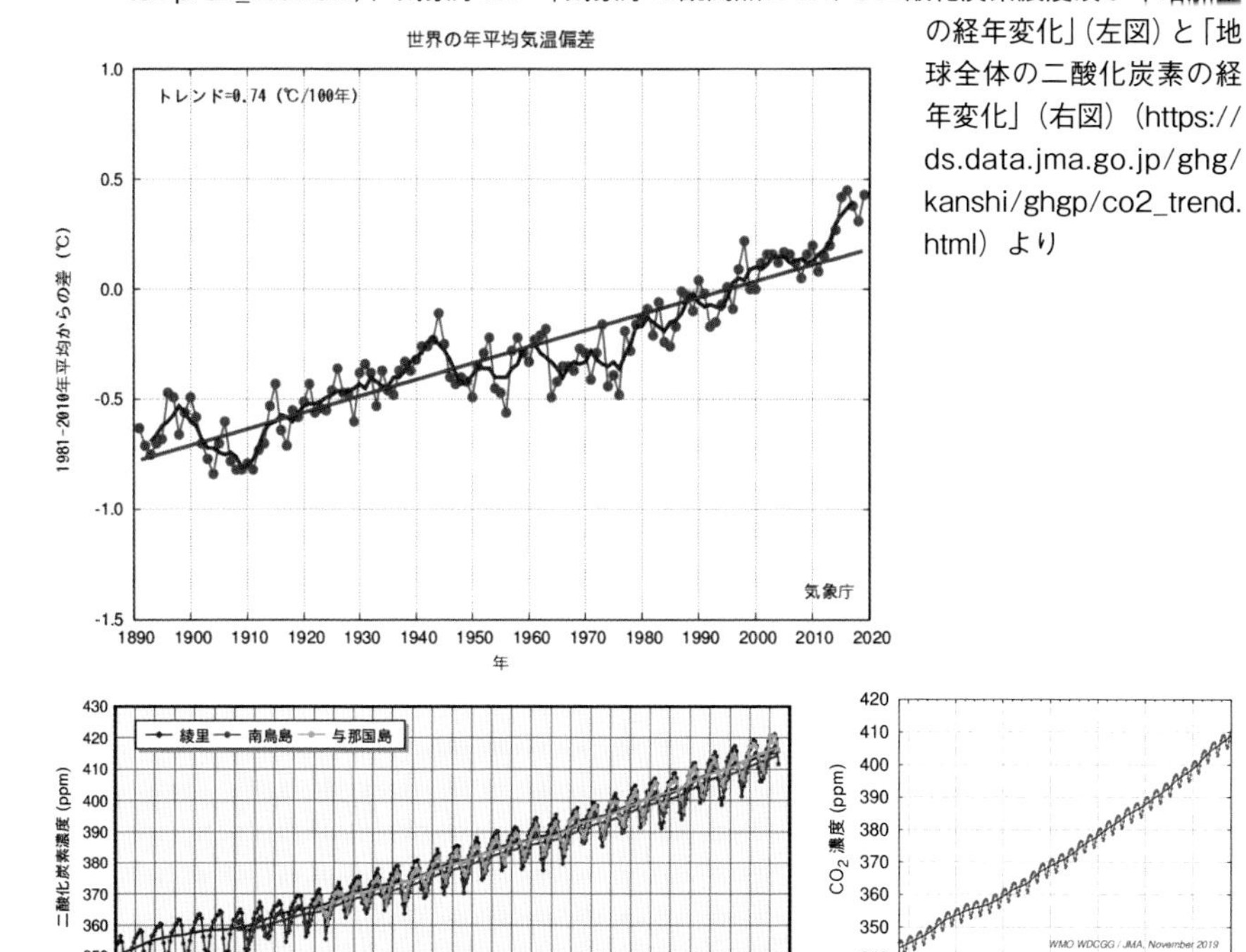

目的に、世界気象機関（ＷＭＯ）と、国連環境計画（ＵＮＥＰ）により、１９８８年に設立された組織です。２００７年には、ノーベル平和賞が授与されてもいます（図Ⅱ―２参照）。

世界の大気中の二酸化炭素濃度の変化

図Ⅱ―３にあるように、１８００年を過ぎた産業革命が起こったころより、急激にCO_2が増加し、気温も上昇しています。

地球温暖化の影響

地球温暖化は人類が作りだしたもので、現代は氷期の時代ですが、温暖化が進んでいます（図Ⅱ―４参照）。

過去20年間以上にわたって、北極行きの海水や積雪が減少し、アルプスなどの高山の氷河は消滅し続けています。また、大陸氷河やシベリア、アラスカなどの永久凍土も温度上昇が見られ、地域

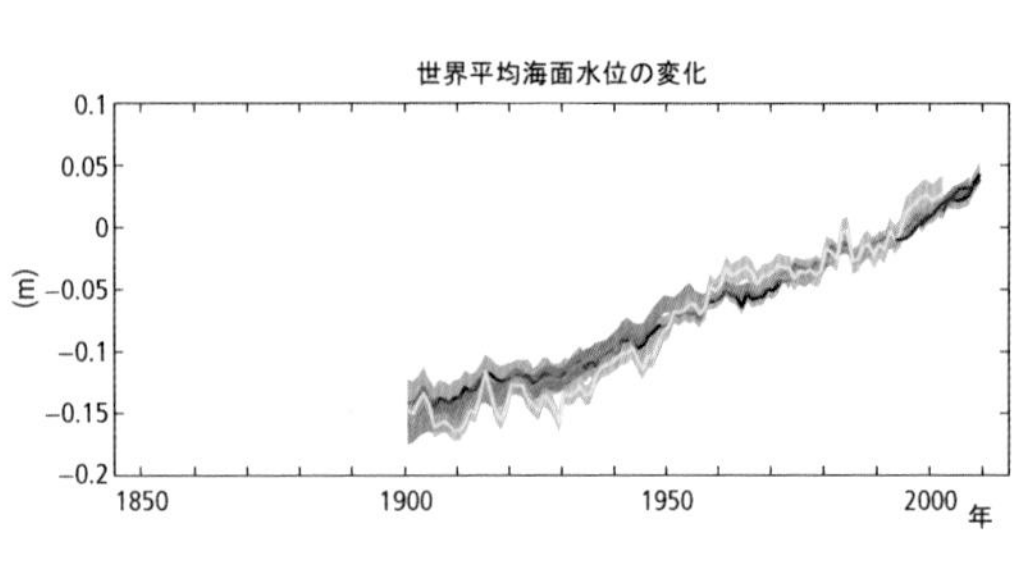

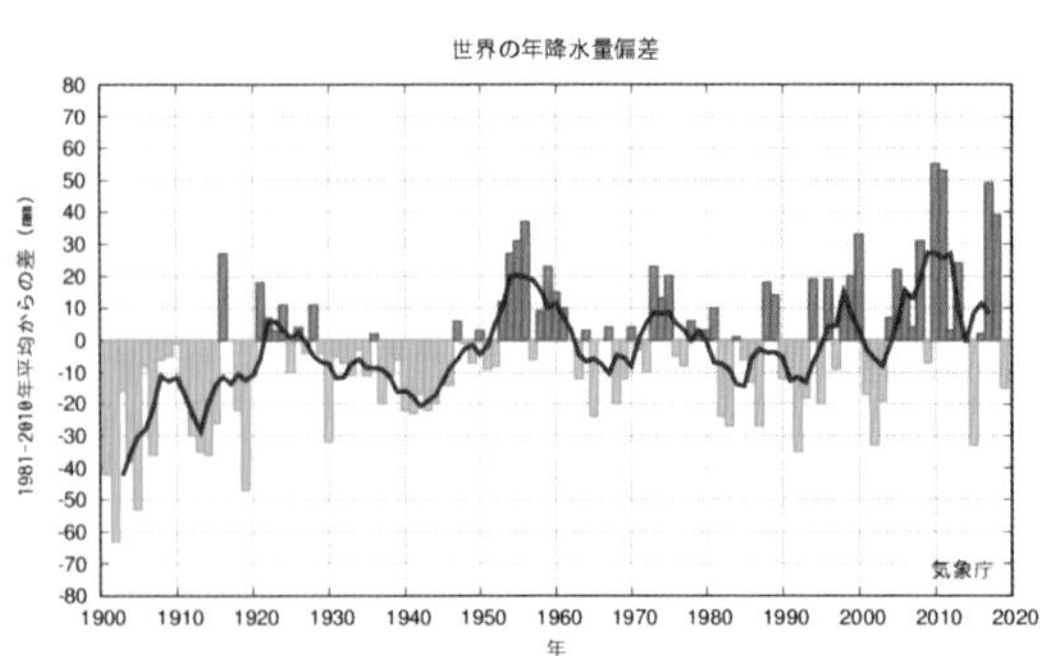

図Ⅱ－４　地球温暖化の影響
地球温暖化によって海面が上昇、氷河や氷床も縮小し、今後は更なる激しい気象変化に見舞われる。
出所：「IPCC第５次評価報告書（政策決定者向け要約）」p.3（上図：https://www.env.go.jp/earth/ipcc/5th_pdf/ar5_syr_spmj.pdf）、気象庁ＨＰ「世界の降水量の変化」（下図：https://www.data.jma.go.jp/cpdinfo/temp/an_wld_r.html）
※地球温暖化により、２０００年代に入ってから大幅に大雨の頻度や降水量が増加している。それに伴い、海面が上昇し、サンゴ礁を国土とするツバルなどの太平洋の国々は、水没する危機に陥っている。

によっては森林の倒壊、さらには温室効果ガスのメタン放出なども懸念されています。
しかし、何よりも海面上昇により、低海面の地域は、水没する危険もあります。降水量の少ない地域では、砂漠化・干ばつ・植生の変化など大きな変動をしています。

4 原発・核燃料サイクル（再処理工場）は、本当にCO_2を出さないか
―地球温暖の防止に原発・核燃（再処理工場）のCO_2を出さないというまやかし。LNG（液化天然ガス）を燃やす程度は出ます―

原子力発電を推進する電力会社や国、県は、「原発は炭酸ガスを出さないので、地球温暖化防止に役立つ」という情報を新聞、テレビ、ラジオ、パンフなどを使い大宣伝していますが、それは全くのウソです。

確かに、ウラン原料の核分裂による発電の時は出しません。しかし、図Ⅱ―5を見てください。
原子力発電・核燃料サイクルの入り口から出口まで、つまり、原発・核燃施設の建設、ウラン発掘、精錬、ウラン濃縮、加工、使用済み核燃料の処理、廃棄物の管理の過程で、エネルギーを大量に消費します。現在ではエネルギーを作るのに日本ではどうしても化石燃料（石炭・石油はほとんど輸入）を使うため、CO_2を大量に発生させています。

また、原子力発電も発電時に大量の冷却海水を必要とします。その冷却海水は、海水に含まれているCO_2を大量に排出します。100万キロワットクラスの原発を1日稼動するだけで、1000トンのCO_2が大気中に出ます。

また、原子力発電そのものがエネルギー効率が悪く、エネルギーの7割は、ストレートに地球を温暖

化（温排水などとして）しています。電気として使用されるのは、約3割で、その一部も送電途中熱となります。

自然エネルギー（風力・地熱発電など）への転換が、放射能も出さない安全な発電であり、最もベストです。

特に、「火山国日本」では、地熱発電の開発にも力を注いでもらいたいものです。

5 日本の気候――偏西風帯に位置する危険で美しい日本の四季――

日本は、偏西風帯に位置し、北は亜寒帯、南は亜熱帯の気候で、移動性高気圧、温帯低気圧が次々と西から東に通過していきます。また、日本は、南北に伸びる長い列島で、気温差が大きく、ジェット気流の強い所で、温帯低気圧も多く発生します。日本の気候は、変化のはげしい危険で美しい島孤です。

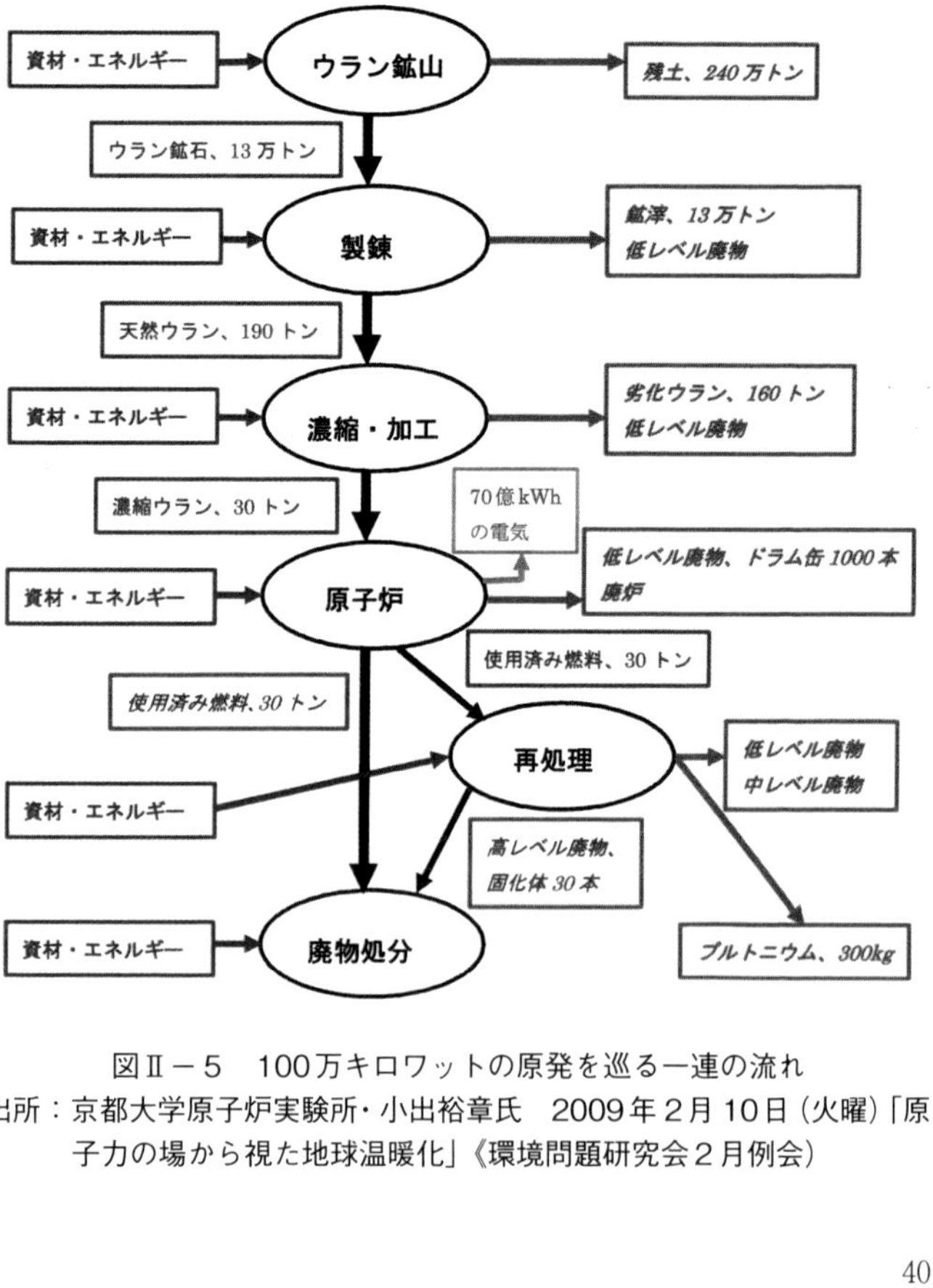

図Ⅱ－5　100万キロワットの原発を巡る一連の流れ
出所：京都大学原子炉実験所・小出裕章氏　2009年2月10日（火曜）「原子力の場から視た地球温暖化」《環境問題研究会2月例会）

①冬

冬はシベリア高気圧が北西から寒い季節風が吹き出し、列島の北は非常に寒くなります。日本海側は多雪となり、西側の山々は大雪となり、夏には水の恵みともなります。太平洋側は冬は晴天の続く天気となります。

②春

春は、冬至以降、日射量が次第に増し、アジア大陸は暖まり、2月中旬を過ぎると、シベリア高気圧が衰え始めます。大陸と海洋との温暖差が小さくなり、西高東低の気圧配置が崩れ、季節風が弱まり、北国の西側の雪も消え始め、恵の水をもたらします。

③梅雨

日本の本州中心に、6月中旬から約1ヵ月、曇りや雨が続くことが多いです。このことを**梅雨**と呼んでいます。インド及び東南亜細亜特有の雨季は、インド洋から大陸に吹く、高温多湿の季節風モンスーンによるものです。フィリピン方面から北太平洋高気圧に西側に流れ込む、西から東に舌状に伸びる多湿の気流を**湿舌**（しつぜつ）と言い、梅雨期末に大雨や集中豪雨が生じることがよくあります。

夏にオホーツク海高気圧が発達し、オホーツク海高気圧南部の空気は親潮によって冷やされ、寒冷で湿った気団となります。冷えた空気は重くなって高気圧が強まり、東日本太平洋側に北東の冷たい風が吹き出してきます。この風を**やませ**と言い、この風が長く続くと東北地方に広く冷害をもたらします。

④夏

夏、日本列島は、北太平洋高気圧に覆われ、猛暑が続きます。この時期に、台風がよく発生します。北太平洋高気圧の勢力が強いと、台風は日本に近づけません。

しかし、秋になって、北太平洋高気圧が衰えると、夏から秋にかけて、次々に台風が日本に接近するようになります。

特に最近は、**地球温暖化**により、海が温まっており、もの凄い低気圧が発達し、風速50メートルを越える雨台風がやって来ています。

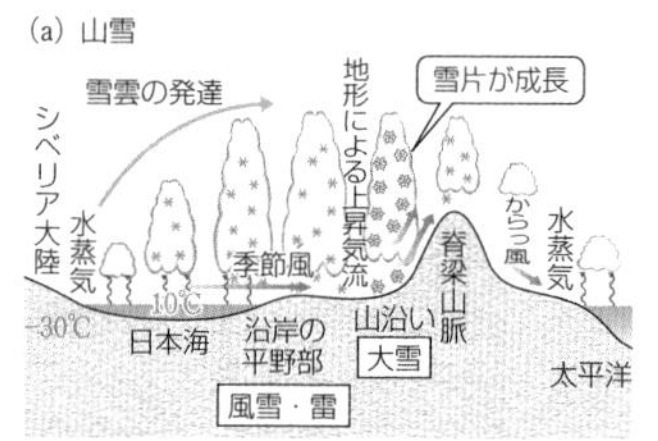

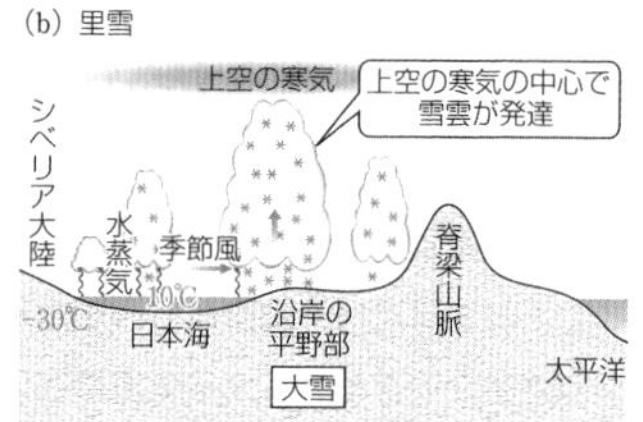

図Ⅱ－6　山雪（a）と里雪（b）の模式図
出所：磯崎行雄　川勝均　佐藤薫『地学改訂版』平成29年2月6日
新興出版社　啓林館（p.268）

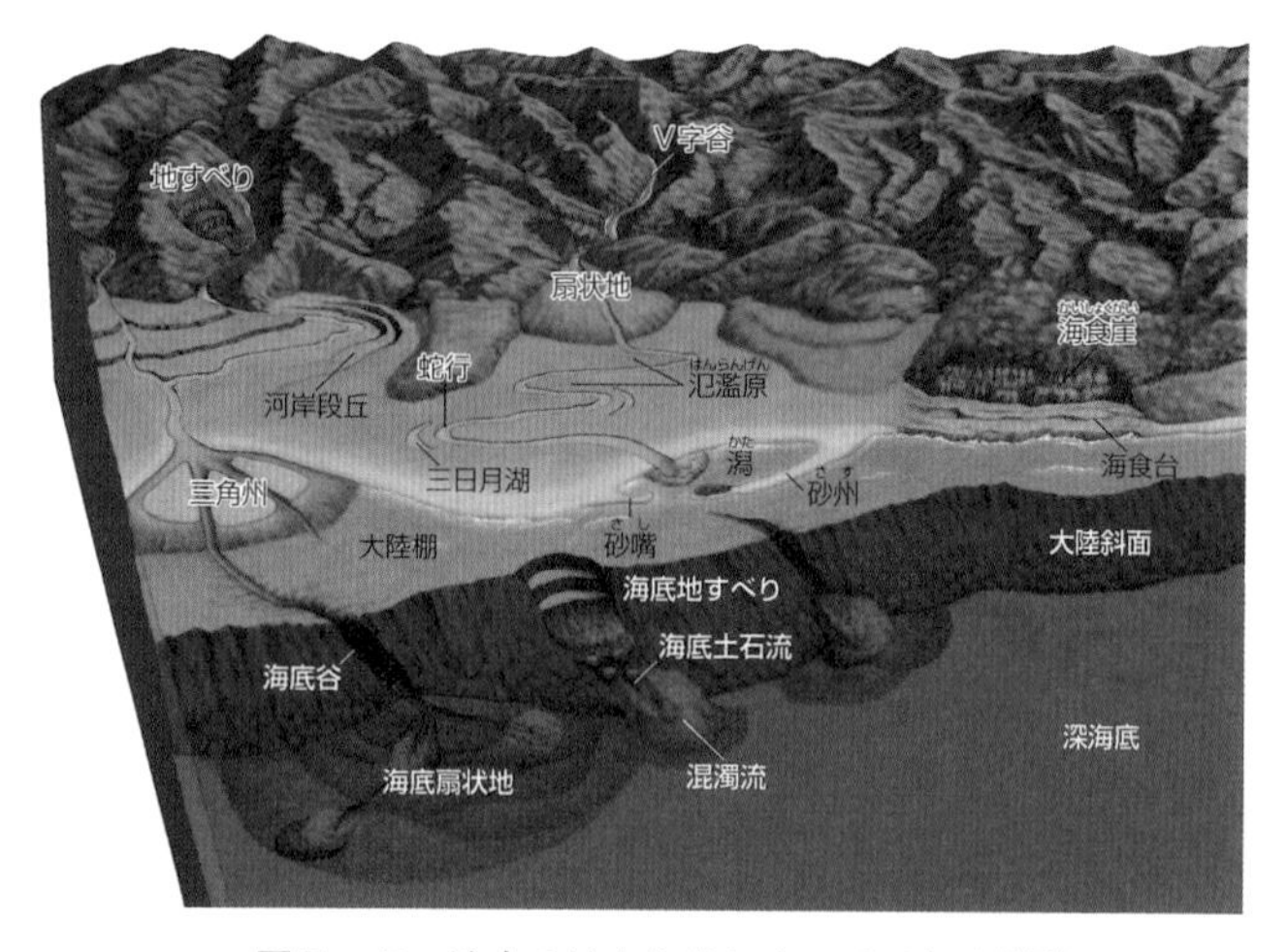

図Ⅱ－7　流水のはたらきによってできる地形
出所：磯崎行雄　川勝均　佐藤薫『地学改訂版』平成29年2月6日
新興出版社　啓林館（p.120）

⑤秋

北太平洋高気圧が弱まり、大陸から冷涼な高気圧が南下してくる日本付近は、再び停滞前線が現れ、**秋雨**が続きます。この前線を**秋雨前線**といっています（図Ⅱ―6、7参照）。

沖積層・沖積台地は、現在の河川による作用で堆積した水渓に沿う河床、泥反乱、低湿地の堆積物、扇状地、河口など、最も水害が起こりやすい地形・地域を示したものです。

このような場所の台地に、村や町、都市が存在します。

今まで述べてきたように、気候も季節風帯にあるため、気候が激しく変化します。本当に美しいのですが、世界一危険な災害列島です。それに現在は、地球温暖化による気候大変動の時代です。風速50メートルの雨台風が２０１９年や２０２０年に長野県や熊本県を襲いましたが、今後はますます増えると考えられます。

【第2部】

Ⅲ　青森県で起こる原子力災害は、必ず地震・津波・火山・台風・大雨などの複合する原発震災となり、地獄となる

六ヶ所村周辺の地質

六ヶ所村の地質は、青森県がむつ小川原開発の基本調査として、50年近く前に、報告書として出版されています（『むつ小川原開発地域「土地分類基本調査」』、平沼5万分の1／1970年）。

それによると、この地帯の基盤は、角れき凝灰岩で「泊火山岩」と言われています。このような火山噴出物が積もった時代は、新第三紀鮮新世（約1200万年～200万年前）です。

この角れき凝灰岩の上部には、砂岩の地層が積み重なっています。この砂岩層は、割合引き締まったシルト質砂岩が主体で、鷹架沼（たかほこ）の崖に好露出があるので、「鷹架層（たかほこ）」と呼ばれています。鷹架層（たかほこ）の上に、「浜田層」と呼ばれる地層が乗っかっています。この地層は、少し柔らかい半固結状の砂岩と砂質シルト岩から成り立っています。これらの地層が堆積した時代も新第三紀鮮新世です。

以上の新第三紀の地層の上に、第四紀洪積世（約200万年～約1・5万年前）の地層が積み重なっています。

その最初の地層が「野辺地（のへじ）地層」で、この地層は主として砂とシルトの互相で、一部に砂岩や貝化石の層が挟まっています。

野辺（のへじ）地層の上は、段丘堆積層で、最上部を構成しています（図Ⅲ—1）。この層は、下部が火山灰・砂・粘土から成り、上部は、火山灰・砂・れきが混じっている地層です。第四紀沖積世（約一万年以降）の砂丘砂が広く分布しています。

そして、この一帯の地下水のことですが、むつ小川原原発に伴う各種ボーリングや、防衛庁による、防音校舎建設・牧場用水源井戸のボーリングで、「浜田層」と「野辺（のへじ）地層」には、浅層地下水が豊富であることと、メタンガスや鉄に汚染されていて、良質の地下水を得るには、深層地下水、地下200〜300メートル掘った水でなければならないようです。

このように、この地域の地層・地表は、地盤が柔らかいこと、砂岩層は、帯水層を形成することが多く、地下水が豊かであること、再処理工場建設や高レベル放射性廃棄物を一時貯蔵する施設には、全く適していません。近くに大陸棚外縁断層という大活断層が存在し、地盤が安定していないところです。図Ⅲ—1の六ヶ所村一帯の地質図は、『青森県六ヶ所村核燃料サイクル施設』（北方新社）からの引用です。

２　大陸棚外縁断層は大活断層

最初に下北半島全体のなかで、六ヶ所村東通村を中心とする小川原一帯の断層の分布を見ていくことにします（図Ⅲ—2参照）。

時代	地層名	岩質
第四紀 洪積世	段丘堆積物	火山灰—砂・礫
		火山灰—砂・粘土
	野辺（のへじ）地層	砂、粘土
第三紀 鮮新世	浜田（はまた）層	砂岩、砂質シルト岩
	鷹架（たかほこ）層	砂岩
	泊（とまり）火山岩	角礫凝灰岩

図Ⅲ－1　六ヶ所村一帯の地質層序表
出所：『科学者からの警告　青森県六ヶ所村核燃料サイクル施設』1986年4月1日発行　北方新社（p.91）

六ヶ所村を含む下北半島の東方沖の太平洋の海底には、活動が否定できないものとした大陸棚外縁断層（たいりくだながいえんだんそう）が100キロメートル近く南北に走っています。

この断層は、池田安隆「下北半島沖の大陸外縁断層」（『科学』82巻6号）など、多くの科学者が活断層と考えています。活断層研究会編『日本の活断層――分布図と資料』（1980年2月／東京大学出版会）にも掲載されています。文部科学省の検定教科書『基礎地学』では、活断層は、「最近数十万年間に繰り返し活動した証拠があり、今後も活動性が高い断層」としています。原子力規制委員会が2006年改定指針において、耐震設計上考慮する活断層は、後期更新世以降（12〜13万年以降）のことです。それは、最近12〜13万年間活動していない証拠がなければ、活断層として考慮することを求めているのです。この活断層は、高さ200メートル以上も東方に傾斜しています。もし、この大活断層が動くとM9

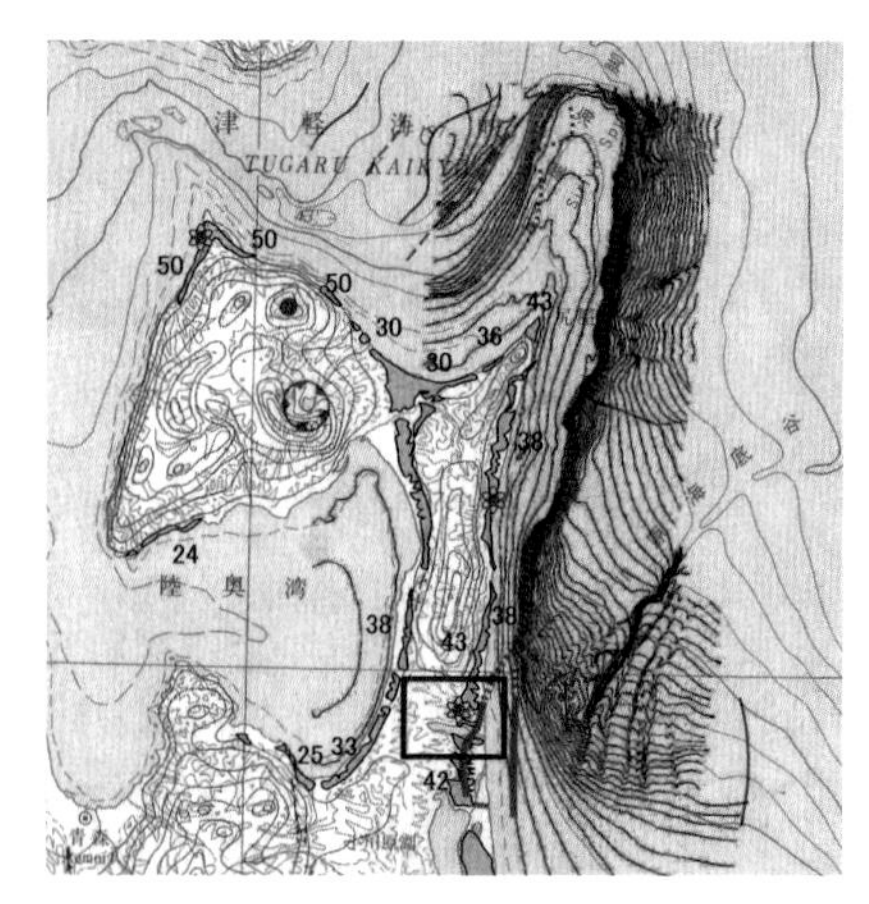

図Ⅲ－2
出所：「科学2009年２月号」vol.79 No.2
岩波書店（表紙、p.183）

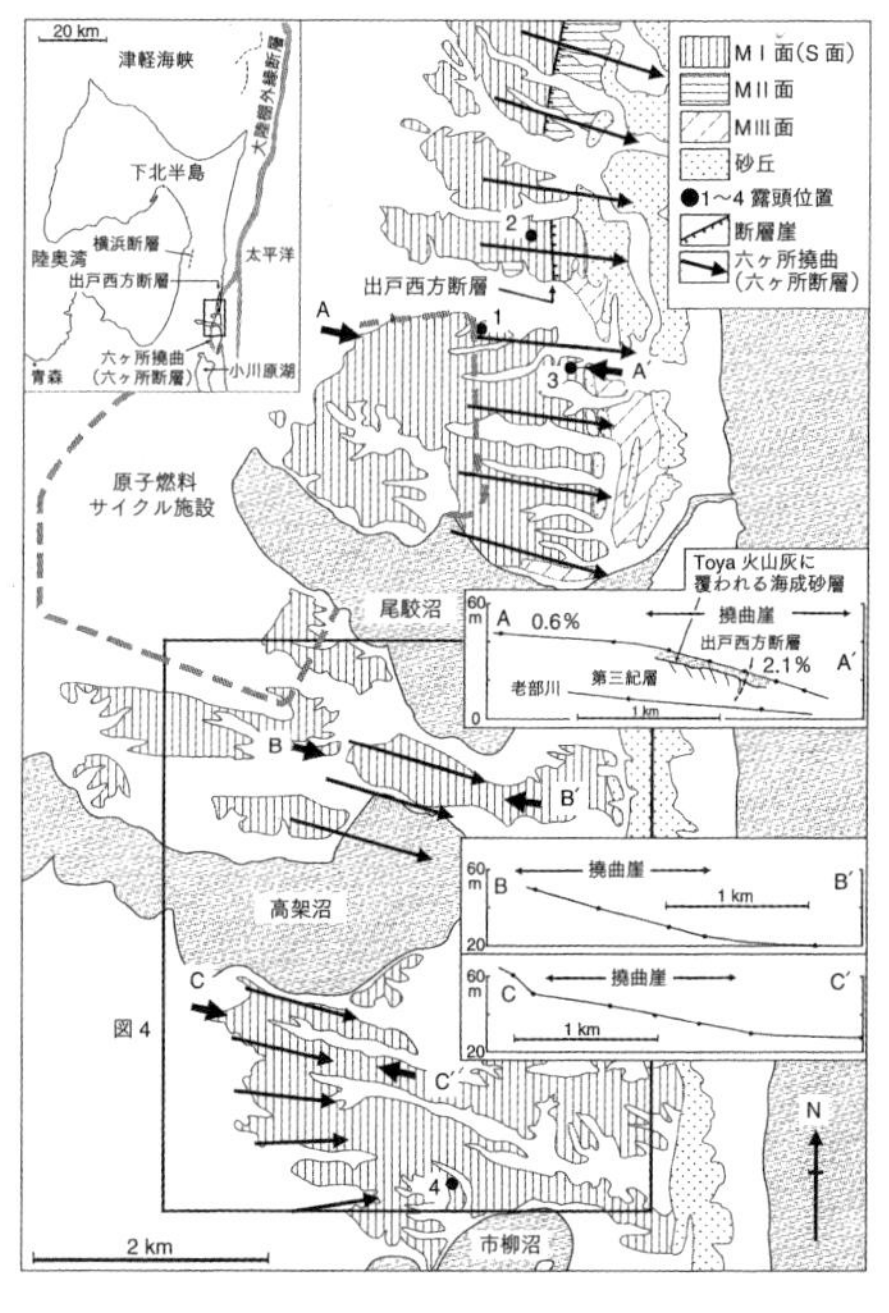

に近い大地震となります。日本原燃は、この活断層を認めると、再処理工場や高レベル放射性廃棄物等の施設の耐震設計ができなくなるので認めていません（図Ⅲ—9参照）。

この大断層は、下北半島沿岸に、大きな影響をもたらしてきたものと考えられています（図Ⅲ—3、4参照）。

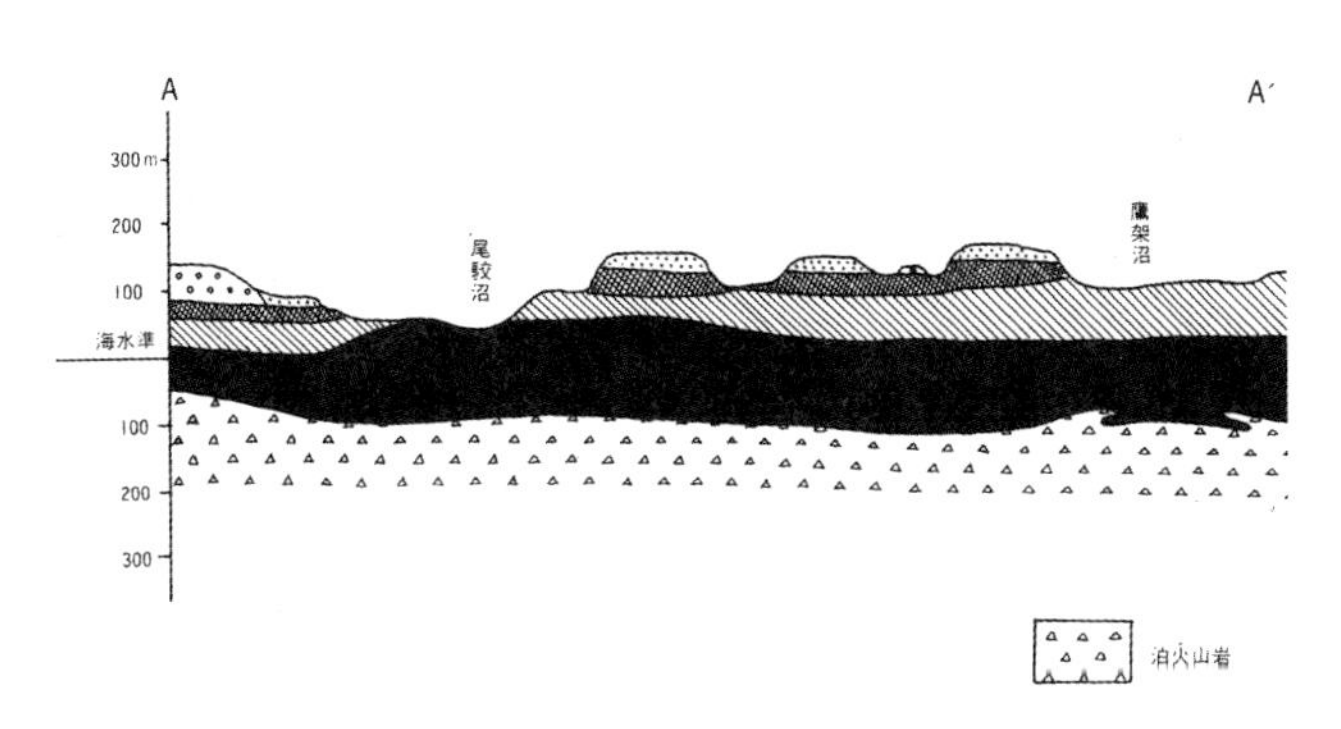

図Ⅲ－3　六ヶ所再処理工場付近地質図①
出所：『科学者からの警告　青森県六ヶ所村核燃料サイクル施設』1986年4月1日発行　北方新社（p.90）

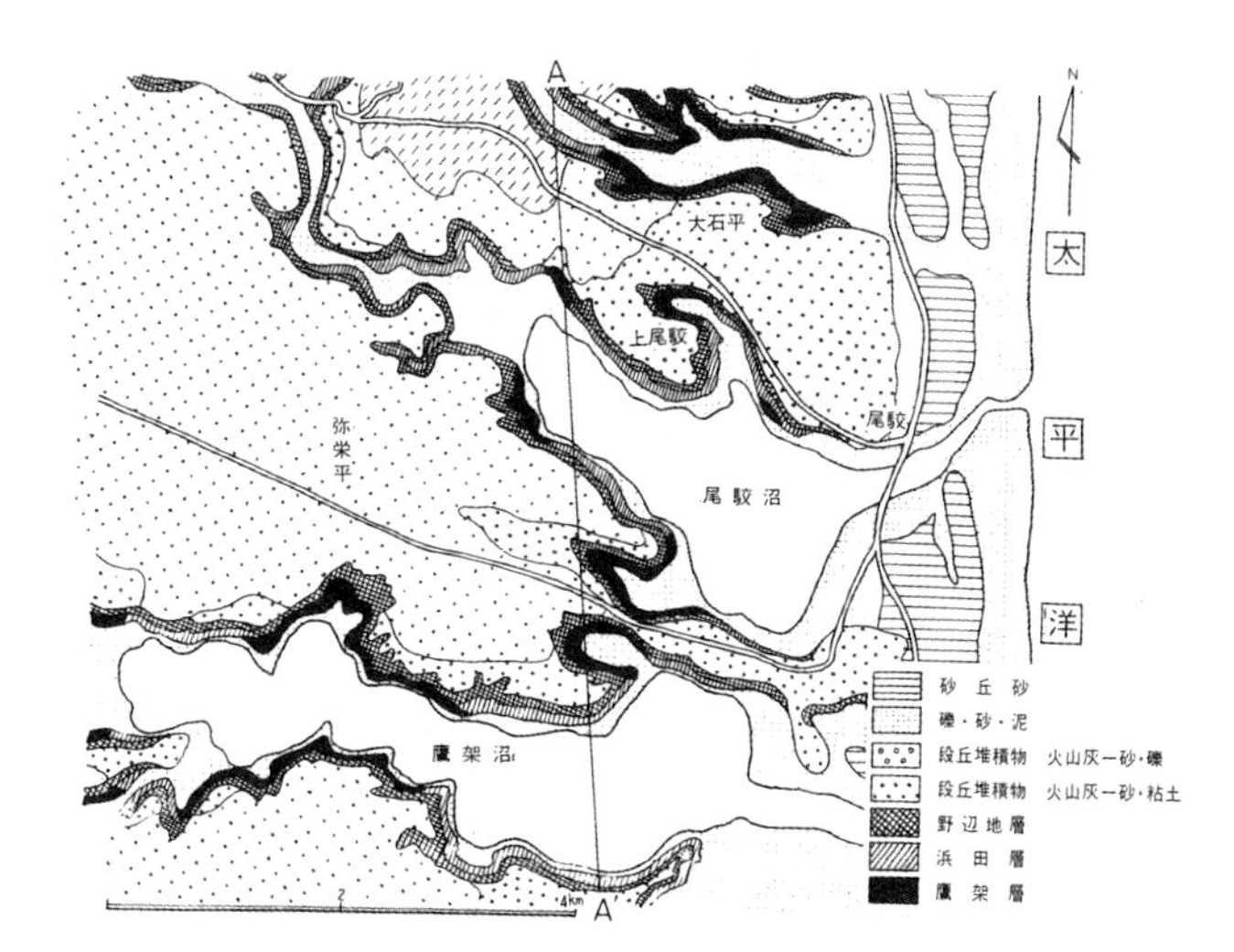

図Ⅲ－4　六ヶ所再処理工場付近②
出所：『科学者からの警告　青森県六ヶ所村核燃料サイクル施設』1986年4月1日発行　北方新社（p.90）

下北半島で起こる地震などの自然災害は原子力災害との複合災害になる

《自然災害列島である日本は、原子力発電や核燃料サイクルをおこなう所ではまったくない》

日本列島は、太平洋プレート・ユーラシアプレート・北アメリカプレート・フィリピン海プレートの４つのプレートが年７～８センチも移動しています。４つのプレートのせめぎあいにより日本列島が誕生し、火山・地震・津波が多発する危険な列島上で私たちは生活しているのです。火山前線や山々も形成され、多様な変化のはげしい地形となっています。

また、日本列島は、東アジアの季節的大雨をもたらすモンスーン帯にあり、台風もやって来ます。日本は、世界でも稀な大災害列島です。それが、地球温暖化により、２０１９年の台風19号、台風21号の大雨による災害に見られるように被害が増大しています。日本列島の起源から、どのようにして世界でも有数の災害列島になったのか明らかにしました。高校の地学の教科書は、実に列島の危険性をリアルに描いています。そのような自然環境のなかで、六ヶ所再処理工場や原発は、ひとたび事故がおこると、必ず自然災害との複合災害となります。

原子力規制委員会は、２０１５年11月27日に、六ヶ所再処理工場の耐震関係の審査会を開きましたがそこで、日本原燃は、「大陸棚外縁断層は活断層ではない」と主張しました。その主張内容は、日本原燃東北電力、東京電力、リサイクル燃料貯蔵と４社合同でおこなった調査に基づいています。

調査は、海上ボーリングや海上音波探査の結果を示して、約25万年前以降に堆積した地層に崩れや変形は無く、活断層は、活動時期を13万～12万年以降と規定しながら活断層ではないとしています。

しかし、「平成24・25年度青森県地震・津波被害想定調査」では、М９・０の海溝地震が起こるとしています。

しかも、図Ⅲ―2の下北半島の周辺の活断層は、渡辺満久氏らによれば、大間崎の方へ、北の方へと分布高度が高くなっています。このことは、北の沖合にある海底断層の動きによると推定しています。

また、六ヶ所村の核燃料サイクル施設は、大陸棚外縁断層から派生した六ヶ所断層にあり、地形面を撓曲（とうきょく）させていると指摘しています。

下北半島の隆起と地震動の要因が、中田高氏・渡辺満久氏の指摘する大陸棚外縁断層にあるとするのは合理性があると考えます（図Ⅲ―2の両図参照）。

私は、そのエネルギーの根源はプレートの移動であると考

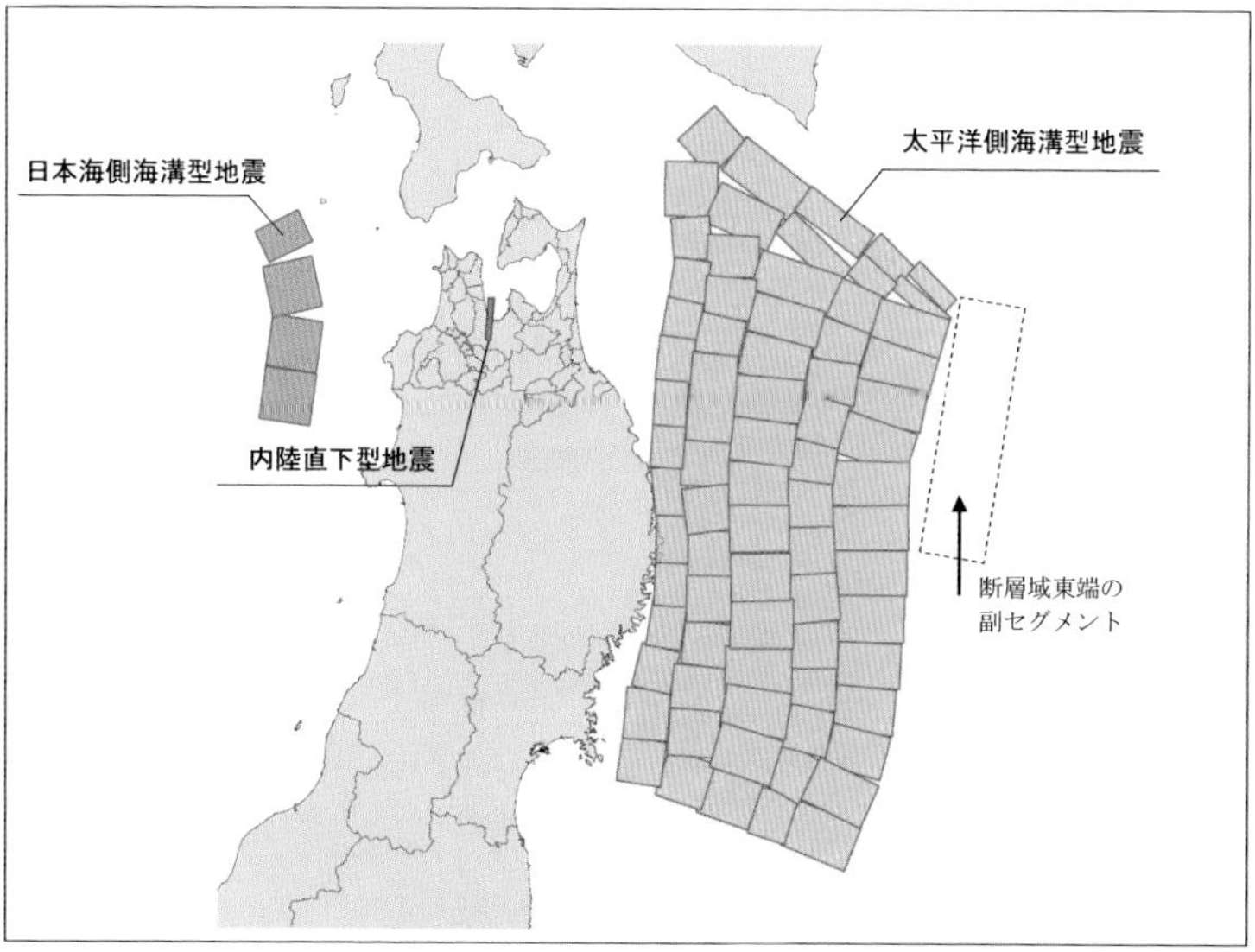

名称	太平洋側海溝型地震	日本海側海溝型地震	内陸直下型地震
地震モーメント (M_0)	4.23E+22 Nm	1.04E+21 Nm	1.64E+19 Nm
モーメントマグニチュード (M_w)	9.0	7.9	6.7
コメント	・1968年十勝沖地震及び2011年東北地方太平洋沖地震の震源域を考慮し、青森県に最も大きな地震・津波の被害をもたらす震源モデルを設定	・1983年日本海中部地震の震源モデル（Sato, 1985）、及びその最大余震の震源モデル（阿部, 1987）を考慮して震源モデルを設定	・「青森湾西岸断層帯の活動性及び活動履歴調査（産業総合研究所［2009］）」により入内断層北に海底活断層が推定されたことから、震源モデルを設定

図Ⅲ－5

出所：「平成25年度青森県地震・津波被害想定調査」平成26年3月青森県／「図2.1.1想定地震断層の位置と規模」（p.3）
ＨＰ：http://www.bousai.pref.aomori.jp/files/H2425_higaisoutei.pdf

えています、下北半島にさまざまな地震が起こって来ていますが、その地殻変動エネルギーは、大陸棚外縁断層にあると考えていますし、青森県の調査では「想定太平洋海溝地震M9・0」としています（図Ⅲ—5参照）。

日本原燃は、この活断層がもたらすM8～9の巨大地震に対して、総延長1300キロメートルの再処理工場の配管安全性は、全く考えていません（図Ⅲ—6、7、8参照）。もし、操業中に大地震があると地獄となるでしょう。

図Ⅲ－6
出所：青森県防災ハンドブック「あおもりおまもり手帳」（p.81）

（a）地震

青森県で起こる原子力災害は、必ず地震・火山・台風・大雨などの自然災害との複合災害となり、地獄絵図となる。

青森県は、平成30年に**「あおもりおまもり手帳」**という防災対策手帳を発行しました。図Ⅲ—6は、青森県内に起こる地震関係の災害の想定一覧です。

（b）原子力災害

図Ⅲ―7は、原子力災害図です。

（a）地震と（b）原子力災害が別々の事項として書かれています。

青森県の場合は、太平洋側海溝型地震では、M9・0、死者数2万5000人になるとしています。

しかし、M9・0の地震の場合、必ず地震との複合災害となり、福島原発震災以上の地獄絵図のようになります。

六ヶ所西方断層の活断層では「新基準地震動SS」450の対応力しかありません。東通原発も450なのですから全くM9・0の地震に対応していません。

にもかかわらず、原子力規制委員会はすべて認可しようとしています。

図Ⅲ―8の「新基準地震動と旧基準値震動」を参考にしてください。

東通原子力発電PAZは、施設から概ね半径5キロメートル圏内の予防的に避難を開始する区域で、それは、「リサイクル燃料備蓄センター」で、多分使用済み核燃料の一時貯蔵センターの所でしょう。予防的避難を開始する所です。

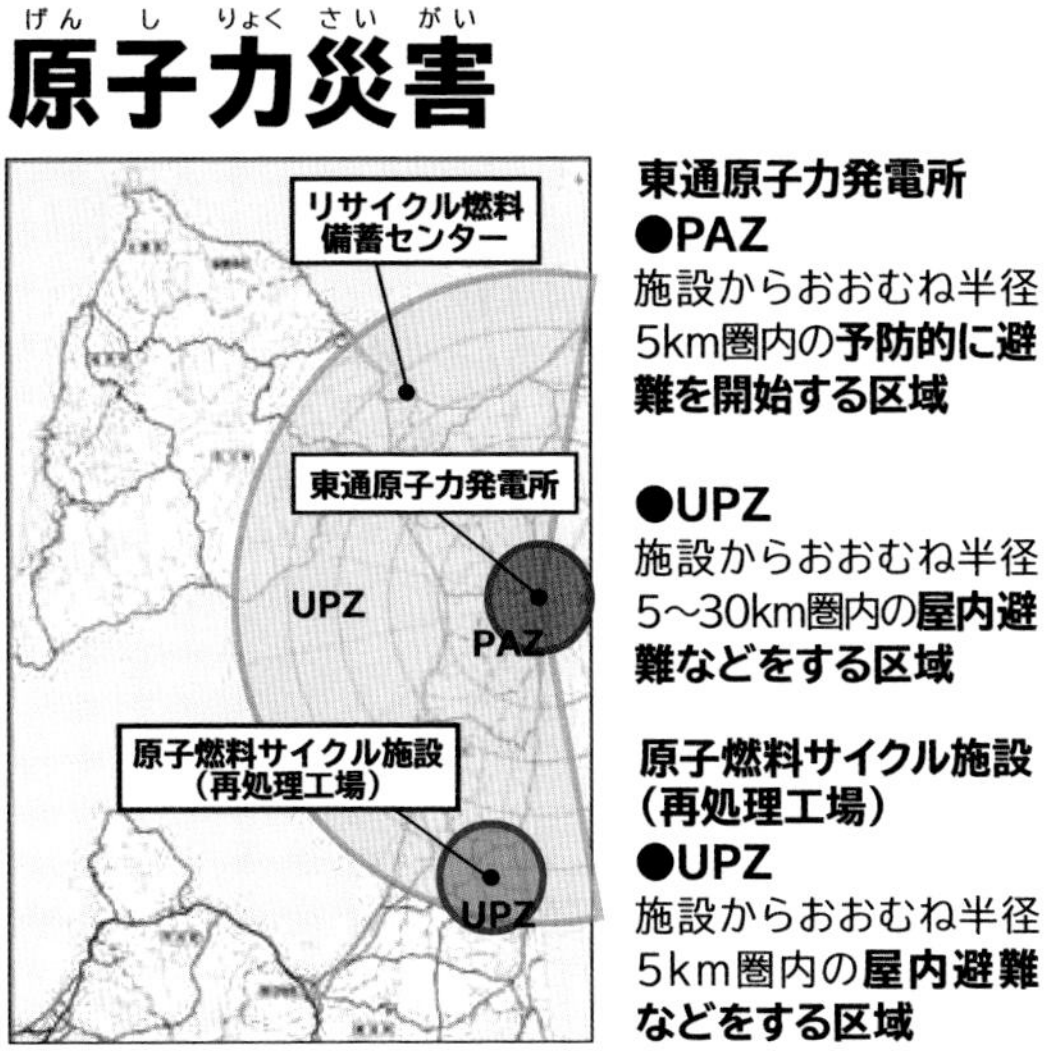

原子力災害（げんしりょくさいがい）

リサイクル燃料備蓄センター
東通原子力発電所
UPZ
PAZ
原子燃料サイクル施設（再処理工場）
UPZ

東通原子力発電所
●PAZ
施設からおおむね半径5km圏内の**予防的に避難を開始する区域**

●UPZ
施設からおおむね半径5～30km圏内の**屋内避難などをする区域**

原子燃料サイクル施設（再処理工場）
●UPZ
施設からおおむね半径5km圏内の**屋内避難などをする区域**

図Ⅲ－7
出所：青森県防災ハンドブック「あおもりおまもり手帳」（p.92）

ＵＰＺは、核燃料サイクル施設再処理工場で、ウラン濃縮工場のところでしょう。施設から５～30キロメートル圏内の屋内避難などとしています。

このような原子力災害が起こるところでは、再処理工場の各施設が全電源喪失します。津波、台風などの自然災害の時、自然災害となどの原子力災害が結びつく大震災となります。こうなると、逃げることなどは不可能で、地獄絵図となるでしょう。

◎東通原発はＳｓ３７５
　　↓Ｓｓ４５０

◎六ヶ所は　Ｓｓ３７５↓Ｓｓ４５０

この程度の基準値震動の引き上げでは、Ｍ８・５には対応できず、地獄の六ヶ所再処理工場となります。

柏崎刈羽は、旧基準地震動４５０から基準値動ＳＳ２３００に引き上げられています。再処理工場を再稼働するには、この耐震基準値を大幅に引き上げし、設計からやり直さないといけないでしょう。しか

原発名	活断層・地震名	新基準地震動 Ss	旧基準地震動
泊	特定せず	550	370
東通	〃	450	375
女川	宮城沖地震（M8.2）	580	375
福島１	敷地下方の断層（M7.1）	600	370
福島２	〃	600	370
柏崎刈羽	F-B 断層	2300	450
浜岡	東海地震 （M8.0）	800	600
志賀	笹波沖断層 （M7.6）	600	490
美浜	C 断層 （M6.9）	600	405
高浜	FO-A 断層 （M6.9）	550	370
大飯	〃	600	405
島根	宍道断層 （M7.1）	600	456
伊方	中央構造線の一部 （M7.6）	570	473
玄海	特定せず	500	370
川内	〃	540	372
敦賀	浦底―内池見断層（M6.9）など	650	532
東海２	特定せず	600	380
もんじゅ	C 断層 （M6.9）	600	466
六ヶ所再処理	出戸西方断層 （M6.5）	450	375

図Ⅲ－８　新基準地震動と旧基準値震動
出所：『原発稼働を許さないために「新規制基準」と審査体制を斬る』
立石雅昭・著／原発をなくす全国連絡会発行（p.20）

しそれはできないので、認めると建設ができないからです。

現在、再処理工場の高レベル放射性廃棄物の貯槽や高レベル放射性廃棄物の一時中間貯蔵施設は、危険な状態にあります。

4　日本原燃も規制委員会も大陸棚外縁断層を活断層と認めず

日本原燃は、大陸棚外縁断層や後川――土場川断層、野辺地断層、七戸西方断層を活断層として認めておらず、六ヶ所断層は図にありません。

大陸棚外縁断層や六ヶ所断層を活断層と認めれば、M８～９の地震が起こると、再処理工場の配管は、その地震に全く耐えられないことから、活断層から外したとしか考えられません。図Ⅲ――９と比較してください。

その図は日本原燃による再処理工場周辺の断層分布図です。分かりにくいので、活断層ではないものを私が色づけしました。

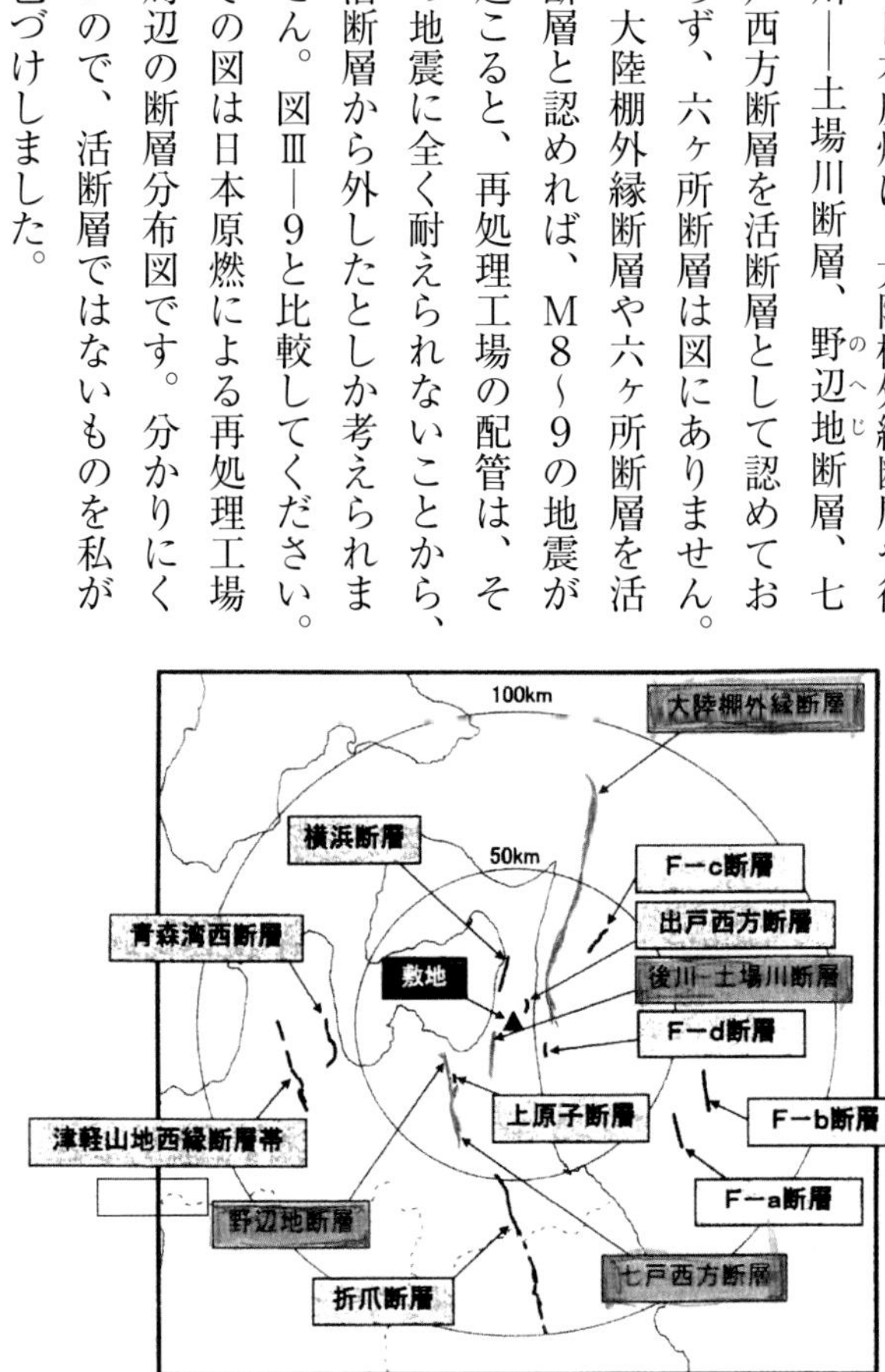

図Ⅲ－９

再処理工場で考慮している断層。他の約84キロメートルにも及ぶ大陸棚外縁などは、活断層として認めず、耐震設計上考慮していない。また、六ヶ所断層もなく、出戸西方断層ともつながっていないし、大陸棚外縁断層とずれている。

出所：電気事業連合会　日本原燃株式会社「海外返還廃棄物の受入れについて」参考資料１より／2010年３月30日（p.51）

※電気事業連合会・日本原燃株式会社の資料をもとに作成。

原子力規制委員会も、２０１８年７月に、処理工場の施設、設備の安全審査を終了し、地震に関する事項では、大陸棚断層は活断層ではないとして、ほぼ図Ⅲ―10も容認しています。

このような隆起をもたらした原因は、大陸外縁断層の活動によるものと考えることが自然であると渡辺満久（東洋大学教授・変動地形学）氏などが述べています。この地域には、一切山東方断層、出戸西方断層、横浜断層、野辺地層断層など多くの断層が知られています。

渡辺氏は、六ヶ所の地形の撓曲から、六ヶ所断層を提示し（図Ⅲ―2の両図参照）、六ヶ所村の再処理工場や、高レベル放射性廃棄物（ガラス固化体）はじめ、核燃料サイクル施設は活断層上にあるとし、出戸西方断層や新しく六ヶ所断層の存在も示しています。大陸外縁断層が続いているのではないかとしています（図Ⅲ―10参照）。

ところが、日本原燃では、大陸棚外縁断層も六ヶ所断層も活断層として考えていません。規制委員会も同様の見解です。

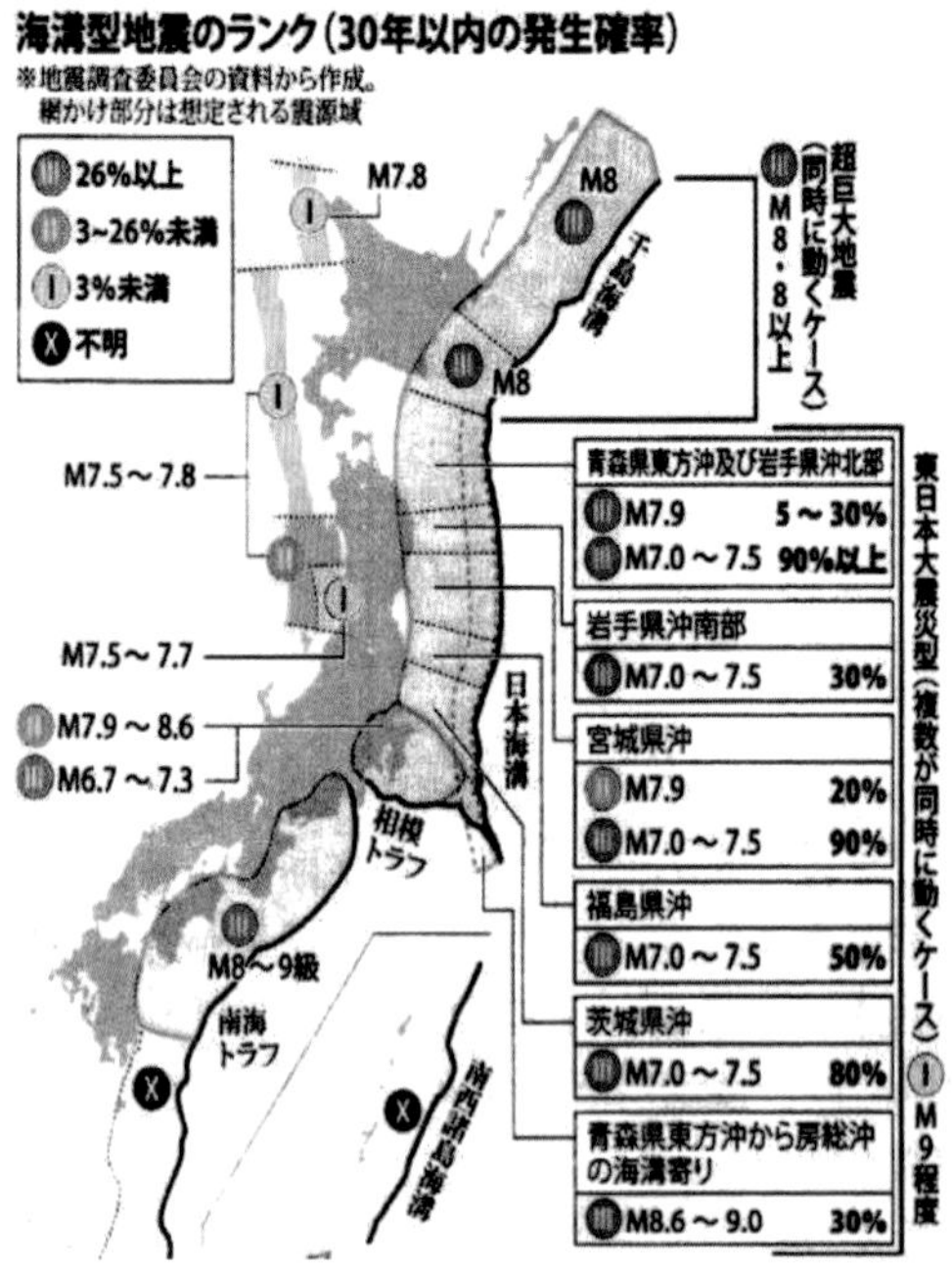

図Ⅲ－10
出所：2019年２月27日（水）毎日新聞

5 東通村や六ヶ所村——約200年毎に大地震・大津波が起きた所——

平川一臣（北海道大学大学院地球環境科学研究院）の「千島海溝の超巨大大津波履歴とその意味・仮説的検討」（『科学』2012, vol.82, No.2）によれば、完新世（約一万年前～現代）までに、下北・東通村の現在の海岸から内陸へかけての1～1・3キロメートル、標高5メートル以下の泥炭地の地層調査によると、巨大津波の堆積物の層が六層存在すると言います。

白頭山苫小牧火山灰直下までに六層の津波堆積物があります。これらのうち、白頭山苫小牧火山灰の下位にあるG6が869年貞観と考えられます。G2が1611年慶長三陸、あるいは17世紀500年間隔津波、G5は12／13世紀の炭素——14年代を示す津波堆積物（次項の噴火湾・森町（Ⅰ）の記載参照）にあたると判断できます。極薄層で分布が限られるG3とG4は、相対的に小規模なローカルな津波を示すと考えられます（それでも、内陸にまで浸水したことには留意するべきである）（869年貞観）。堆積物を含めて6層あるので、単純平均では、およそ200年弱ごとの津波を記録してきた場所と言えます。この事実は、この低湿地では、浸水域1キロメートル以上で標高5メートル前後付近に分布する津波堆積物は、およそ200年程度の再来間隔の津波を識別できることを意味します。

このように、東通村すぐ隣の六ヶ所村は、およそ200年弱毎に、大地震による大津波が起きた所だとしています。「日本原燃の調査による断層分布図」とは、全く異なっています。

何故このような事態になっているかと言うと、再処理工場建設以前に、全体的な地震や火山の調査がおこなわれていなかったからです。

尚、「日本の活断層」については、図Ⅲ—2の図をご覧ください。

核燃料サイクル施設と六ヶ所村・東通村周辺の軍事施設
——戦闘機墜落や模擬弾落下の危険——

２０１９年4月9日に、Ｆ35Ａが三沢沖の海に墜落しました。東通の原発施設、六ヶ所村の再処理工場施設は、すべて三沢米軍機や自衛隊の射爆場など、戦闘機が頻繁に飛び交っているところです。訓練機による事故、具体的には墜落、不時着、２０１９年11月6日２２５キログラム模擬弾の誤投下など、実弾の落下もありました。戦後２００回近く起こっています。

三沢基地には、Ｆ16戦闘機の配備53機以上、Ｆ１３５Ａの配備１４７機体制にする方針を固めるなど、また、戦闘機には原爆もつめるものがあると聞いています。

私は、必ずこのままでは核燃燃料サイクル施設や、東通原発施設に落ちる可能性があると思っています。背筋がゾッとします（図Ⅲ—11参照）。

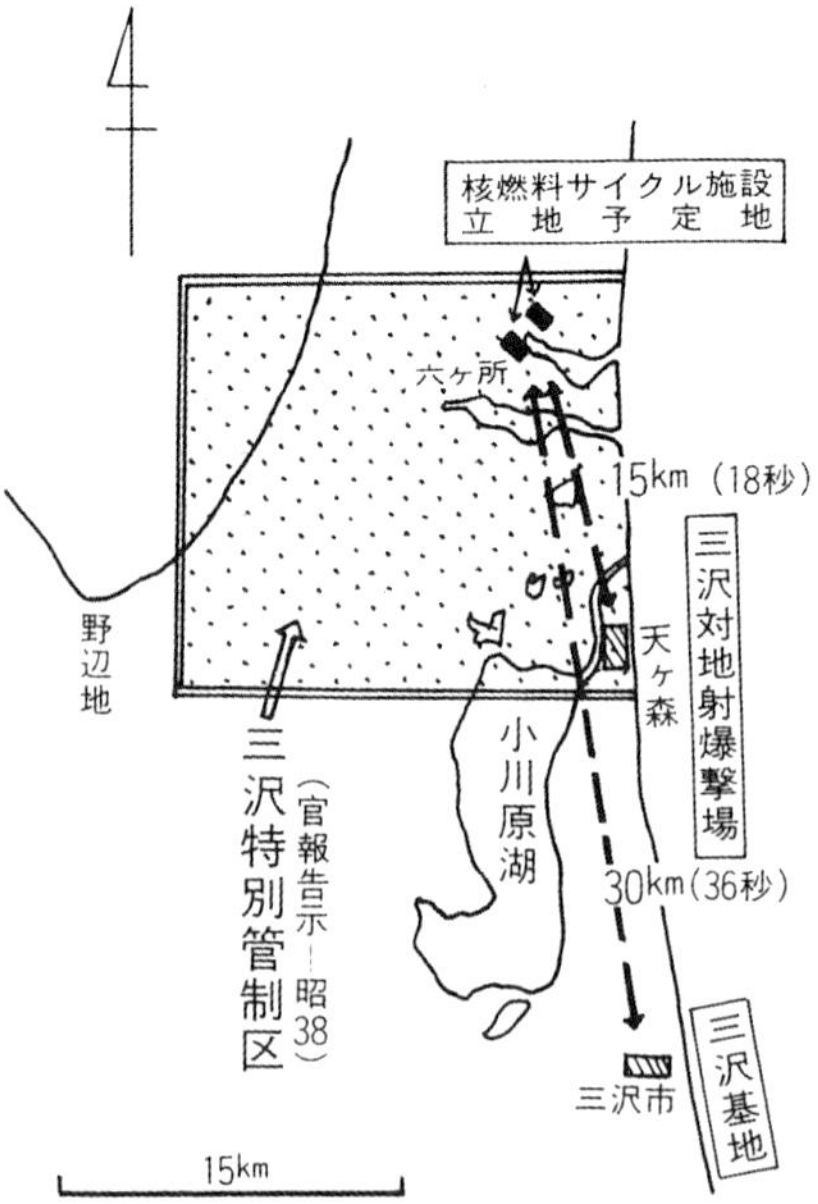

図Ⅲ－11
出所：『科学者からの警告　青森県六ヶ所村核燃料サイクル施設』1986年4月1日発行 北方新社（p.61）

六ヶ所村の今

青森県上北郡六ヶ所村は、下北半島の頸部東半に位置し、面積253平方キロメートル、南北に32キロメートル、東西に13キロメートルで、人口は、約1万1000名です。1889年（明治22年）4月、明治政府の町村制施行により、泊、出戸、尾駮、鷹架、平沼、倉内の六ヶ村の部落が合併し、六ヶ所村という現在の名称となりました。

その村の名称は、すべて馬に関係するものとなっています。尾にまだらがあるので尾駮、馬の背丈は鷹待、馬丈ほども高く鷹待場のあった所を鷹架、馬の背に平らな所と窪んだ形の所と似た沼があったので平沼、鞍を作った所を鞍打が倉内などです。たぶん、平安時代の初めごろに名称がついたものでしょう。

村の特徴は、北の太平洋岸から親潮の寒流と西方の陸湾から対馬暖流の影響が大きい海流とぶつかります。村は絶えず風が強く（年平均4メートル毎秒）、村の季節風は、夏は冷涼多湿の偏東風で、冬は西から吹く偏西風（10月～9月）で、風の強い所です。降雨量は、月平均1400ミリメートル前後で、降雪量は少ない。海辺には、鳥取砂丘の一〇倍に近い大きさの日本最大の猿ヶ森砂丘

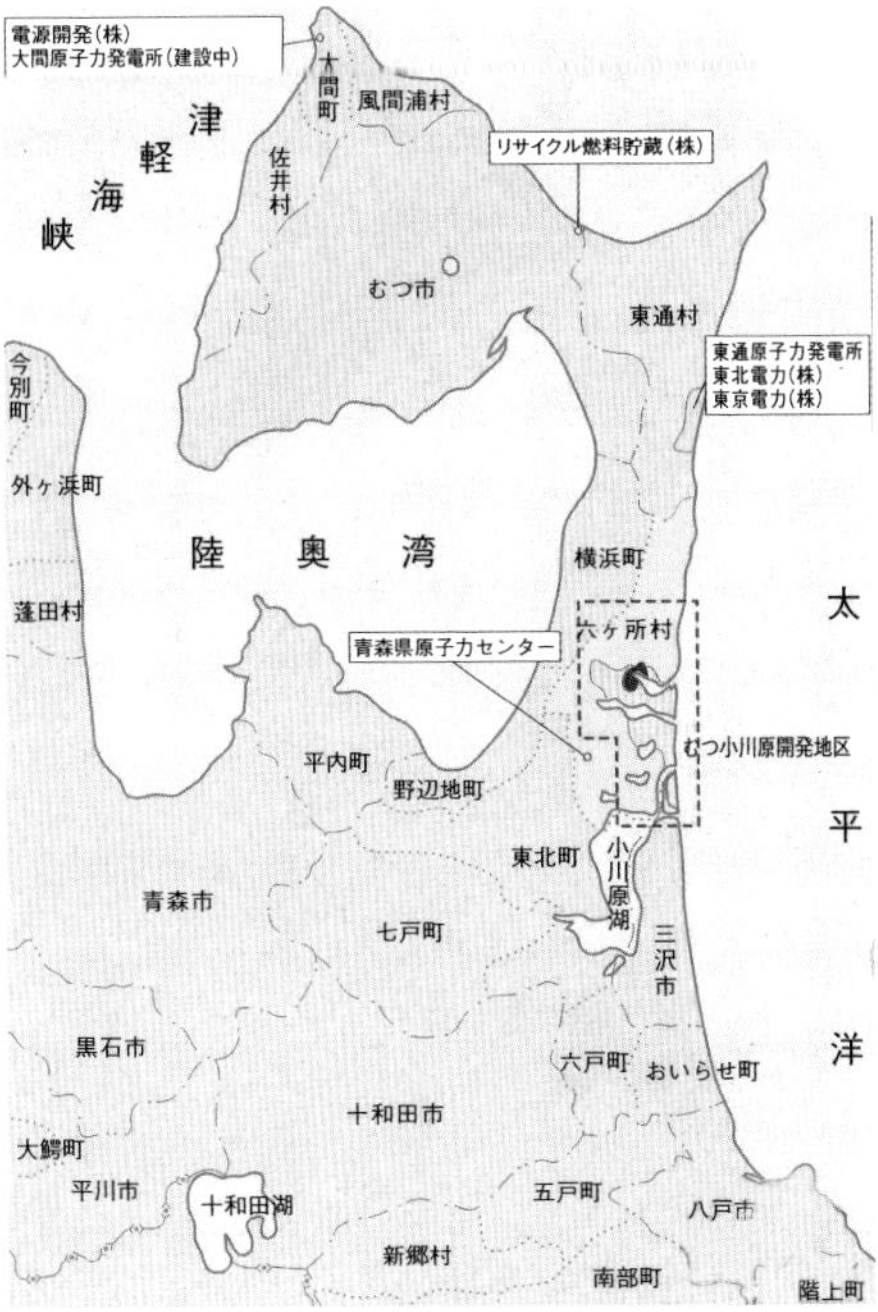

図Ⅲ－12
出所：「原子燃料サイクル施設位置図」日本原燃株式会社　2011年8月

（幅は約1～2キロメートル、総延長は約17キロメートル）が東通村に在り、六ヶ所村に続く、砂地の海岸となっています。また、尾駮沼からの尾駮干潟も広々と展開し、海浜塩生湿地も見られ、貴重な自然となっています。

注目したいことは、六ヶ所村は太平洋岸で干満差が大きく、大潮には120センチメートルに達することと、縄文時代からの貝塚がたくさん存在することです（図Ⅲ―12参照）。

8 六ヶ所村は多様な地形と多様な生物的自然が存在する所

六ヶ所村の植生は、冷温帯落葉広葉樹林帯に位置し、ブナ、ミズナラ、カシワ、ヤチハンノキなどの植生が生育しているはずですが、地形と地層の関係で、天然林はほとんどなくなっています。丘陵地には、スギ、アカマツ、クロマツ、カラマツの人工林が多く、ミズナラ、カシワ、ハウチカエデなどの二次林が見られるだけです。

六ヶ所村の隣村には、東通村にある大砂丘からの砂浜が続き、また、尾駮沼、鷹架沼、市柳沼、田面木沼、小川原湖など海跡湖沼が続いています。沼の下には、太平洋岸に面し、大小さまざまな貴重な干潟がある所です。そして、この湖沼には、古い時代からの貴重な生物が多数生息しています。

尾駮干潟には、塩生湿地植物群落（ヒメキンポウゲ、エゾツルキンバエ、ウミミドリ、オオシバナ、イヌイ、ヒメハリイなど）が発達し、日本では、他に知られていないほどの広大さと自然の干潟が広がります（図Ⅲ―13参照）。

八甲田などの高山湿地に見られる寒冷地植物群が、尾駮沼、鷹架沼、市柳沼、田面木沼、小川原湖などの周辺の湿地に見られます。純白のワタスゲやミツガシワ、クロバナロウゲ、ショウジョウバカマ、タチギボウシ、ツルコケモモ、サギソウ、ザゼンソウ、ミズバショウ、モウセンゴケなどです。六ヶ所の各湖沼の海辺は、春の大潮時は、干満差が約120センチメートルにもなります。

尾駮干潟、鷹架（たかほこ）干潟、高瀬川干潟には、絶滅寸前の二枚貝、タカホコシラトリやヌマコダキガイが生息しています。小川原湖から海へ続く高瀬川干潟には、希少種ムツハアリアケガニが生息しています。日本にとっての貴重な自然の干潟です。湖沼では、ヤマトシジミ、ワカサギ、シラウオ、天然ウナギなどが獲れるので、「宝湖（たからこ）」と言われています。

しかし、この干潟の自然は、核燃料サイクルの基地として消失寸前となっています。

①尾駮（おぶち）沼と尾駮干潟

尾駮（おぶち）沼は、面積3・7平方キロメートル、周囲13・5キロメートル、平均深度2・4メートルの浅い沼で、汽水湖です。この沼は、古くからヌマニシンの漁場として知られ、明治時代の初期には、多くの漁獲がありました。現在は、わずかに周辺の村民が食べる程度にしか漁獲はありません。

先述したように、このヌマニシンは、今日の日本では、北海道の厚岸（あっけし）と、茨城県の涸沼（ひぬま）など、数ヵ所にしか産卵に回遊して来ない貴重なニシンです。

図Ⅲ－13　鷹架沼下の鷹架干潟

六ヶ所村の自然は、急峻な山地、吹越烏帽子山を中心とした山地があります。その下に高原的台地があり、多くの湖沼群、尾駮沼（おぶちぬま）・鷹架沼・市柳沼・田面木沼・内沼・小川原湖があります。その海辺近くは広大な干潟となっています。その干潟は湿地で、砂丘もあり、貴重な広大なる干潟と砂浜があります。

底生動物では、タカホコシラトリ、カワグチツボ、ソトオリガイ、ホトトギス、ヌマコダキガイ、ヨコエビ、ソコエビ、イソコツブムシ、ヤマトスピオ、イソヒメミミズ、ケフサイソガニ、エビジャコ、イソシジミ、サビシラトリが、また、魚類では、ウグイ、カサギ、ヌマニシン、ヌマガレイ、ギンブナ、ソウギョ、イトヨ、チチブマハゼ、ウナギなどの生息が「第2回自然環境調べ」（1979年／青森県）で報告されています（図Ⅲ—14、15参照）。

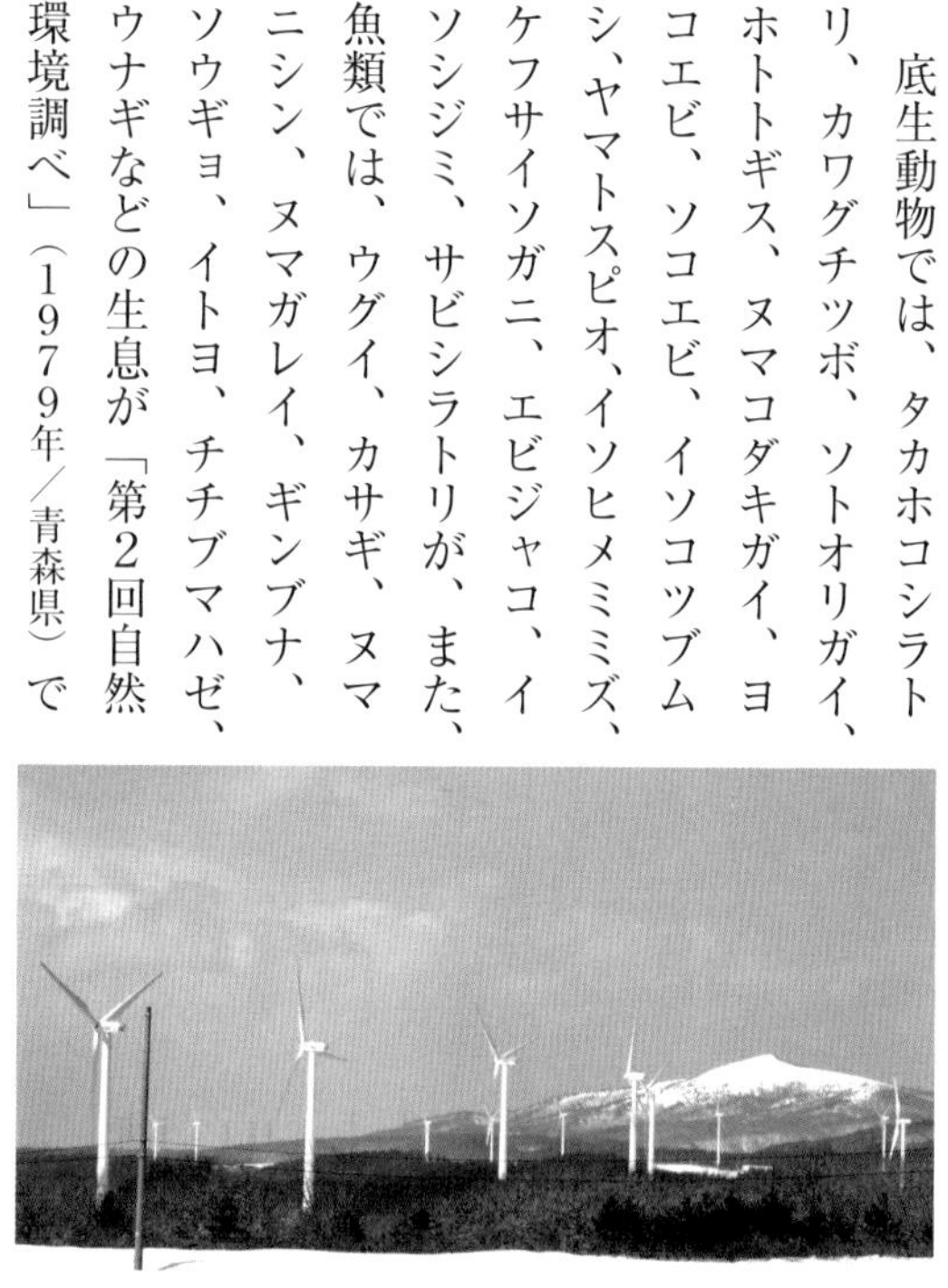

図Ⅲ－14
六ヶ所二又ウインドファーム11・7万キロワット発電
※後方の山は、吹越烏帽子

図Ⅲ－15　尾駮沼下の広大な尾駮干潟

②鷹架沼

鷹架沼は、日本の湖沼研究の祖とされる、田中阿歌麿博士が約80年前に訪れ、『趣味の湖沼学』（1922年／実業之日本社）に、その様子が記されています。

本湖は、「東西に長く、途中くびれがあり、かなり奥の方まで海水が逆流する汽水湖」でした。開発のため、1963年に、この湖の狭部に、淡水化のため、防潮堤が造られ、淡水化が進んでいます。

そのため、この沼で発見、命名されたタカホコシラトリ（2枚貝）は、淡水化後、絶滅してしまいました。この沼は、明治時代、大量にヌマニシンが漁獲されたと言われています。今日、養殖を含め、ワカサギ、コイ、ギンブナ、タナゴ、ドジョウ、メダカ、ゲンゴロウブナ、マルタ、イトヨ、チチブ、ウキゴリ、ハクレン、ソウギョ、サヨリなどの魚類が生息しています。また、近くの市柳沼（いちやなぎぬま）にはフジマリモが生息しています。ただ丸い形ではなく、枝分かれした糸状の形のものです（図Ⅲ―16参照）。

③小川原湖には退跡湖と雄大な自然干潟がある。タカホコシラトリやヌマニシが生息する貴重な干潟、尾潟干潟、高瀬川干潟など消え行く自然干潟

小川原湖は、面積63・2平方キロメートル（日本第11位）、周囲67・4キロメートル、平均水深11メートル（最水深25メートル）と、浅い湖です。水質は、満潮時に高瀬川を通して、海水が流入する汽水湖です。

この湖も、先述したように、今から約1・5万年以前に最終氷期が終わり、氷河が溶け出して海水が増え、低い土地に海水が流れ込み（海進）、入り江などができ、その後、約二千数百年前ごろから、再び気温の低下が起こり、小川原湾から海へ、海水が流出（海退）する現象が起きて、現在のような湖と

図Ⅲ－16
出所：写真は公益財団法人　環境科学技術研究所提供。
　　　左側が鷹架沼、右側が尾駮沼。

なった海跡湖です。

青森県（１９６５・１９７５年）の報告によると、魚類は、カワヤツメ、ウナギ、コノシロ、サケ、サクラマス、アメマス、アユ、ワカサギ、シラウオ、タナゴ、マルタウグイ、ウグイ、ソウギョ、ハクレン、キンブナ、ギンブナ、ゲンゴロウブナ、コイ、ドジョウ、ナマズ、クルメサヨリ、サヨリ、メダカ、イトヨ、トミヨ、コチ、スズキ、シマイサキ、クロダイ、ボラ、メナダ、チチブ、ウキゴリ、ビリンゴ、マハゼ、ヒラメ、ヌマガレイの37種の魚種が生息し、青森県（１９７９年）の報告によると、漁獲量は年当たり、ワカサギ７６４トン／年、シラウオが４８３トン／年、それにウナギ・鯉がそれぞれ37・２トン／年と、まさに「宝の湖」です。

また、これらの湖沼群には、多くの鳥類がやって来ます。ガンやカモ、オオハクチョウの渡り鳥や、キョウジョシギなど、シギやチドリの休息地があり、夏鳥のカンムリカブリの繁殖地でもあります。

小川原湖沼群や近くの仏沼干拓地には、絶滅危惧種のオオセッカも生息しています。

しばしば海水をかぶるような所には、塩性湿地植物群落が発達し、高瀬川河口部には、ウミミドリ、ヒメキンポウゲ、エゾツルキンバエ、オオシバナ、イヌイ、ヒメハリイ、クサイなど生育しています。

泊（とまり）から、白糠（しらぬか）までの海崖地には、高山植物のガンコウランと、海岸植物のコハマギクが混生しています。

9 青森県・下北半島と六ヶ所村に立地している原子力発電や核燃料サイクル施設 ——原子力放射性廃棄物が集中し、永久に搬出できない可能性のある所——

太平洋岸には、東から太平洋、尾駮沼（おぶちぬま）、鷹架沼（たかほこぬま）、市柳沼（いちやなぎぬま）、田面木沼（たもぎぬま）、小川原湖（おがわらこ）と海跡湖沼群（かいせきこしょうぐん）が続き、白糠岸（しらぬかぎし）の物見岬（ものみみさき）では、海食崖（かいしょくがい）や波食台（はしょくだい）が見られます。六ヶ所台地は、山林・原野・牧草地の緑に覆われています。

このように、多様な地形と景観は、新生代・第四紀・更新世（こうしんせい）の極めて寒い時代、約260万年前からの氷河期（氷期）と間氷期の繰り返し、その後の最後の完新世（かんしんせい）（今から約1・5万年前）の比較的暖かい間氷期に形成されたものです。

しかし最後の短い間氷期の間にも、数度の寒い小氷期があったので、氷期には海退、間氷期には海進を繰り返しました。このようにして、六ヶ所村の地形ができたのです（図Ⅲ—17、18参照）。

10 六ヶ所村の姿

村は、40前後の小集落から成り、大きく農業酪農集落と漁業集落に分けられます。

農業集落は鷹架（たかほこ）・新納屋（しんなや）・内沼・平沼など、古い

図Ⅲ－17

出所：「さいくるアイ」経済産業省資源エネルギー庁　平成26年9月1日発行（p.7）。写真提供：日本原燃株式会社

歴史を持つ伝統的な集落と、南部藩時代からの山林、農産物を採取、家畜放牧集落と、戦前からの開拓部落の弥栄集落、それに戦後の満州から引き揚げ開拓した上弥栄集落などから成っています。村で1番人口の多いのは泊部落で、漁業集落で、4000人を占めています。

現在の六ヶ所村の産業は、六ヶ所再処理工場、ウラン濃縮工場などの核燃料サイクル関連の施設を受け入れた結果、製造業の生産が圧倒的に多くなりました（図Ⅲ―19参照）。

六ヶ所村の「日本原燃」の社員数は、2015年4月1日現在では、2530人で、このうち1487人が、青森県出身者、六ヶ所村出身者は205人ほどです。

現在村の産業は、六ヶ所再処理工場・ウラン濃縮工場など、製造業の生産が圧倒的に多く、次に、建設業、農業、水産業の順となっています。また、国際核融合エネル

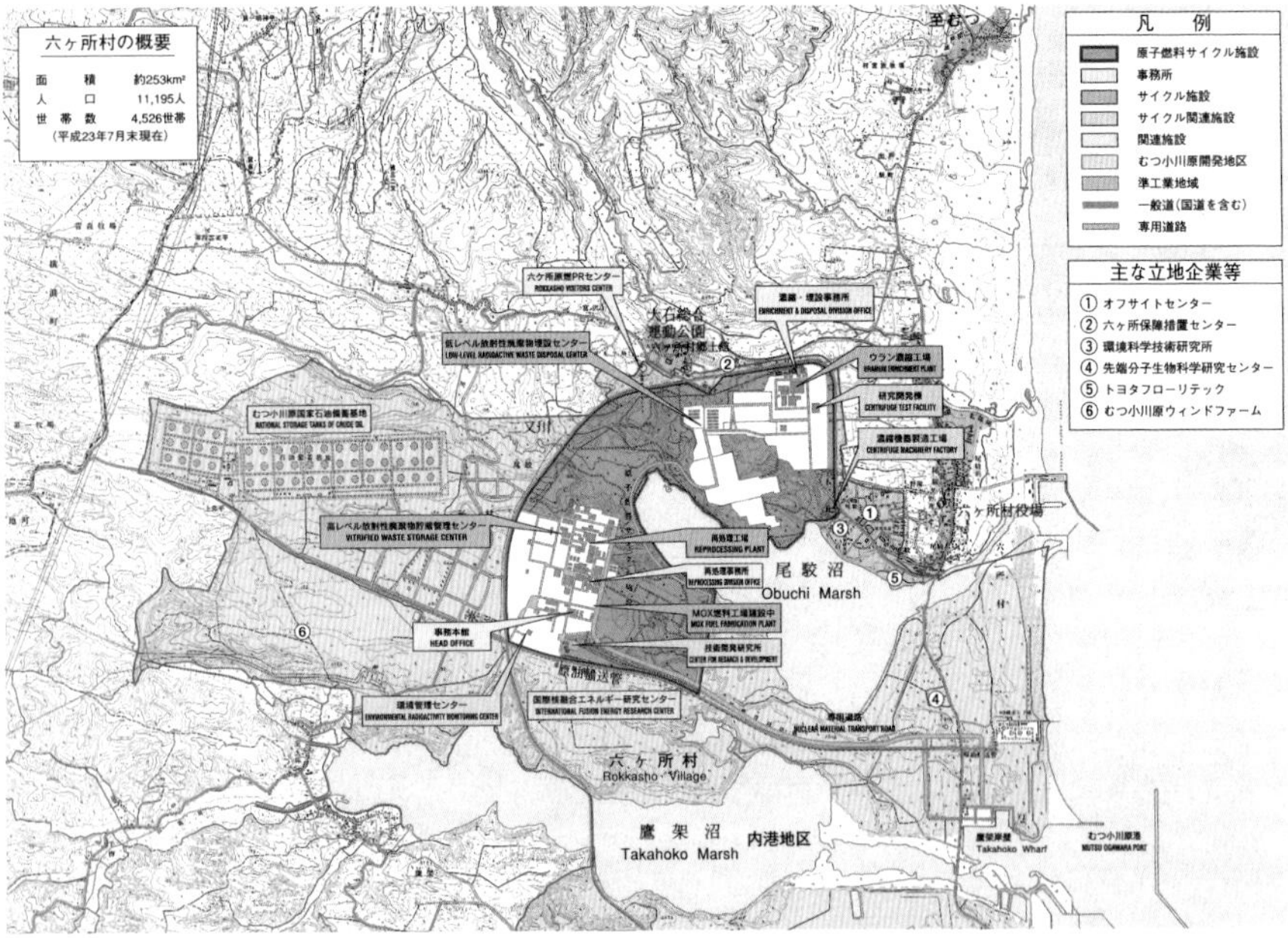

図Ⅲ－18
出所：「原子燃料サイクル施設位置図」日本原燃株式会社　2011年8月

ギー研究センター「国際熱核融合実験施設（ＩＴＥＲ）」や環境科学技術研究所なども存在しています。村民の所得格差があるものの、村民一人当たりの年所得は約１１７０万円と、青森県内市民所得２３４万円の約5倍で、地方交付税が不交付の豊かな村となっています。

むつ小川原開発が始まろうとしていたころの１９７１（昭和46）年度の六ヶ所村人口は1万１４９２名で、現在とほぼ同じ人口ですが、市町村民所得（※）は、青森市の50万８４４９円に対し、六ヶ所村は24万１９６５円と、青森市民の所得の半額にも満たず、県下全市町村の最下位に近い所得でした。また、当時の高校進学率は31％で、7割近くは中学卒業後、関東や関西方面に集団就職したのです。また、農業者の多くは冬期間、関東や関西方面への建設現場に出稼ぎに出ていました。

六ヶ所村の財政は、電源三法による交付金と固定資産税が大幅に増えています。１９８８年度から２００７年度までの累計で、２８８・８億円に達しています。今後は、高レベル放射性廃棄物や低レベル放射性廃棄物課税、核燃施設固定資産税により、確実に増えていくものと考えられます。

※「市町村民所得」とは、雇用者報酬、財産所得、企業所得をすべて含んだ概念で、市町村民（民間・公的・個

【六ヶ所村の姿】

総面積	253.01km²
耕地面積	3,790ha
（田 769ha、畑 3,020ha）	
林野面積	12,747ha
人口	11,095 人
男	6,186 人
女	4,909 人
世帯数	4,751 世帯
就業者数	8,957 人
事業者数	552
（工場 11、商店 121）	
農家数	264 戸
産業	
農業	2,872 百万円
林業	64 百万円
水産業	770 百万円
鉱業	587 百万円
建設業	22,862 百万円
製造業	310,408 百万円
運輸・通信業	11,473 百万円
卸売・小売業	1,918 百万円
サービス業	14,234 百万円
2014 年度当初予算	13,380 百万円
１人当たり市町村民所得	11,708 千円

図Ⅲ－19
出所：『東奥年鑑 2015 平成 27 年版（通巻 81 号） Data Yearbook Aomori』平成26年9月1日発行 東奥日報社（p.225）

人）の総所得を市町村民の人口で除したものです。個々人の所得ではありませんが、市町村全体の経済状況は知ることができます。

《六ヶ所村の２０１７年度の電源三法による交付金――六ヶ所村は24億円交付――》

電源三法は、①「電源開発促進整備法」、②「特別会計法」、③「発電用施設周辺地域整備法」です。電源三法交付金は、原発など発電所の設置や稼働を促進するために、国が自治体に配分する交付金や補助金です。

具体的には、核燃料サイクル施設立地自治体へ「核燃料サイクル交付金」と「電源立地地域対策交付金」として配分されます。交付の内訳は、六ヶ所村が約24億円、青森県は38億円、東北電力の東通原発のある東通村には約８億円です。その他、大間町へは約２億円交付されています。

全国では約６０００億円にも達しています。

六ヶ所村は豊かになりましたが、村は使用済み核燃料貯蔵プール、返還高レベル放射性廃棄物一時貯蔵施設、低レベル放射性廃棄物、使用済み核燃料の貯槽、その他ウラン濃縮残土など、放射性廃棄物の大量集積地となっています。

後述しますが、高レベル放射性廃棄物（ガラス固化体）の一時貯蔵は、**「崩壊熱」**により危険となっていますし、使用済み核燃料約３０００トンプールも危険です。高レベル放射性廃液も電源がなくなると水素爆発する危険があります。再処理工場が操業したら工場爆発の危険性があります。現在の六ヶ所村の人たちは、放射能の危険にさらされながら生活しているのです。

11 国際熱核融合炉（ＩＴＥＲ）研究センター設置

六ヶ所村には、ＩＴＥＲ計画の国際核融合エネルギー研究センター（ＩＦＥＲＣ〈アイファク〉）が建設され、研究が始まっています。現在、原型炉技術に関するさまざまな研究が進んでいます。

高校の『物理』（平成24年度版／啓林館）によると、核融合エネルギー開発は、水素の同位体の重水素（Ｄ）と三重水素（Ｔ）を超高温プラズマ状態で衝突させ、ヘリウムと中性子に変換し、その際、放出されるエネルギーを利用するものであるとしています。核融合炉が完成すれば、世界のエネルギーの心配がなくなると、３頁に渡って紹介しています。

ただ、磁気閉じ込め容器や超高温のプラズマ閉じ込めの技術など、科学技術の困難性や社会的な経済性の問題については、全く触れられていません。

Ⅳ　六ヶ所村の歴史

――最も寒い最終氷期終わりの後期旧石器時代から、縄文時代の全期と、弥生時代までの継続した遺跡が存在するところ

青森県により「むつ小川原湖開発」（１９６９年）が策定され、「陸奥湾小川原湖地域開発」が発表・決定されてから、六ヶ所村の地質や、地域の埋蔵文化遺跡の発掘調査が広くおこなわれました。また、「むつ小川原開発地域天然記念物調査」がなされました。

１９７１（昭和46）年、青森県教育委員会に開発予定地域内の埋蔵文化財貯蔵地域の現状の把握のため、むつ小川原開発予定地域内の調査と試掘調査が開始されました。

むつ小川原開発予定地域内埋蔵文化財分布調査は、六ヶ所村だけではなく、東通村から三沢市まで関係八市町村が含まれて、大規模な遺跡調査となりました。

分布調査地域では、１７７ヵ所の遺跡が確認され、そのうち、87ヵ所が新発見の遺跡でした。発掘調査の

年代	地質年代			歴史時代		気候変化
	第四紀	完新世		明治・大正・昭和		（温暖化）
				安土桃山・江戸時代		小氷期（寒冷化）
500年前				室町時代		
				鎌倉時代		
1000年前				奈良・平安時代		中世温暖期，平安海進
				古墳時代		古墳寒冷期
2000年前				弥生時代		（寒冷化）
				縄文時代	後・晩期	
5000年前					中　期	
1万年前					早・前期	縄文海進（温暖化）
		更新世	後　期	旧石器時代		最終氷期 氷河時代が始まる
258万年前			前　期			

図Ⅳ－１　第四紀の温暖期・寒冷期

出所：磯崎行雄　川勝均　佐藤薫『地学改訂版』平成29年２月６日　新興出版社　啓林館（p.209）

結果、面積は約5万平方メートルにも及び、埋蔵文化財は15キログラム入り段ボール箱に約５０００箱、調査報告書などは46冊にも及ぶ、大規模な報告書となりました。

その結果、青森県内に人類の遺跡が見い出されたのは、最終氷期の終わりごろの最も寒い時期、約１・５万年前の後期旧石器時代の遺跡です。

それは、六ヶ所村の幸畑遺跡からで、後期旧石器時代末（約１・５万年前）の十数点の石器が発見されたのです。

このように、六ヶ所村は後期旧石器時代末からの村の歴史を辿ることができる貴重な地域です。六ヶ所村の歴史を、「六ヶ所村史」上巻・中巻・下巻と、郷土館のパンフレットに依り、また、青森県の古代史は、平成元年青森県教育委員会発行の『図説　ふるさとの青森の歴史』と、福田友之氏の『青森県の貝塚』とに依り述べています（図Ⅳ—１参照）。

1 六ヶ所村の後期旧石器時代

《六ヶ所村は、後期旧石器時代から縄文時代草創期、早期、前期、中期、晩期までの連続した遺跡が発掘された》

六ヶ所村は、約2万年前の後期旧石器時代の遺跡からはじまり、縄文時代の草創期早期、前期・中期・後期・晩期までの遺跡が発掘されています。六ヶ所村が太平洋岸にあるため、干満差が大きく、縄文時代からの多くの貝塚も存在します。北の海岸は日本人の起源と歴史を追跡できるところです。

また、尾駮干潟、鷹架（たかほこ）干潟、高瀬川干潟があり、これらは自然干潟で貴重です（図Ⅳ—２参照）。

旧石器時代末の遺跡は、多くはローム層という火山灰の赤土層のなかに見い出されています。

そのころの気候は、世界的に最も寒く、六ヶ所村も最も寒い最終氷期の末です。

木の実のなる植物は大変少なく、森は、アカエゾマツ・チョウセンゴヨウ・トウヒ・カラマツなどの針葉樹が多く、それにブナ、ナラ、カエデ類の落葉広葉樹林でした。

多くのシカやイノシシ、ナウマン象、オオツノジカ、トラ、ヒグマ、野牛など、大型動物が多数生息していたようです。尻屋（下北半島）の石灰岩のなかに、多くの化石が発見されています。

森には、ユーラシア大陸の北や南から、ナウマン象、サイ、ノロ、モウコウマ、野牛、原牛、ハナイズミモリウシ、ヤベオオツノジカ、ヤマネコ、ヘラジカ、トラなどがやって来て生息していたのです。それらを追って、旧石器時代人が狩人として青森県にもやって来たものと考えられています。

この時代の終わりごろに、旧石器人により、多くの哺乳類が滅ぼされてしまいました。

約２６０万年前に始まる第四紀は、先述のように、寒冷な氷期と温暖な間氷期が繰り返す時代で、約７万から２万年の最後の氷期は最も寒く、当時の気温で、今よりも10度も低く、また、海水面が１４０メートル～２００メートル近くも低下したと考えられています（図Ⅳ―３参照）。

北から、現在間宮海峡は水深約10メートル、宗谷海峡約50メートル、津軽海峡約１３０メートル、対馬海峡約１３０メートルです。このほとんどの海峡は、最終氷期末に陸続きとなったのです。

多くの哺乳動物だけではなく、淡水生物も行き来していました。

ニホンザリガニ（節足動物）や多種のプラナリア（扁形動物）、キタシロウズムシ、キタシロカズメ

図Ⅳ－２
吹越烏帽子（ふっこしえぼし）／六ヶ所原燃ＰＲセンターより撮影

ウズムシなどが、北から本州へやって来ていたのです。そして、青森県が南限となっています。田代平のグダリ沼は、プラナリアのホットスポットとなっています。

このころは、朝鮮半島と本州隠岐、対馬などでも、ほとんどつながっている状態となっていました。原日本海は、冷たく酸素がほとんどない大きな湖のような状態で、生物はほとんど生息できないような冷たい海だったのです。

六ヶ所村の歴史は、約2万年前の後期旧石器時代に遡ることができます。

このころの六ヶ所村発茶沢Ⅱ遺跡からは、掻器、削器などの石器が発掘されています。

幸畑遺跡からは、円鑿（えんのみ）、打製石斧、片面尖頭器、彫器、掻器、円盤形石核など、多くの石器が発掘さ

図Ⅳ－３　第四紀の温暖期・寒冷期「大陸にいた動物」
約２万年前は、第四紀、最終氷期（氷河時代）で最も寒い時代でヒトの時代です。ほとんど、西側のユーラシア大陸と陸続きになっています。また、原日本海は閉ざされ、大きな湖のようになっていました。
参考：『目で見る日本列島のおいたち　古地理図鑑』（築地書館　1978年　湊正雄　監修）

れています。

また、出土した石器（主な掻器７点）からの残存脂肪分析したところ、石器には、ナウマンゾウ、オオツノジカ、ニホンジカ、タヌキなどと共に、モズ、アカハラなどの野鳥や、オットセイ、イルカなどの海洋生物の脂肪が付着しており、寒流が流れている海からも食べ物を得ていたことがわかります。

六ヶ所村の隣村の尻労安部洞窟貝塚遺跡からは、ナウマンゾウやオオツノジカの化石が出土しています。また、多くのノウサギの遊離歯、ムササビ歯が出土しています。多分ノウサギは食物として、毛皮は衣服としても用いられたのでしょう（図Ⅳ－４参照）。

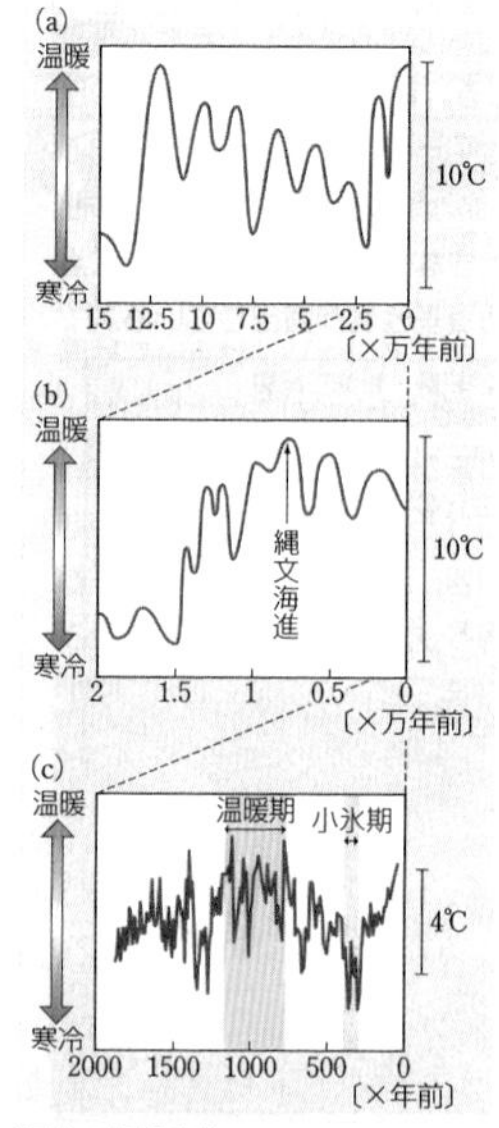

過去の気候変化

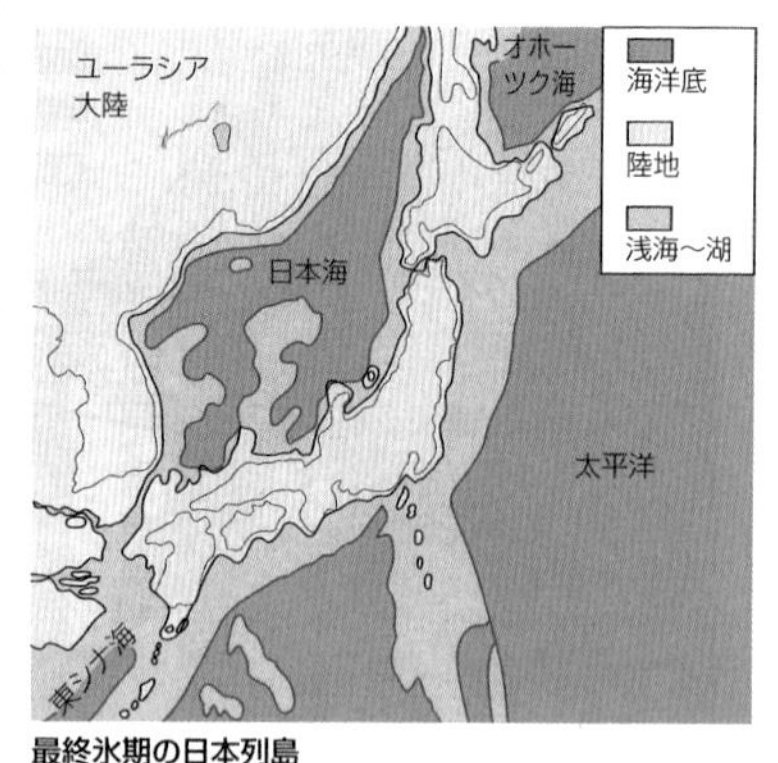

最終氷期の日本列島
日本海はほとんど閉鎖している。

図Ⅳ－４
出所：磯崎行雄　川勝均　佐藤薫『地学改訂版』平成29年2月6日
新興出版社　啓林館（p.208）

② 六ヶ所村、旧石器時代から縄文にかけての貝塚

また、六ヶ所村の海岸の高台付近からは、今から５０００～６０００年前の人々が食べて捨てた貝

塚が、たくさん発見されています。

この時期は、気温が2～4度ほど高く、海退により、海水面が2～3メートルから5～7メートル上昇したと考えられています。

六ヶ所村は太平洋岸にあるため、干潮と満潮の差が大きいので貝類が多く、貝類を採集するには最も適している所と考えられています。

貝塚の位置している外洋・内湾・砂泥・岩礁域など、地形の多様な六ヶ所村には多種類が生息し、貝や海の生物を採集し、豊かな食生活ができたものと考えられます。

図Ⅳ―5のように、青森県内でも、六ヶ所村が最も出土遺跡が多いところとなっています。

また、貝塚には貝のカルシウムなどにより酸性化せず、たくさんの動物の骨などが残っています。また、日本海側には、貝塚はほとんどありません。それは、干満差が

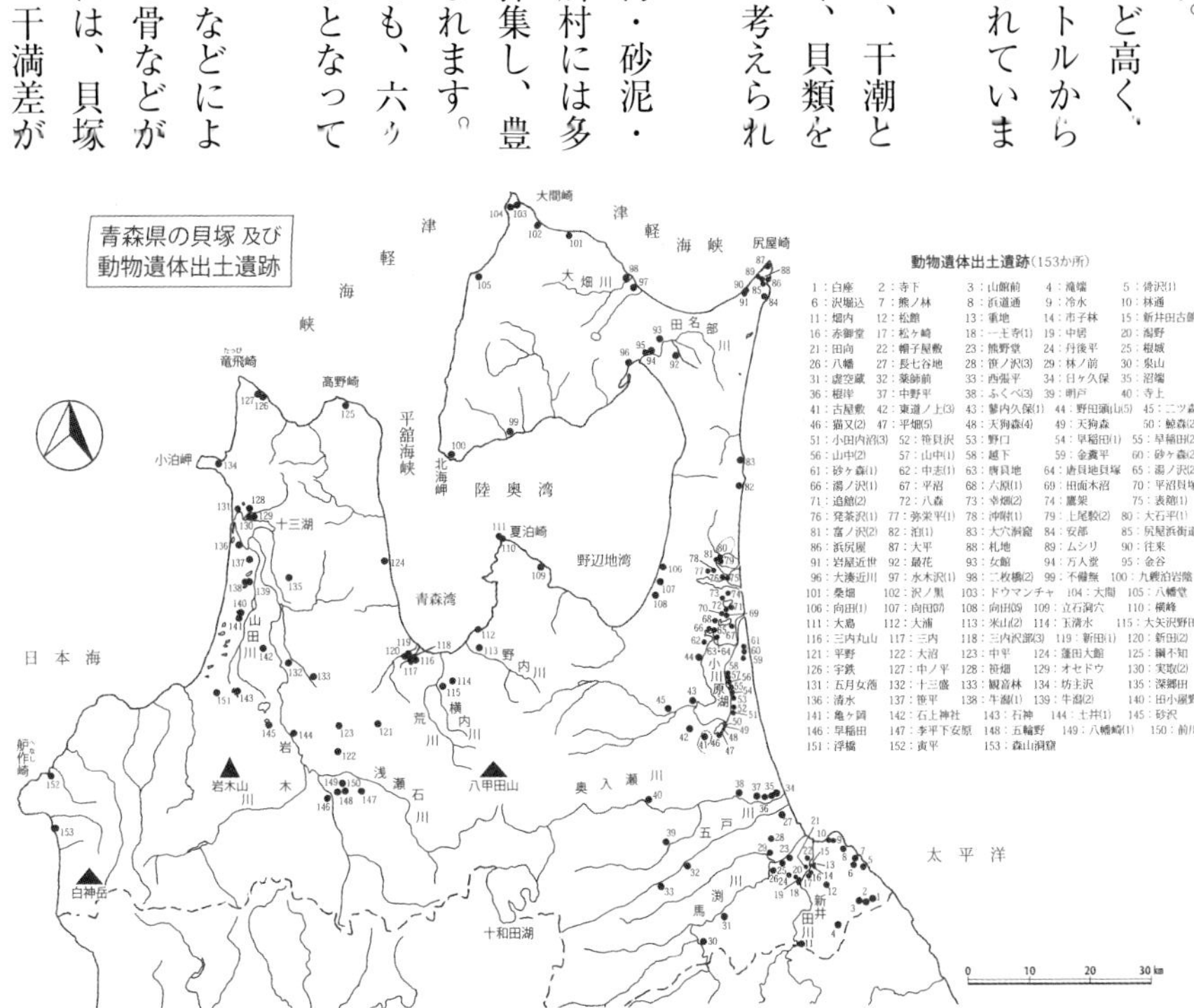

図Ⅳ－5　青森県の貝塚及び動物遺体出土遺跡

出所：「青森県の貝塚――骨角器と動物食料」平成24年8月20日発行　福田友之　（有）北方新社（p.9）

あまりなく、海流も対馬暖流だけだからです。

③ 六ヶ所村の旧石器時代と東通村の尻労安部洞窟遺跡

１９９１（平成３）年に、六ヶ所村幸畑（７）遺跡から、旧石器がまとまって出土するまでは、六ヶ所村の遺跡は縄文時代草創期の遺物のみと考えられていました。幸畑（７）遺跡の旧石器類は、鷹架沼（たかほこ）の南岸、標高30〜50メートルの海岸段丘から発掘されました。旧石器類は、４メートル×12メートルの、極めて限られた幸畑遺跡の範囲に分布していたのです（図Ⅳ―６参照）。

六ヶ所村史（上巻Ⅰ）によると、「それらの出土層位は、第Ⅵ層とした千曳浮石層下位で、標準土層の第Ⅶ層（中部ローム）の上面に位置していた。このことは、昭和62年に表館（１）遺跡から出土した縄文時代草創期の隆起線土器が千曳浮石層（火山灰降下年代・１万２６００年前ごろと推定）のなかから発見されて、全国的に注目されたが、幸畑（７）遺跡の旧石器は、それより下位から出土したものなので、その年代はおよそ推定できると思う。

考古学的には、後期旧石器時代終末期の長者久保、神子柴系文化に伴う石器群と報告されている（県埋文報第１４８集・１９９３）が、出土した石器は十数点で、円鑿（えんのみ）・打製石斧・片面尖頭器・彫器・掻器・円盤形石核・完成の石器・礫器・剥片・チップなどである。主な石器の実測図・写真・計測表は次ページのとおりである。石器の用途は後で述べるが、丸鑿・打製石斧の石器の特徴は、前記の長者久保（青森県東北町）・神子柴遺跡から出土したものと共通した製作技術が認められる。」と書かれています。

そして、これらの旧石器時代の遺物（石器類）は出土したが、住居跡などの遺構が確認されなかった（石器は製作された可能性はある）ことから、一過性のキャンプ・サイトと考えられています。

　また、出土した石器（主な掻器、七点）の残存脂肪分析をおこなったところ、これらの旧石器には、ナウマンゾウ・オオツノジカ・ニホンジカ・タヌキなどの動物、モズ・アカハラなどの野鳥、オットセイ・イルカなどの海産動物の脂肪が付着していて、出土した石器がそれらの動物や野鳥の狩猟と解体に用いられたものであろうと推測されるとしています。88頁の【六ヶ所村の貝塚】の最後に六ヶ所村の近くにある「安部遺跡」の貝塚を載せておきました。この遺跡からも、ナウマンゾウやオオツノジの化石が出土し、ノウサギの遊離歯、ムササビの歯と後期旧石器期のナイフ形石器が出土しています。

　また、その後、慶應義塾大学民族学考古学研究室の調査団により、縄文中期（4000年前）の人の歯が発見され、ミトコンドリアDNAの解析ができました。

　東通村は、六ヶ所村の東隣にあります。六ヶ所と同じ地域です。旧石器時代末期の最も寒かった時代の遺跡です。

《多数のノウサギの歯》

　その後の慶應大学や新潟医療福祉大学などの研究・調査団により、ナイフ

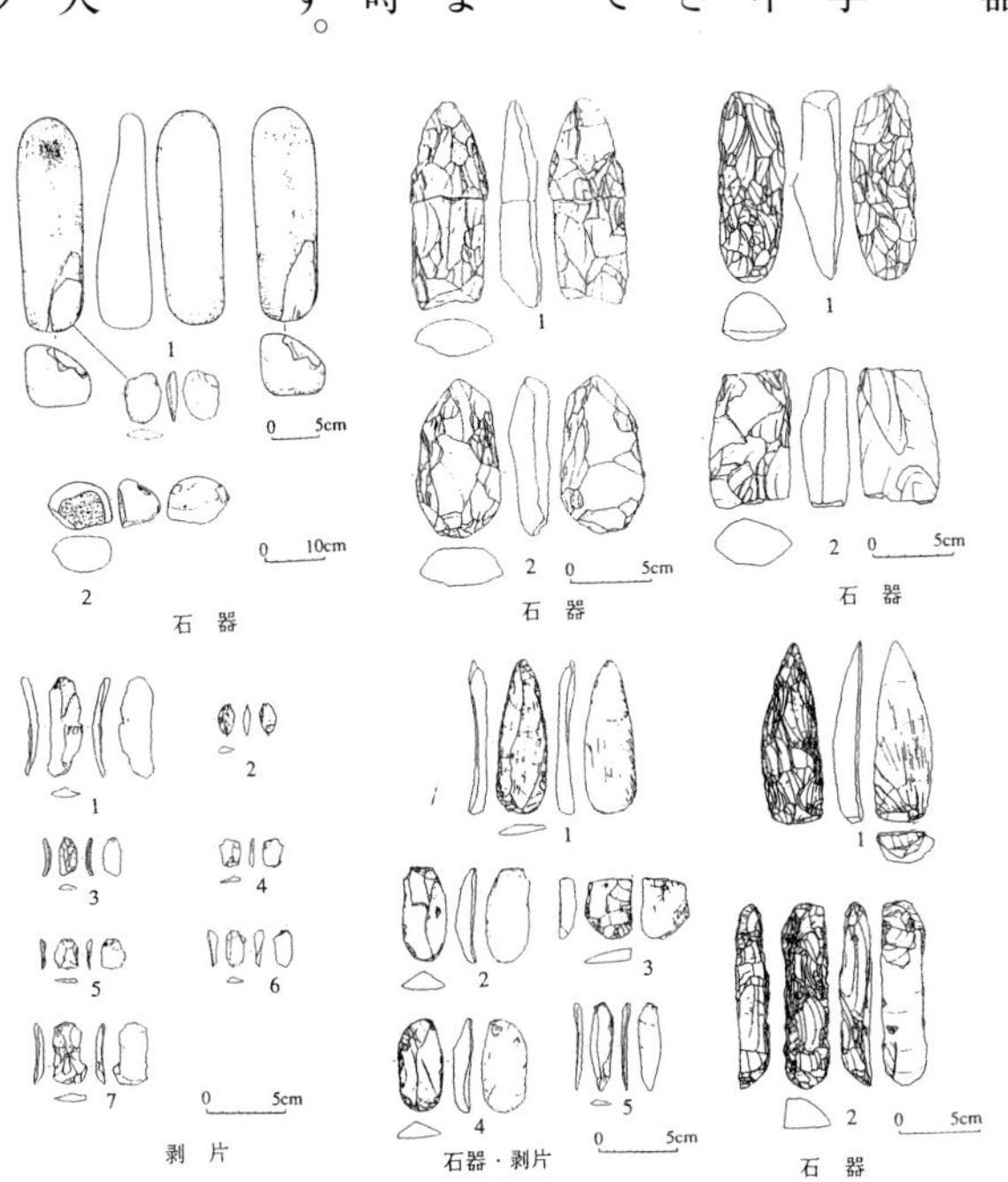

図Ⅳ－6　幸畑（7）遺跡出土の旧石器
出所：『家ノ前遺跡・幸畑（7）遺跡Ⅱ』平成５年／青森県教育委員会（第10～13図・第18図・第19図）

形石器と共に多数のノウサギの歯が発見されました。

ノウサギの歯に含まれていたタンパク質の放射炭素からの測定で、約2万年前の物とわかりました。また、６５７点もの動物の骨や歯が見つかり、圧倒的多数がウサギのものでした。

調査団の澤浦亮平氏は、「尻労安部洞窟を利用した旧石器時代人が、ウサギのような小型動物を積極的に利用していた可能性を示す重要な資料だ」と述べています。

先述のように、この当時は最終氷期で寒く、現在より10度近く低く、ウサギは食料及び重要な防寒具として毛皮を利用していたと考えられています。

4 縄文時代の六ヶ所村——世界的気候の大変動の縄文時代——

今から約1万５０００年前ごろから、氷期が終わり、世界の気温が急激に上昇しはじめます。この最後の氷期以降を後氷期といいます。

この気候の大変動により、北極や南極などの氷も溶け、海水面が上昇し、日本海に対馬暖流が流入し、一部は真っ直ぐ北へ流れ、やや低い海水面の太平洋側に、対馬暖流が津軽海峡を通り抜け、親潮に北側から押され、太平洋岸沿いに暖流が南下する海流の大変動が起きました。

この後氷期のなかでも、今から約６０００〜４０００年前は、世界的温暖で、現在の気温より２〜３度高温でした（図Ⅱ—１参照）。

その結果、海水面が急上昇し、海岸付近の旧平野は、内陸まで海水が入り込みました。

この時期は、縄文時代に当たるので、縄文海進と呼ばれています。２千数百年前の弥生時代は寒冷化して海退が進み、また、平野が広がりました。

その後、気候が回復し、５００～１２００年ごろ（古墳時代末～平安時代）までは、比較的温暖な時期となり、１２００年ごろ（鎌倉時代）の初めから寒くなり始め、室町時代末から江戸時代にかけては、小間氷期を挟んで小氷期が訪れて、冷害・飢饉が起きたのです。

現在の間氷期は、約１万５０００年も続き、自然であれば、再び氷期の時期に入るところです。しか

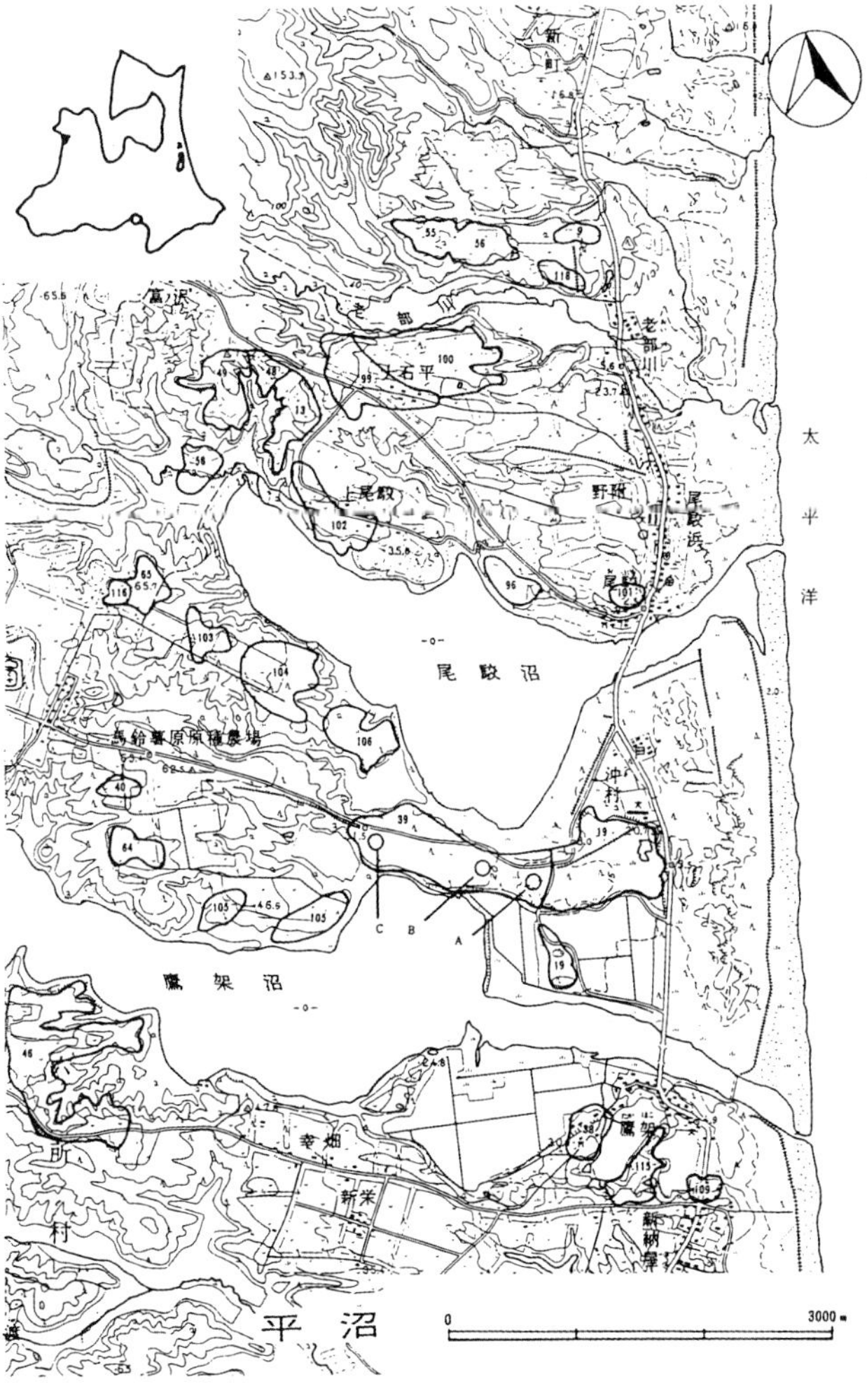

図Ⅳ－７　六ヶ所村史「六ヶ所村と遺跡図」より
出所：『六ヶ所村史　上巻Ⅰ』平成９年４月30日発行　六ヶ所村史刊行委員会（p.112 －図16）

し、大気中の二酸化炭素（CO_2）の平均濃度上昇などにより、2100年までには、地球の平均気温が3～4度も上昇するとも予測されています。地球温暖化です（図Ⅳ―7参照）。

5 六ヶ所村の縄文時代の遺跡

昭和62年（1987年）六ヶ所村表館遺跡の発掘調査から、約1万年前のものと思われる、縄文時代草期の隆起線文土器が出土し、その発掘調査で、地下2メートルのなかに8つの時代の異なる人々の生活跡が発掘されました。図Ⅳ―8は、『図説　ふるさと青森の歴史』（総括編／平成元年／青森県教育委員会）と、「六ヶ所村立郷土館総合図録」から、縄文時代の具体的な紹介です。

この時代、十和田湖を作ったと思われる十和田火山はじめ、大量に火山灰を出した噴火があった様子がよくわかります。火山の活動期です。

縄文時代の草創期約1万2000年前、この時代は、気候の温暖化が進み始めた時代です。隆起線文土器が尾駮沼南岸から出土しています。

次に、六ヶ所村千歳遺跡、縄文時代早期（約9000～6000年前）、六ヶ所村上尾駮遺跡（2）、縄文時代前期（約6000年～5000年）、富ノ沢遺跡・縄文時代中期（5000年～4000年前）、上尾駮（Ⅰ）縄文時代晩器（3000年～2300年前）の、それぞれの時期の特徴ある縄文土器が出土し、遺跡があります。

なかでも富ノ沢（Ⅱ）遺跡は、縄文中期前半から後半にかけて、六期に渡る集落の跡が重なるように発掘されました。中心部に広場があって、その周りを大小の竪穴住居や土壙墓（どこうぼ）が取り囲み、竪穴住居跡は、周辺の未調査地区を含めると1000件を超えます。その他、墓と推定される土壙群、フラスコ状ピット群が約７００基も検出されています。全国でも最大級の縄文集落跡です。住居内には、祭壇と思われるものも残っています。

六ヶ所村の自然的な特徴として注意しておかなければならない点は、太平洋岸にある点で、干満差が大きく、春のころには約１２０センチメートル以上にもなり、海岸線に大きな干潟ができることです。現在の日本の自然の中ではほとんど見かけられなくなっている、広大で貴重な干潟です。

後述しますが、これらがたくさんの縄文時代に貝塚ができている要因であると、私は考えています。また、海岸近くは寒い時代の旧石器時代と異なり、暖流が流れている点です。

《縄文土器の移り変わり》

六ヶ所村の資料から六ヶ所村の縄文時代の様子を紹介します（図Ⅳ―8、9、10参照）。

①六ヶ所村表館（1）遺跡

縄文時代草創期（高さ30・5センチメートル）

約１万２０００年前

［隆起線文土器］この土器は、尾駮沼南岸の標高15メートルの海岸段丘上から出土し、底部から口縁部まで破片がつながり学術上貴重な土器として注目されています。

特徴は、底部が乳房の形をした深鉢形土器で、文様も口唇部に小さい波状の隆起線を巡らし、口縁下に爪形文が見られる。体部には、指や工具の押引きによる隆起線を横方向に37条まわしてつけられています。

②千歳（13）遺跡

縄文時代早期（高さ29・3センチメートル）

約9000年〜6000年前

［物見台式土器］早期は、海産のアカガイやサルボウなどの貝殻を利用して付けられた貝殻文・爪形文・沈線文などを組み合わせた文様が見られ、器形は尖底・丸底・小さな平底をもつ深鉢形が特徴となっています。この土器は、サルボウかアカガイの口縁を利用して文様を付けたものです。

③六ヶ所村上尾駮（2）遺跡

縄文時代前期（高さ43・5センチメートル）

約6000年〜5000年前

［早稲田6類土器］北海道南部、東北地方北部を中心に縄文時代前期から中期にかけて円筒土器文化が現れました。前期は、円筒下層式とよばれている土器で、土器の胎土には、つなぎを良くするため意識的に多量の植物繊維を混ぜています。この尖底深鉢土器は、砲弾状の深鉢形でループ文が全面に、底辺部には、縄文が回転方向に変えて施されています。

③六ヶ所村上尾駮（2）遺跡　②千歳（13）遺跡　①六ヶ所村表館（1）遺跡

図Ⅳ－8

出所：『六ヶ所村立郷土館　総合案内図録』平成17年3月31日発行　六ヶ所村立郷土館　編集・発行（p.7）

④富ノ沢（2）遺跡
縄文時代中期（高さ37センチメートル）
約4500年前から4000年前
［円筒上層a式土器］円筒土器も縄文時代中期になると土器が厚くて大型化し、型式は円筒上層a式土器と名付けられています。この土器は、口縁部に4個の突起と隆線が配置され、撚糸圧痕文で複雑な装飾がされており、胴部には羽状縄文が施されています。

⑤縄文時代後期
4000年～3000年前
［赤彩色の切断蓋付土器］
後期になると土器の形も深鉢・壺・鉢・浅鉢・注口などに分けられ、種類の多様化が見られます。
この土器は、初めに口の小さい壺形土器を成形し、文様を付けた後、まだ生乾きの過程で身と蓋に切り離してつくられています。土器のほとんどに紐とおしのため把手（とって）が付

⑤縄文時代後期

④富ノ沢（2）遺跡

⑥上尾駮（1）遺跡

図Ⅳ－9
出所：『六ヶ所村立郷土館　総合案内図録』平成17年3月31日発行　六ヶ所村立郷土館　編集・発行（p.7）

けられているほか、全面に赤色顔料（ベンガラ）が赤く彩色されています。
用途は不明であるが、埋葬時の副葬品でないかと考えられる状態で出土しています。

⑥上尾駮（かみおぶち）（1）遺跡
縄文時代晩期（高さ6・9センチメートル）
約3000年～2300年前
［大洞式土器（亀ヶ岡式土器）］
亀ヶ岡式土器には、装飾性に富んだ文様と器形で美術工芸的に優れたものが多いのが特徴です。この土器は磨消（すりけし）縄文による雲形文が施されている浅鉢形土器です。

⑦縄文時代の狩りの様子
縄文時代の人々は、弓矢（石鏃）や槍（石槍）を使った狩りや獣道などに落とし穴を掘り、イノシシやシカや小動物などを捕獲していました。発茶沢（1）遺跡（縄文時代中期から後期前葉）の溝状土坑（落とし穴）は、複数並んで配列することが多く、集団での追い込み猟が想定されています。これは青森県内最多の検出規模です。当遺跡は、尾駮沼と鷹架（たかほこ）沼間の狭い丘陵上に位置していることから絶好の狩場であったと考えられます。

⑧上尾駮（1）遺跡／縄文晩期（高さ14センチメートル）
［鼻曲がり土面］
晩期には、土製の仮面が多く作られています。なかでも鼻が曲がった土面は、青森県の太平洋側から

岩手県北部にかけて5点発見されています。
　この土面は、鼻が右に曲がっていますが、ほかはすべて左に曲がっています。

⑨上尾駮（2）遺跡

［ヒスイ］

　このヒスイは、新潟県糸魚川産で、なかには長軸・短軸両方から十字形に孔があけられています。恐

⑦縄文時代の狩りの様子（縄文時代早期から前期中葉）

⑧上尾駮（1）遺跡／縄文晩期（高さ14センチメートル）

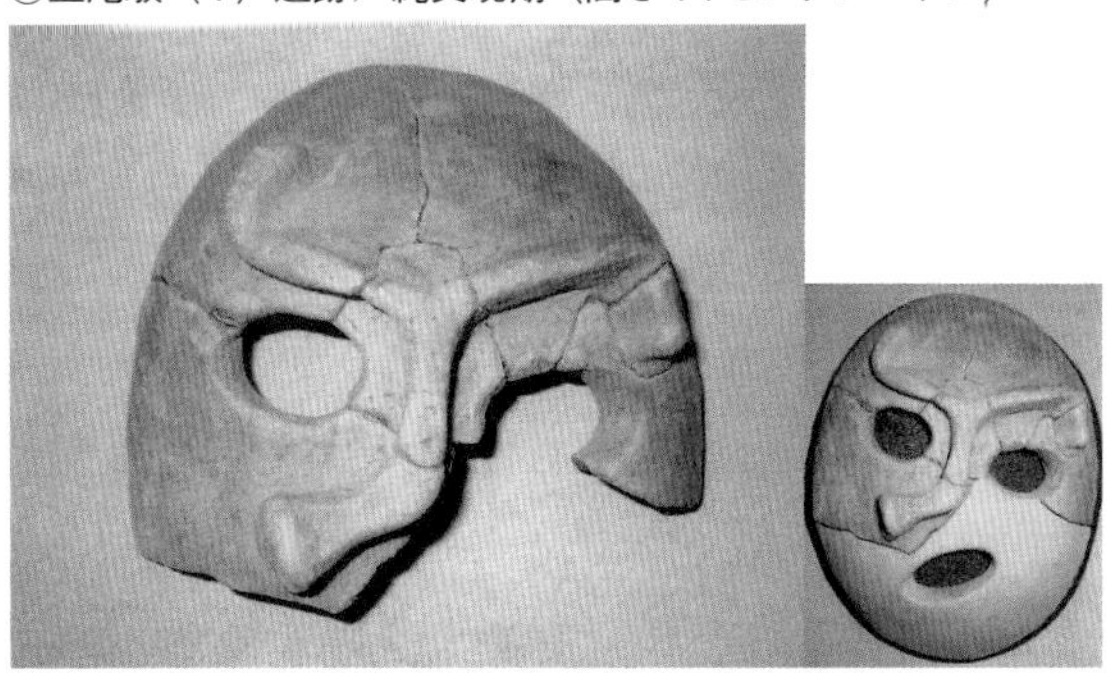

⑩大石平（1）遺跡／縄文後期　⑨上尾駮（2）遺跡

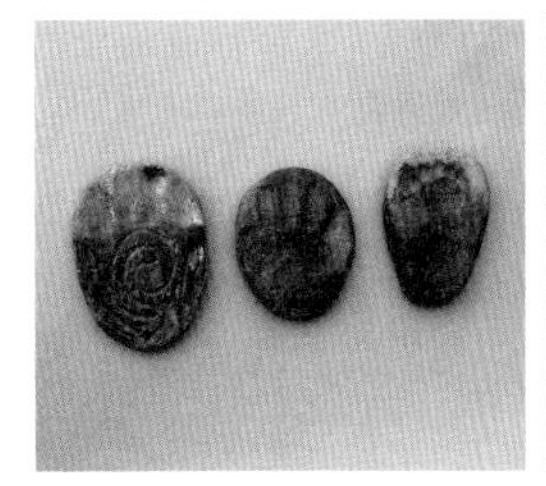

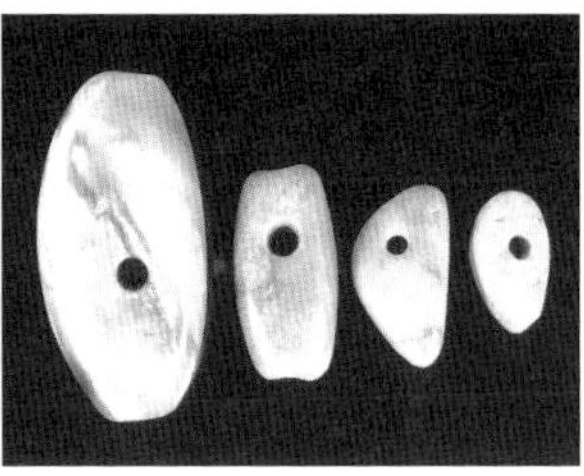

図Ⅳ－10

出所：『六ヶ所村立郷土館　総合案内図録』平成17年3月31日発行　六ヶ所村立郷土館　編集・発行（p.6）

らく笛として使われたのではないかと言われています。

⑩大石平（1）遺跡／縄文後期

生まれて間もない乳児や幼児の手形・足形を粘土板に押しつけたものです。子どもの誕生を記念し、今後の健やかな成長を願うお守りと思われます。

縄文時代の六ヶ所村

今より1万８０００年前ごろから、急激に気温が上昇し始めます。世界的に氷期は終わりを告げ、暖かい間氷期（後氷期）の時代になっていきます。この気候の大変動により、北極や南極の山々の氷は溶け出し、海水面が上昇し、陸へ海進が進みます。

氷期時代の日本海は、大きく冷たい死んだ湖のような状態になっていたのですが、日本海が黒潮の分岐流と台湾海流が合流した対馬暖流が流入し、その流れの一部は北へ、多くはやや低くなっている太平洋側に津軽海峡を通って流入していきました。冷たい湖のような日本海の海も温暖化し、急速に生物種も多様化し、生物種も豊かになっていったのです。

六ヶ所村の海岸付近の高台には、多くの縄文人の竪穴住居跡が見つかっています。縄文時代早期前半の村は、１～数軒程度だったようです。上尾駮、大石平遺跡などです。

このころの貝塚も見つかっています。唐貝地貝塚からは、ハマグリ、シオフキ、アサリ、オオノガイ、カキ、シジミ、カガミガイ、サラガイ、ウバガイ、アカニシ、ホタテガイなどです。鹿骨製釣針や魚骨製縫針なども見つかっています。魚類は、スズキ、メバル、フグ、アマダイ、ヒラメ、サケなど、獣類はツキノワグマ、ウサギ、タヌキ、イノシシ、カモシカなどで、縄文人は、初めから縦長の縄文土器で、かなりグルメな生活をしていたようです。

　縄文時代前期6000~5000年前、後氷期のなかでも、約6000~4000年前ごろは、世界的にも温暖で、年平均気温は、現在より2~3度高温でした。そのため、海水面が上昇し、海岸付近の平野では、内陸まで海が入り込みました。このころは縄文時代にあたるので、**縄文海進**と言っています。

　発茶沢遺跡、表舘遺跡、幸畑遺跡、弥栄平遺跡、大石平遺跡、上尾駮遺跡などで、縄文時代中期5000~4000年前、富沢遺跡、大石平遺跡、弥栄平遺跡、富ノ沢遺跡があります（図Ⅳ—11参照）。

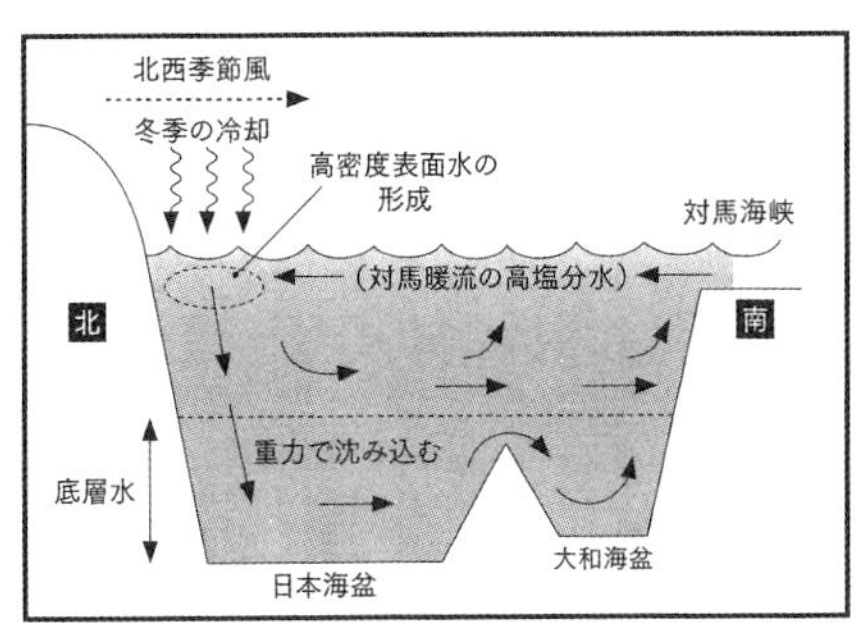

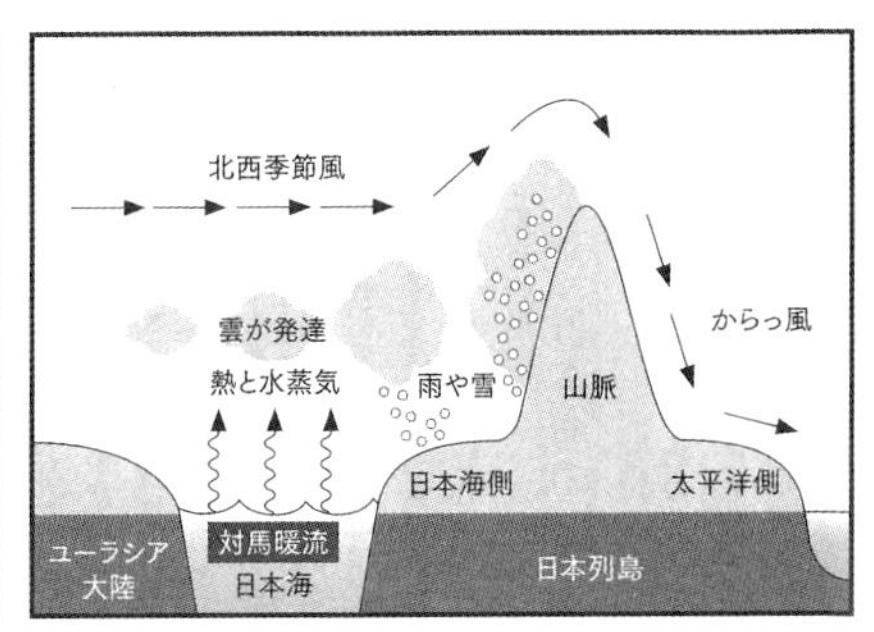

図Ⅳ－11　日本海による日本の気象

出所：『日本海──その深層で起こっていること──』2016年2月20日発行　蒲生俊敬　講談社ブルーバックス（p.25,28）

7 六ヶ所村の貝塚

	貝塚の名称（貝塚の番号）	貝塚のある場所	年代	出土品	備考
1	忠志（ちゅうし）（1）貝塚（411015）	六ヶ所村倉内字家ノ上。小川原湖北西岸の段丘（標高5メートル）	縄文前・中期	縄文土器・動物遺存体（ハマグリ・アサリ・シオフキガイ主体、マガキ・ホタテガイ多）	
2	唐貝地（からかいち）貝塚（411133）	六ヶ所村倉内字唐貝地。小川原湖北岸の段丘（標高28～31メートル）	縄文中期末葉（大木10式）晩期？・平安期	縄文土器・石器・土製品・土師器・鉄器・羽口・動物遺存体（アサリ主体、アカニシ極少）	
3	唐貝地（からかいち）遺跡（411001）	六ヶ所村倉内字唐貝地。小川原湖北岸の段丘（標高11～12メートル）	縄文早期末葉～前期初頭	縄文土器・トランシェ形石器・骨角器（骨針・結合釣針・銛頭・かんざし）・人骨？・動物遺存体（ハマグリ多・マガキ・アサリ・シオフキガイ・カガミガイ・オオノガイ・アカニシ・魚類多・鳥類・獣類少・ウサギ・タヌキ・シカ・海獣類など。この他にも動物遺存体は多数）	
4	湯の沢（2）遺跡（411063）	六ヶ所村倉内字湯沢。内沼北東岸の段丘（標高20メートル）	縄文後期か	縄文土器・石器・動物遺存体（アサリ主体）	
5	湯の沢（1）遺跡（411020）	六ヶ所村倉内字湯沢。内沼北岸の段丘（標高10～20メートル）	縄文早期末葉～前期初頭	縄文土器・石器・動物遺存体（カキ・ハマグリ・ウミニナ・アカニシ）	

6	平沼（ひらぬま）遺跡（411031）	六ヶ所村平沼字二階坂。田面木沼南東岸の段丘（標高10メートル）	縄文後期	縄文土器・動物遺存体（マガキ・アサリ・シオフキガイ・オオノガイ）	
7	六原（ろくはら）（1）遺跡（411022）	六ヶ所村倉内字芋ヶ崎。田面木沼西岸の段丘（標高35メートル）	縄文中期末葉～後期前半	縄文土器・石器・動物遺存体（ヤマトシジミ・イソシジミガイ・オオノガイ）	
8	田面木沼（たもぎぬま）貝塚（411028）	六ヶ所村平沼字田面木。田面木沼北岸の段丘（標高15メートル）	縄文早期？・中期末葉～後期初頭	縄文土器・石器・動物遺存体（ヤマトシジミ・イソシジミガイ・オオノガイ）	
9	平沼（ひらぬま）貝塚（番号なし）	六ヶ所村平沼。田面木沼と市柳沼に挟まれた段丘（標高35メートル）	縄文前～後期	縄文土器・石器・骨角器（かんざし）・動物遺存体（カキ・ハマグリ・オキシジミガイ・アサリ・サメ歯、シカ）	
10	追舘（おったて）（2）遺跡（411098）	六ヶ所村平沼追舘。田面木沼と市柳沼に挟まれた段丘（標高10～20メートル）	縄文後期	縄文土器・動物遺存体（ハマグリ）	
11	八森（はちもり）遺跡（411006）	六ヶ所村平沼追舘。市柳沼南岸の段丘（30～35メートル）	縄文早・中期	縄文土器・動物遺存体（アカニシ・ホタテガイ・マガキ・アサリ）	
12	幸畑（こうばた）（2）遺跡（411033）	六ヶ所村鷹架道ノ下。市柳沼北岸の段丘（標高10メートル）	縄文期末葉～前期前半	縄文土器・石器・動物遺存体（ハマグリ・アサリ・マガキ多・オキシジミガイ・オオノガイ・ウミニナ）	
13	鷹架（たかほこ）遺跡（411115）	六ヶ所村鷹架道ノ下。鷹架沼南東岸の段丘（標高51～65メートル）	縄文早期中葉（物見台式）、前期初頭、後期前葉、平安期～近世（貝層）	縄文土器・土器棺・石器・土器錘片・石製品・キセル・動物遺存体（ヤマトシジミ）	

	貝塚の名称（貝塚の番号）	貝塚のある場所	年代	出土品	備考
14	表舘（おもてだて）（１）遺跡（４１１０１９）	六ヶ所村鷹架字発茶沢。尾駮沼と鷹架沼に挟まれた段丘（標高15～20メートル）	縄文早期末葉	縄文土器・石器・北海道産黒曜石・動物遺存体（アサリ最多、マガキ・アズマニシキガイ他多数略）	
15	八茶沢（はっちゃざわ）（１）遺跡（４１１０３９）	六ヶ所村鷹架字発茶沢。尾駮沼と鷹架沼に挟まれた段丘（標高10～40メートル）	平安期	土師器・須恵器・動物遺存体（ウマ？の焼けた歯少量）	
16	弥栄平（いやさかだいら）（１）遺跡（４１１０４０）	六ヶ所村尾駮字表舘。鷹架沼北岸の段丘（標高51～65メートル）	縄文中期末葉（大木10式）・後期前葉（十腰内Ⅰ式）	縄文土器・土器棺・石器・土製品・人骨・動物遺存体（アサリ・マガキ多、アカガイ・ヤマトシジミ・ウネナシトヤマガイ・ハマグリ、他多数略）	
17	沖附（おきづけ）（１）遺跡（４１１１０３）	六ヶ所村尾駮字沖附。尾駮沼段丘南岸の段丘（標高44～62メートル）	平安期（10世紀）	土師器・須恵器・鉄器・羽口・支脚・動物遺存体（ヤマトシジミ・ウネナシトマヤガイ）	
18	上尾駮（かみおぶち）（２）遺跡（４１１１０２）	六ヶ所村尾駮字上尾駮。尾駮沼北岸の段丘（標高36～45メートル）	縄文後期前葉（十腰内Ⅰ式）	縄文土器・石器・ヒスイ大珠・石製品・土偶・足形付き土製品・人骨・動物遺存体（イソシジミガイ最多、マガキ・ハマグリ他多数略））	
19	大石平（おおいしたい）（１）遺跡（４１１０９９）	六ヶ所村尾駮字野附。尾駮沼北岸の段丘（標高38～61メートル）	縄文後期前葉（十腰内Ⅰ式）	縄文土器・石器・北海道産黒曜石、手形・足形付き土製品・ヒスイ・石製品・動物遺存体（アサリ最多、マガキ・イソシジミガイ・オオノガイ）	

20	富ノ沢（2）遺跡（411049）	六ヶ所村尾駮字上尾駮。尾駮沼北岸の段丘（標高63〜73メートル）	縄文中期後半（円筒上層d式〜大木10式）	縄文土器・石器・北海道産黒曜石・玦状耳飾り・ヒスイ大珠・コハク・歯牙製品（サメ歯穿孔品）・動物遺存体（アサリ最多、イソシジミガイ次ぐ、シオフキガイ・オオノガイ・マガキ・ハマグリ、サメ、シカ：137集）、（アオザメ歯：143集）、（エイ・アオザメ歯冠部・穿孔したホホジロザメ歯・ウグイ、鳥類、イノシシ・シカ・ツキノワグマ・サル・クジラ・アシカ・アシカ類：147集）	
21	泊（1）遺跡（411053）	六ヶ所村泊字川原。太平洋を望む海岸段丘（標高22〜26メートル）	縄文前期中葉（円筒下層a式）	縄文土器・石器・動物遺存体（イワシ類・ニシン・マダイ・タイ類・カツオ・アイナメ・その他の魚類、イヌ?・ツキノワグマ・テン・ニホンアシカ・その他の獣類）	
22	大穴洞窟遺跡（411011）	六ヶ所村泊字村ノ内。太平洋を望む海蝕崖（標高2〜3メートル）	古代・中世以降	続縄文土器・土師器・須恵器・陶器・骨角器（銛頭・骨針）・永楽通宝・寛永通宝・むしろ・人骨3体・動物遺存体（イガイ・カキ）	

	貝塚の名称（貝塚の番号）	貝塚のある場所	年代	出土品	備考
23	安部遺跡（４２４１３３４）	東通村尻労字安部。太平洋を望む桑畑山山麓（標高約33メートル）	後期旧石器期・縄文早期?～弥生期	ナイフ形石器・トラピーズ（台形状石器）・縄文土器（後期初頭多・早期?・晩期後葉）・弥生土器・石器・骨角器（釣針・骨器?）・人骨（成人・幼児）・動物遺存体（クロアワビ・ユキノカサガイ科・他多数種））	※六ヶ所の遺跡ではない。 ※山林、石灰岩洞穴、通称尻労安部洞窟、東側２００メートルにナウマンゾウやオオツノジカの化石出土地あり。洞穴前庭部を調査、ほ乳類の内大型偶締類と思われる臼歯歯冠、ノウサギの遊離歯・ムササビの歯は後期旧石器期のナイフ形石器２点と共存。

（『青森県の貝塚―骨角器と動物食料』福田友之　北方新社より　※六ヶ所村に関する貝塚部分を抜粋）

８ 縄文時代後期（4000～3000年前）―大石平遺跡、上尾駮遺跡、弥栄平遺跡、沖付遺跡

弥栄平遺跡から、かめ棺と共に20歳ぐらいの若い女性の人骨が出土しました。この人骨は、縄文美人とし、頭部が復元され、郷土館に展示されています。また、六ヶ所博物館にも復元された像が展示されています。

発茶沢遺跡からは、落とし穴が多数発掘されています。この落とし穴は、縄文中期から利用されたものらしく、大きさは長さ3～4メートル、幅40～50センチメートル、深さ約1・2メートルの溝状のものです。665基発掘されています。動物をこの狩り場に縄文人や猟犬が追い込んで捕獲し、獲物は狩人が平等に分かち合ったものと思われます。

9 縄文時代晩期（3000～2300年前）

このころになると、徐々に気候が寒冷化し始めます。上尾駮（おぶち）遺跡は、縄文前期末葉から晩期中葉、平安時代までの複合遺跡ですが、土坑墓が20基発掘されています。その土坑墓13基から大量（759～958個）のヒスイ製玉類、赤漆塗櫛2点、副葬土器などが出土しています（図Ⅳ—12参照）。

〈解説〉昭和46年20歳前後の女性の全身骨が入った縄文時代後期の甕棺（かめかん）を偶然発見しました。その人骨を基に、青森県立郷土館が頭部をブロンズで復元しました。六ヶ所村でも全身のブロンズ像と縄文美子（よしこ）と名付けた対話式ロボットを製作しました。縄文美子は有名な遺跡のことなどを皆さんに紹介しています。（六ヶ所村立郷土館パンフレットより）

縄文人など日本列島人の歴史については、『日本列島人の歴史』（2015年／岩波ジュニア新書）をお読みください。日本列島

図Ⅳ－12
左：縄文美子（よしこ）（対話式ロボット）　右：人骨入り甕棺
出所：『六ヶ所村立郷土館　総合案内図録』平成17年3月31日発行
六ヶ所村立郷土館　編集・発行（p.5）

人４万年の歴史を、現代から旧石器時代に遡って述べています。そして、列島の地域により日本人の歴史が異なることを明らかにしています。

⑩ 弥生時代

このころの六ヶ所村の遺跡は、弥栄平（いやさかだいら）遺跡、大石平遺跡、表舘遺跡、上尾駮（おぶち）遺跡、幸畑遺跡が発掘されています。

『日本列島人の歴史』によると、弥生時代は「およそ３０００年前に九州北部にもたらされた。水田で稲作を行う農耕法は、その後日本列島の他の地域にゆっくりと広がっていきました。」と書かれています。

その後の古墳時代は、３００年代からは、ほとんど六ヶ所村の記録はありません。ところが平安時代の遺跡には、弥栄平（いやさかだいら）、上尾駮、発茶沢から竪穴住居の群の後の遺跡が発掘されていて、追舘4軒、発茶沢・表舘62軒、上尾駮29軒、沖付37軒、計１５３軒が確認されています。竪穴住居跡からは、馬の飼育に関する施設と考えられる堀立柱建物跡が10棟検出され、大きな部落軒となっています。

村上天皇勅撰の「後撰和歌集」に、尾駮の駒を詠んだ和歌が出ています。

「みちのくの　おぶちの駒も　野飼うには　荒れこそまされ　なつくものかは」

「蜻蛉日記」にも尾駮駒の歌が出ています。

「われが名を　尾駮の駒のあればこそ　なつくにつかぬ　みとしらめ」

などあり、馬産地として、この時代には有名な村落だったと思われます。（※）

※豊臣秀吉の乗馬の所望により、南部信直は七戸牧場から駿馬10頭、馬衣を添え、献上する（東奥馬史）。
徳川2代将軍秀忠が、ペルシャ馬2頭を南部藩に賜り、これを蟻渡野に放牧する。

など、馬に関する記述が多く見られます（南部馬史）。

この時代の記録はありませんが、それぞれの地域で漁業、農業、苔産などで生計を立てていたものと考えられますが、部落最大の漁村である泊村の記録がありません。


1600年代、江戸時代に入ってからの集落の状況は次のようでした。

	尾駮	鷹架	平沼	鞍打
家	52軒	19軒	35軒	35軒
人	311人	110人	204人	178人
馬	77頭	54頭	98頭	106頭
牛	37頭	22頭	15頭	5頭
鳥屋	4軒	2軒	4軒	2軒
鷹部屋				5軒

（出所：六ヶ所村史刊行委員会『六ヶ所村史　年表』／46頁／1997（平成9）年4月30日）


泊村などの漁村は、文書欠損のため不明。六ヶ所村は全体として大きな集落がありました。

また、1668年7月10日、有戸野の馬が狼にとられたという記録があり、狼がかなり生息していたようです。

1837年、江戸末期の盛岡藩御領分中各村御蔵総高書上帳によると、東側の六ヶ所村は次の表のようになっています。

	倉内	平沼	鷹架	尾駮	出戸	泊
戸数	35戸	36戸	27戸	41戸	20戸	57戸
石高	27石	35石	14石	22石	16石	34石
馬数	79匹	117匹	16匹	77匹	20匹	56匹

（出所：六ヶ所村史刊行委員会『六ヶ所村史　年表』／62頁／1997（平成9）年4月30日）

今までの記述の大部分は、「六ヶ所村史」によっています。

Ⅴ　むつ小川原巨大開発の幻想　すぐ破綻

——使用済み核燃料の「全量再処理」という、世界で初めての核燃料サイクルと「高レベル放射性廃棄物」の安全性を検証なしに一時貯蔵受け入れ、騙され搬入へ——

1　むつ小川原開発の地域

むつ小川原巨大開発の予定地域は、六ヶ所村を中心に、むつ市・東通村・横浜町・三沢市・野辺地町・東北町・上北町・平内町を含む二市五町二村の広大な地域です。1969年3月に日本工業立地センターの「陸奥湾小川原湖大規模工業開発調査報告書」が発表されました。

《戦前のむつ小川原地域》

むつ小川原開発予定地域は、下北半島の頸部、六ヶ所村を中心に上北郡北部と下北群東通、下北群むつ市を含む広大な地域です。

この開発予定地は、日本の軍事政策により、国に占有されて来た地域です。この様子を『むつ小川原開発読本』により紹介します。

「開発予定地域は、日本の軍事政策によっても早くから占有利用され、平和な農林漁業を圧迫してきた。明治期の富国強兵政策の下で、軍馬育成のために帝国陸軍の軍馬補充用地が設置され、また大湊には帝国海軍の管理する用地がおかれるなど、1000ヘクタール以上にわたる土地が軍事目的のために用いられてきた。戦後は、さらに米軍の日本占領、自衛隊の創設拡充にともない、今日ではこの地域は基地などに包囲される状況となっている。本土最大といわれる三沢米軍基地をはじめとして、八戸、三沢、六ヶ所、東通、むつなどの市町村には、陸上、海上、航空の自衛隊、米軍の管理使用する飛行場、港湾、射爆場、訓練区域、弾薬庫などが設置され、軍事基地のもたらす『基地公害』により地元住民を悩ませてきた。ジェット機やヘリコプターの爆音、爆弾の投下、鉄砲の射爆撃音による被害、誤爆誤射による被害、米軍軍人による犯罪行為など、基地公害が絶えず、この地域の住民は全生活にわたって諸々の障害と恐怖に悩まされてきた。基地、射爆場の撤去、補償などの要求が三沢や六ヶ所の住民たちから、ときには組織的に、または個別的に叫びつづけられてきたのも当然といえる。」（図Ｖ―１参照）
と書かれています。

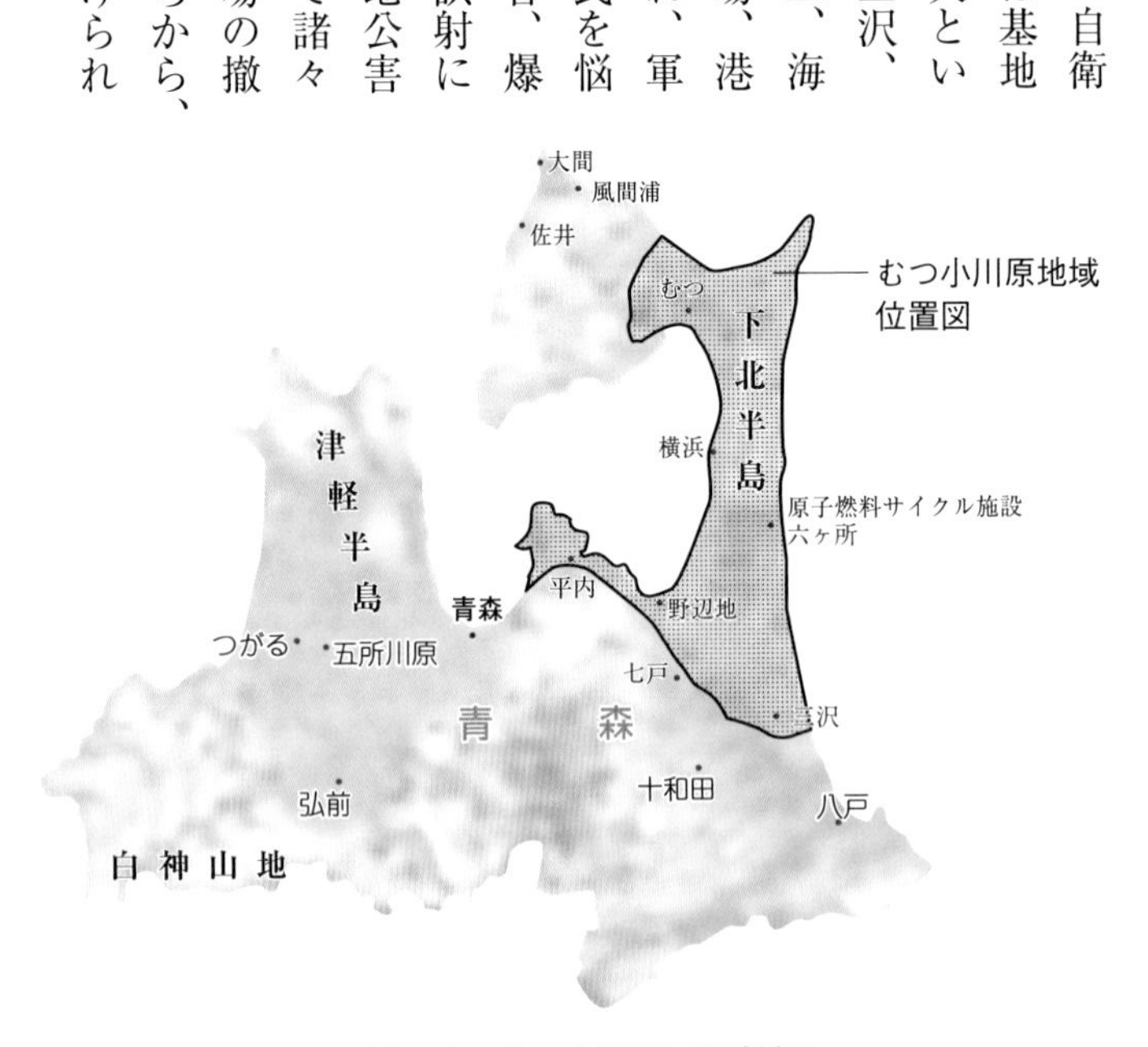

図Ｖ－１　むつ小川原開発地域図

2 開発前の六ヶ所村　満蒙開拓の人たちの入植——青森県内で最も貧困な村——

この当時（1969年）の六ヶ所村は、人口約1万2000人、高校進学率31%で、7割近くは、中学校卒業後に関東や関西に集団就職し、青森県内の村で最も貧困な村でした。漁業集落、泊部落以外は、水田・畑作・畜産（馬など）中心で、その後、満州からの引き上げでまた開拓の入植者たちが加わったのです。開拓入植者たちは酪農を始めたものの、ひどい貧困な生活でした。農業者の約2000名は、関東や関西への冬季出稼ぎの村でもありました。

1971（昭和46）年度の人口は、1万1492名で、市町村民所得は、24万1965円と青森市の同年度所得、50万8449円の半額にも満たない所得で、青森県内で最も貧しい村だったのです。

六ヶ所村への道は細くでこぼこ道で、県道は俗に険道（ケンド）とも呼ばれています。1958年になって、やっと野辺地（のへじ）—平沼—六ヶ所村をつなぐ十鉄バスが開通しました。

1948年には、鷹架（たかほこ）と尾駮の部落に電灯がつきましたが、まだランプ生活の部落も多かったのです。戦後の農地改革により、国有林の一部である御料地の解放がおこなわれ、中国の満蒙開拓からの引き揚げ者が、千歳・上弥栄（かみいやさか）・六原・石川地区へ入植しました。

「いまは完全に姿を消した上弥栄（かみいやさか）部落は、敗戦間もない1947年5月、33戸の入植者によって開村された。すでにあった弥栄平（いやさかだいら）開拓部落のさらに奥地に建設されたので、即物的に『上』が付けられたのだが、そこには、まとまって入ってきた旧満州「弥栄（いやさか）村」出身者たちの感情も含み込まれている。」（鎌田慧著『六ヶ所村の記録』【下】／岩波書店）と六ヶ所村のこの開拓者の凄まじく貧しい生活の様子が詳しく描かれています。ぜひお読みください。

③ むつ小川原巨大開発は高校生の湖沼調査の悲劇から始まる（小川原湖の調査で）
――県立三沢高校教員と科学部員の事故死――

この巨大開発が起こる少し以前から、青森県立三沢高等学校の生物・化学・地学、３部の合同で、１９６７年から小川原湖の調査研究を湖の形態、地質、湖水の性質調査を広くおこなっていました。季節の変化を捉える必要から、冬期も定点観測をおこなっていたのです。そのなかでも、最深部の塩分濃度や温度の測定は、生物の分布や、小川原湖の淡水化にも貴重な資料となるものです。１９７１年3月14日のこの日、ワカサギ釣りの人たちも出ているので大丈夫だろうということで、ソリに観測機具を積み、10時50分ごろ「定点」である湖の最深部へ、三宅純一教諭、部員の中嶋真悦、類家正樹の３人でソリを引っ張り出発しました。

ところがこの日、11時ごろには、春一番の南西の風が吹き始め、急激に2度も気温が上昇し、岸辺の方から氷が溶け始めました。そして、安全な湖岸に辿り着く前に、３名は湖に没したのです。この年は暖冬でなかなか湖沼が凍結せず、冬期の寒い時の調査が遅れていました。3月の暖かくなり始めたこの時期の小川原湖調査はやめるべきだったのですが、この悲劇は、むつ小川原開発のことが強く意識にあったと考えられます。

④ むつ小川原巨大開発の展開と国内情勢の変化

日本は戦後高度経済成長政策のなかで、重化学工業を中心とした加工貿易型にシフトしました。このことが、高度経済成長に大変有利に働きました。

原料・燃料は、1973年の石油ショックまでは格安で、石油は、1バーレル＝2ドル以下でした。アメリカはじめ他国の農業に依存し、安い食料品を輸入し、国内の労働力は、農業部門から多数の労働者を商業、工業などに転換できたのです。また、1ドル360円という固定レートは、円安で輸出をどんどん伸ばすことができました。

しかし、四日市コンビナートをはじめ名古屋、堺、京葉、京浜など、短期間の重化学工業中心の急激な高度経済成長は、日本列島を四日市ぜん息や光化学スモッグなどの公害列島になってしまいました。そして、地方で人口がどんどん減少・過疎化し、人は大都市へと集中していったのです。

1962年、内閣は、先述の開発方式の失敗を是正すべく、新しく「全国綜合開発計画」（第一次全国綜合開発計画／旧全総）を発表しました。

その内容は、同年に発表した新産業都市計画建設促進法に基づき、全国にコンビナートなどの拠点産業を分散立地させるというものでした。そして、都市の過密の弊害除去と、地域格差を是正するとし、拠点産業指定を目指したのです。史上空前の陳情合戦となり、道央・八戸・仙台湾・常磐群山・新潟・富山高岡・松本諏訪・岡山県南・徳島東予・大分・日向延岡・有明不知火大牟田・秋田臨海・中海など、新産業都市13ヵ所、工業整備特別地域6ヵ所の指定を決定しました。

しかし、国のこの「全国総合開発計画」は、東京・大阪・名古屋などの大都市に人口が一層集中し、北海道・東北・山陰・南九州では、人口が流出して地方の過疎化が一層進み、失敗に終わりました。

その後、佐藤内閣は、「旧全総」の開発を是正するとして「新日本全国総合開発計画」（1969年／新全総）を決定しました。

内閣は、太平洋ベルト地帯の開発から、苫小牧・陸奥湾小川原湖（青森）・秋田臨海・東三河（愛知）・仲南伊勢（三重）・福井臨海・徳島臨海・周防臨海（山口・福岡・大分）・日向（宮崎）・南九州志布志

湾など、これまであまり顧みられない土地に開発地を決めたのです。

しかし、その数はあまりに多すぎ、その上、どの省庁がどのように役割を分担し、開発計画に関与し、主導するかも不明確でした。

その上、この「新全国総合開発計画」は、自然環境の保全や地域生物の多様性の保全など、全く考慮外の計画でした。

⑤ むつ小川原巨大開発計画案(石油コンビナート計画)の失敗

「新全国総合開発計画」は、先述した通りですが、そのことは、高度経済成長の考え方をある意味では、極限にまで推し進めるもので、破綻は予測され得るものでした。

巨大新技術により、全国に新幹線や高速道路を巡らし、大都市から離れたところに、拠点工業基地や大規模農林畜産基地や大規模レクリエーションの場を作るというものです。むつ小川原巨大開発は、その代表的プロジェクトでもあったのです。

青森県は、日本工業立地センターに、むつ湾小川原湖地域の工業開発の可能性を適正に基づいて調査を委託し(1968年7月)、それに対しすぐ次の年の1969年3月に調査報告書を取りまとめて報告しています(図V—2参照)。

それに基づいて、青森県の第1次案(1971年8月14日)の図から想像して見ると、開発区域の面積は、1万2000ヘクタールにのぼり、鹿島コンビナート(4424ヘクタール)の約4倍という莫大な大きさの石油コンビナートです。

東通村のあたりに、いくつもの原子炉を作り、2000万キロワット/年の原子力発電をする火力発電では、1000万キロワット／年と、莫大な電気を作り、石油精製、CTS（石油備蓄）2000万キロリットル、アルミニウム100万トン／年、鉄2000万トン／年、製造するという、途方もない巨大石油化学コンビナート計画です。破綻は当然だったのです。

むつ小川原開発計画の土地の買収進む
——土地・道路・港湾整備進む——

新全国総合開発計画は、高度経済成長を過疎地まで広げ、全国的に新幹線や高速道路を建設し、海上交通も港を整備し、フェリー網を配置する道路網でつなげ、過疎地に、大規模工業基地を作ったり、大規模農畜産基地、大規模レクリエーション基地を配置するというものです。

先述のように、むつ小川原開発のよう

むつ・小川原巨大開発案のうつりかわり

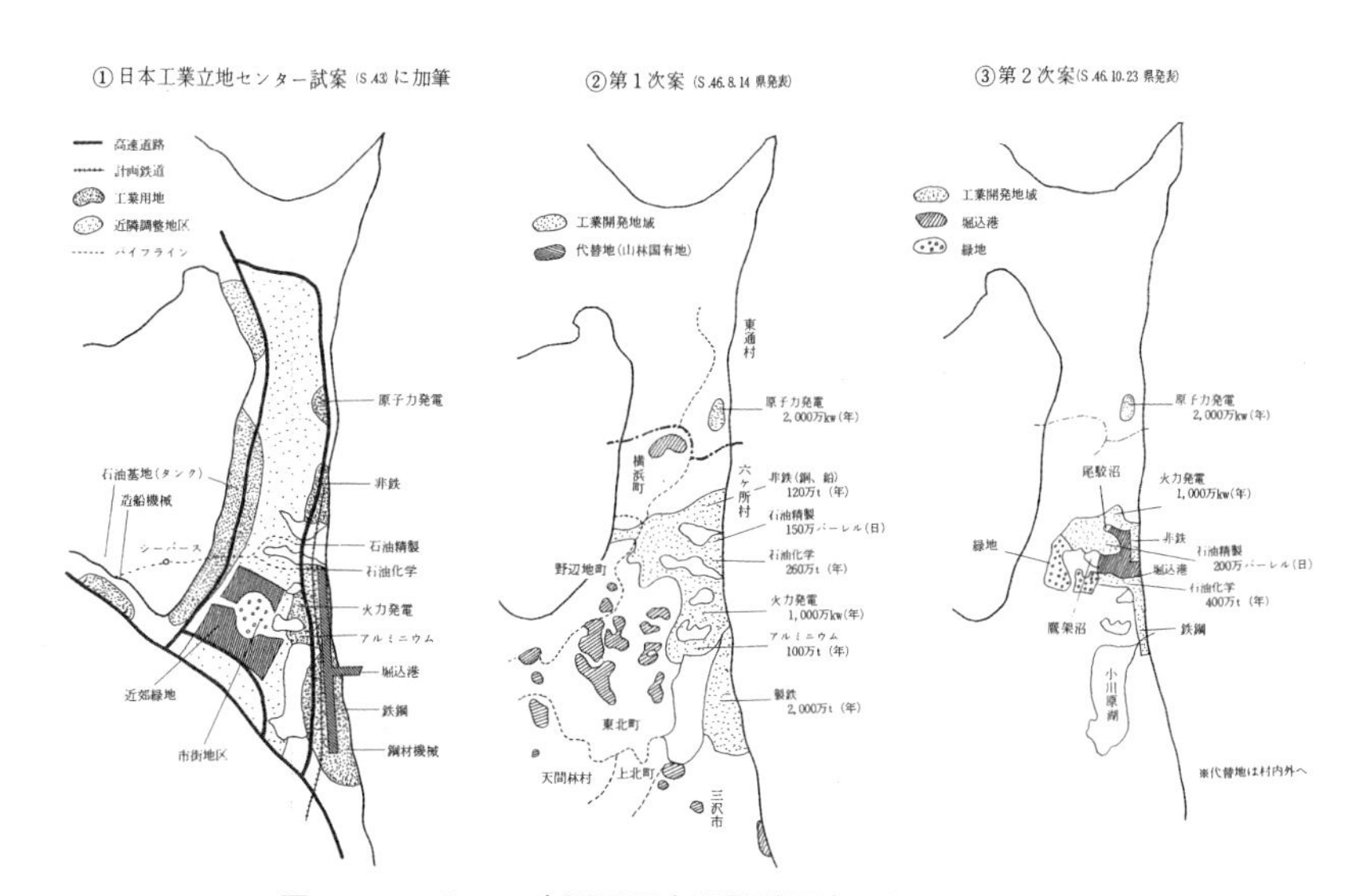

図V－2　むつ・小川原巨大開発計画案のうつりかわり
出所：『M・O開発研究シリーズ1　むつ・小川原開発読本』むつ・小川原開発問題研究会　編
北方新社　1972年8月5日発行（p.182とp.183の間にある付録図）

に、あまりにも巨大な開発計画だったのです。

全国の国土を開発有効に利用するという観点のみで、地域住民の発想ではなく、上からの発想であり、原子力発電や巨大タンカーや新幹線など、新しい巨大産業技術を必要とし、事故の危険などは一切考えていないものです。

また、農業政策や環境問題などを無視し、今までの地域住民の生活を省みないものでした。しかし、青森県は、主体的にこの産業を進める組織として、1971年3月、青森県、北海道東北開発金庫、それに、民間企業150社が出資し、「青森県むつ小川原開発公社」（略：公社）を設立しました。中心となって進めたのは、経団連と国の経済企画庁です。

開発地域の土地を買い集め、工業用地を造成し、進出企業に土地を売る仕事をする第3セクターです。公社ができると、国は1972年9月13日に、第3回むつ小川原総合開発会議を開催し、「第1次基本計画」を決め、翌日14日、第1次基本計画の閣議口頭了解が為されました。

これを境に、開発が具体的に進展することになりました。開発推進派は、これに勢いづき、一挙に増えていったのです。

また、開発計画に基づく大規模公共事業、港湾関係や道路整備など、大規模に開始されていきました。開発地域の農地転用手続きも開始され、公表されている「公社」による土地購入価格は、10アールあたり、水田72万円～76万円、畑が60万～67万円、山林・原野が50万円～57万円でした。

六ヶ所村の土地所有者は、あっという間に土地成金となりました。家を新築したり、毎日野辺地町に飲みに出かけたり、1万円札を子どもが小遣いとして持ち歩いたと言われています。

7　むつ小川原巨大開発の展開。賛成から一変反対に村を二分しての抗争へ。そして、推進へ
――こうして村議会は開発推進議員一色のみとなる――

「新全国総合開発計画」発表前後から、むつ小川原開発への期待が高まり、六ヶ所周辺は土地登記や買い漁りが過熱していきました。それに伴い、国・県・企業は、広い地域の土地購入を急ぎました。そしてまず、開発の主体をどこにするかの決定が急がれましたが、国・自治体・県などの意見が分かれ、結局、地方自治体が中心になるべきだということで、最終的には、第3セクター方式（公社方式）に決まり、結局青森県が中心となりました。

こうして1971年3月、青森県と経団連傘下の企業、国（北海道東北開発公庫）の出資で資本金15億円の「むつ小川原開発株式会社」という第三セクターが発足したのです。

1971年8月14日「住民対策大綱」が発表されると、地域住民からは、反対の声があがり、反対運動が噴きあがりました。

「住民対策大綱」が、1万7500ヘクタールの用地を取得するために、2026世帯の9614人に立ち退きと移転を迫ったからです。六ヶ所村村議会は、1971年8月20日満場一致で反対を決議しました。当時の村長である寺下力三郎は、議会で「村民は、巨大な不幸を背負って来る巨大なホラ（ホラ話）に追われようとしている。私はこの開発に政治生命をかけても反対する。開発難民は出させない。」と発言しました。

ところが、三井不動産系列の企業や中小不動産業者が土地を一斉に買い漁りました。六ヶ所村の原野や山林は、当時10アール5000円～6000円だったものが、あっという間に10倍の6万円台に跳ね上がりました。30万円～60万円という値段になったときもあり、三井不動産のダミー会社「内外不動産」

は、農地法違反で、買い戻しさせられたりしました。

土地売買とも絡んで、村議会議員勢力分野も、開発推進派の議員が急増していきました。村民は開発推進派と開発反対派に分かれ、対立抗争は村内の人間関係も複雑なものにしました。家族内も、推進・反対派と分かれることもありました。

大人たちは、土地代金で居間にシャンデリアのある豪華な家を新築したり、建て替えなどもおこないました。また、農家だけでなく、漁業者に対しても、漁業権に絡んだ多額の保証金が支払われました。これによって、大人たちの生活習慣ががらりと変わり、一家の主がパチンコや競輪などにはしり、夜は飲み歩くようになってしまったのです。

このような状況のなかで「住民対策大綱」の二次案が提示され、漁業者や地域住民の反対を受けて、陸奥湾沿岸の一部が除外され、大幅に縮小されました。また、立ち退き村落、世帯も大幅に縮小されました。

１９７３年12月におこなわれた六ヶ所村町長選挙では、推進派が古川伊勢松と沼尾秀夫氏の２人の候補に分裂し、そのため、反対派の寺下力三郎村長が勝つチャンスとされていました。しかし、開票結果は、賛成派の古川伊勢松氏がわずか79票差で反対派の寺下力三郎村長を上回り、当選を果たしました。

後に判明したことですが、推進派が投票前夜、多額の金をばらまいたことが明らかになっています。しかし、何故か捜査がなされませんでした。これを契機に、その後の村会議員選挙では、六ヶ所村は開発推進の議員のみとなりました。

8 県をあげての巨大開発推進に地元紙「東奥日報」も一体となって推進キャンペーン

青森県は、全国最下位に低迷する県民所得を上げるため、企業誘致、新幹線、高速道路の建設など、公共事業による一次産業（農林・漁業）から、二次産業（建設・製造業）、三次産業（商業観光サービス業）へ、産業の高次化を目指していたので、県をあげて開発計画の候補地になることに力を入れました。

それまで県は、下北半島の豊富な砂鉄を利用しての「むつ製鉄」会社の建設構想（1963年／むつ製鉄株式会社）に失敗し、さらに、フジ製糖青森工場（1964年誘致）を利用した3500ヘクタールの甜菜作付の奨励も、砂糖原料の貿易自由化により輸入砂糖が安くなって1967年に閉鎖、失敗となっていました。

その後の竹内俊吉知事は、農業・工業を促進し、工業化を目指しながら、農業構造改事業と開田計画を推進し、2万2000ヘクタールの開田を進めました。しかしこれも、間もなく国が大減反政策を決定したため、失敗に終わりました。

「むつ小川原巨大開発」は、最初は、六ヶ所村議会も、村人も、県民も、積極的開発を進める賛成者が多数でした。特に、地元紙「東奥日報」は、社説をはじめ、世論を盛り上げるために、連日、開発推進の大キャンペーンをおこないました。

しかし、結果は「むつ小川原巨大開発」は夢として終わったのです。地元紙「東奥日報」も総括し、反省の記事を掲載しました。

9 世界の経済情勢劇的な変化と「むつ小川原巨大開発」

「新全国総合開発計画」が決定され、六ヶ所村が村内を3分して抗争が続きている間に、世界の情勢と国内外情勢も、劇的な変化が生じています。

１９７１年8月、ニクソン米大統領によるドル防衛策（ドルショック）、金とドルとの交換の一時停止、10％輸入課税徴金実施、固定為替相場制から変動為替相場制への移行を発表しました。円安で輸出主導の日本の高度経済成長を支えて来た前提条件が、根本的に変化したのです。１９７１年には、また石油化学業界、鉄鋼業界は、深刻な過剰設備、過剰生産に陥っています。１９７３年には、第４次中東戦争が勃発し、ペルシャ湾岸６ヵ国は、原油公示価格を21％に決定し、１９７４年1月から2倍の引き上げを発表し、同年10月に第1次石油ショックが起きたのです。

この後、経済政策は「重厚長大」より「省エネ・省資源・知識集約化」へと転換を促されることとなっていきました。石油コンビナートを柱とする「新全国総合開発計画」「むつ小川原巨大開発」は、全く幻想であることが明らかとなったのです。

10 むつ小川原巨大開発から一転、核燃料サイクル三点セット受け入れに

日本は、初め（１９５６年の第一次原子力長期計画）から原発の使用済み核燃料の「全量再処理」政策でした。しかし、使用済み核燃料を全量再処理できるような大規模な再処理工場を民間で造る場所は、なかなか見い出せませんでした。

電事連（電気事業連合会＝１９５２年に全国の電力会社で設立）は、再処理工場の立地を１９７６年

に、まず鹿児島県徳之島へ要請しました。そして、１９８０年には沖縄県西表島に、１９８２年には長崎県平戸島に、最後はなんと、１９８３年に地震のあった北海道奥尻島に要請しました。全部「島」です。電事連は施設の危険性や環境汚染を十分認識した上で、島を候補地としたのでしょう。見え透いた手口は島の住民に見抜かれ、すべてに断られました。高レベル放射性廃棄物が集中して危険性が極めて高いからです。

そのとき、むつ小川原開発が失敗し、多額の負債を抱える青森県では、六ヶ所村がどんな場所・地質であるかなど、全く考えずに核燃料サイクル再処理工場を引き受けたのです（図Ｖ—３参照）。

青森県が、再処理工場をむつ小川原に積極的に誘致した理由は、第1は、むつ小川原開発の失敗により、１９８３年末で、約１４００億円もの巨額の負債をむつ小川原開発株式会社が抱え、毎年利子分だけでも大変な借入金が増えていったからです。そこで、六ヶ所村に核燃料サイクル施設を集中立地することを内々に要請しました。

また、巨大開発のためにインフラ整備が進められていたので、核燃料サイクル施設を再処理工場に適する使用済み核燃料を荷揚げする港があり、六ヶ所村周辺には、むつ小川原開発のための、広大な用地があったからです。しかも、県も国も、１９８５年４月18日の立地基本計画協定調印直後、国の閣議は、核燃料サイクル施設のむつ小川原地区への立地は、工業開発を通

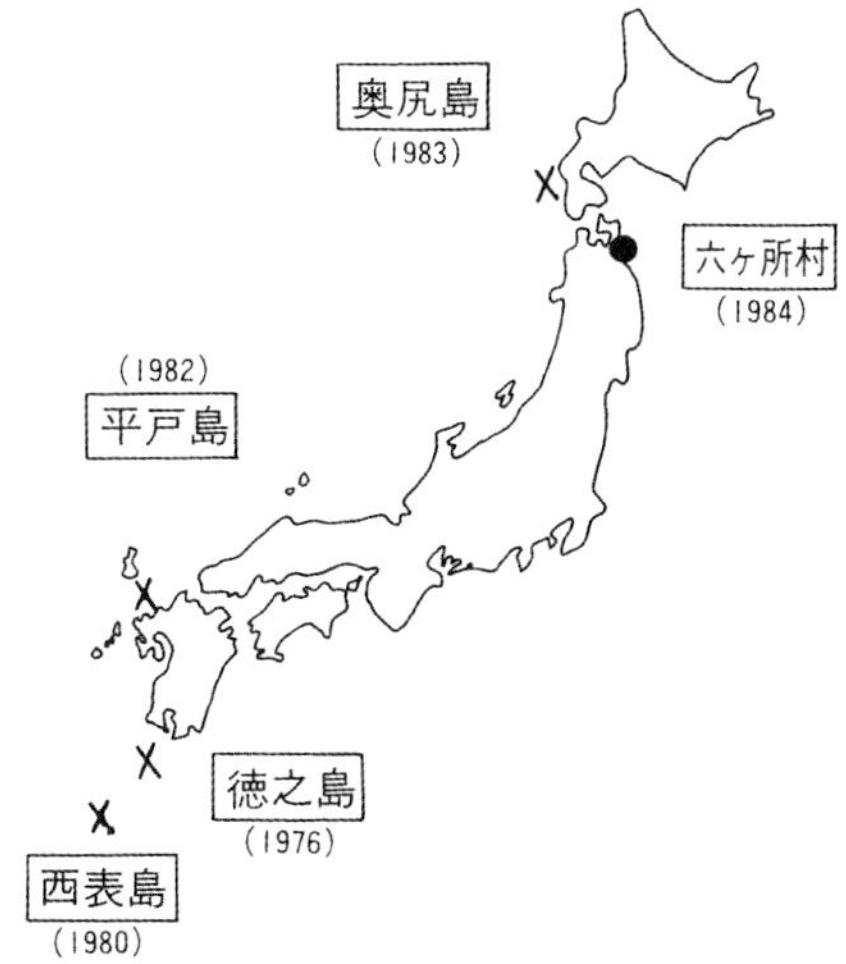

奥尻島（1983）
六ヶ所村（1984）
（1982）平戸島
徳之島（1976）
西表島（1980）

図Ｖ－３　青森県六ヶ所村核燃料サイクル施設
出所：『科学者からの警告　青森県六ヶ所村核燃料サイクル施設』1986年４月１日発行　北方新社（p.139）

じて、この地域の開発を図るという、むつ小川原開発の基本的考え方に沿うものであると閣議決定し、港湾・道路整備を継続していきました。

電事連は、1984年4月20日に、平岩外四会長から、青森県の北村正哉知事に対し、核燃料サイクル施設立地の協力要請が提出されました。要請内容は、①核燃料再処理工場、②ウラン濃縮工場、③低レベル放射性廃棄物貯蔵センターのいわゆる核燃料サイクル施設の3点セット、**「包括要請」**と呼ばれているものです。県は、この核燃料サイクル施設要請の3点セットに対し、初めから前向きの対応を見せていたのです。

県は、電事連の要請を受け、すぐその年の8月22日は、核燃料サイクル事業の安全性に関する専門会議を組織し、設置しましたが、なんと委員は、原子力「ムラ」と電事連関連の委員だけでした。

「原子燃料サイクル事業の安全性に関する専門会議」は日本の核燃料サイクルのことを全く知らず、検討事項も、審査内容も電事連のすべて自作自演（あきれた報告書内容）

先日私は、1985（昭和59）年、青森県知事から出された「原子燃料サイクル事業の安全性に関する専門家会議」の報告書を探しだして、読むことができました。

そこにある安全性の検証事項は、「ウラン濃縮」「再処理」「低レベル放射性廃棄物貯蔵及び環境安全」の3分野についてのみです。それも全く大雑把なもので、また施設図なども全くおそまつな略図です。核燃料サイクルなど全く意識もなかったようです。

約800トン／年が、日本の各原発から出る使用済み核燃料の量ですが、六ヶ所再処理工場で、そのほとんどを再処理することができます。もし稼働すれば、その再処理工場から毎年1000本以上、高レベル放射性廃棄物（ガラス固化体）が出るのですが、検討・検証事項にありません。まったく驚きです。

【言葉の解説】

○電事連

電事連とは「電気事業連合会」の略で、９電力会社を構成員として１９５２年11月に発足した。この会の目的に「電気事業の重要施策に関する方針の確立」とあり、１９８４年７月２日に、この電事連が、青森県及び六ヶ所村に核燃料サイクル施設の立地の申し入れをしている。

また、「日本原燃」を作り、日本の電気事業の実質的な政策を作り動かしている。

○応力腐食割れ

金属構造物では、応力がかかっている部位では、電気化学的な局部腐食によって、結晶の粒界が腐食します。また、金属に強い熱などが加わると、早く応力腐食割れが進みます。

この３分野の検討事項の選定については、再処理すると大量に出る高レベル放射性廃棄物（ガラス固化体）を出ないことにしたのです。出ることがわかれば、村民も県民もすべて反対することが明白だったからです。

その後の六ヶ所村の再処理工場の安全性の説明についても、ほとんど、この「報告書」と同じです。「環境保全」の検討事項についても、地震や津波、地盤や活断層の有無について全く検討課題としていません。天ヶ森射爆場や三沢米軍基地の問題、むつ小川原湖はじめ干潟などの生物への影響や自然環境の問題などについても何ひとつ触れられていません。

専門家会議は、わずか３ヵ月の間に、３回の検討会議、うち１回は現地視察で、「核燃料サイクル施設の安全性は、一般的に確立しうる」と結論しているのです。呆れてしまいます。報告書には、「何月」「何日」に会議をおこなったという日時記録すらありません。

青森県は、核燃料再処理工場、ウラン濃縮工場、低レベル放射性廃棄物の安全性を検証するのに、わずか11名の専門家、委員を任命し、設置しました。そのメンバー11名のうち、６名は科学技術庁の外郭団体である日本原子力研究所や、動燃所属の委員であり、初めから核燃料サイクル推進の委員のみです。

【原子燃料サイクル事業の安全性に関する専門家名簿】　※アイウエオ順

氏　名	職　名
荒木 邦夫	日本原子力研究所　東海研究所環境安全部次長
小沢 保知	北海道工業大学教授（北海道大学名誉教授）
金川　昭	名古屋大学工学部教授
篠崎 達世	弘前大学医学部教授（弘前大学医学部付属病院長）
鈴木 健訓	八戸工業大学助教授
辻野　毅	日本原子力研究所　東海研究所燃料工学部再処理研究室長
中村 康治	原子力安全研究協会参与（前動力炉・核燃料開発事業団理事、東海事業所長）
松本 史朗	埼玉大学工学部助教授
宮永 一郎	日本原子力研究所理事
村瀬　武男	動力炉・核燃料開発事業団特任参事
山本 正男	動力炉・核燃料開発事業団　東海事業所技術部長

「原子燃料サイクル事業の安全性」に関する検証は日本原燃の自作自演です。

北村知事は、１９８５年2月25日、この報告書を元に、核燃料サイクル施設の立地協力要請に応ずる旨の意思表明をおこないました。そして、青森県議会全員協議会を１９８５年４月９日に開き、核燃料サイクル基地の立地を受け入れ決議したのです。

⑫ 騙した日本原燃　騙された青森県
―再処理工場から高レベル放射性廃棄物が出るのは自明のこと―

先述の「協定書」第2条には、「原子燃料サイクル施設の概要に示されている事業構想を確実に実現するものとする。」という記載があり、また、再処理施設の概要には、「海外に委託している使用済み核燃料の再処理に伴う返還廃棄物の受け入れ及び一時貯蔵を行います。」という記載があります。海外返還廃棄物に、高レベル固化体貯蔵施設と同時に、低レベル放射性廃棄物がある条文の内容を、電事連は県に説明せず、県は記載内容を全く理解せず、協定書を結びました。

県は、海外に委託している使用済み核燃料を再処理した、高レベル放射性廃棄物（ガラス固化体）や低レベル放射性廃棄物と言っても、再処理で生じたハルやエンドピース（核燃料被覆管）など、高い放射能を出すものやTRU（超ウラン元素）を含み、高レベル放射性廃棄物がたくさん返還されることを、この時点では、全く理解していませんでした。日本原燃と打ち合わせて、核燃料サイクルの内容の3点セット①再処理工場施設、②ウラン濃縮施設、③低レベル放射性廃棄物の3点のみ受け入れを表明したのです。

ところが、1989（平成元）年、高レベル放射性廃棄物（ガラス固化体）が海外（フランス・イギリス）から輸送され、六ヶ所村に到着し、接岸直前になって木村守男知事が接岸搬入拒否を表明しました。国民も県民も皆驚きました。高レベル放射性廃棄物が搬入されるとは、予想もしていなかったからです。「高レベル放射性廃棄物」の受け入れが表示されていたら、県も六ヶ所村も確実に拒否したでしょう。

木村守男知事は科学技術長官や通産省と会談し、橋本首相との会談を求めたものの物別れに終わり、接岸拒否となったのです。

その後、県と首相との会談が実現し、初めての海外の高レベル放射性廃棄物を六ヶ所村への搬入が実現しました。その後、内閣が替わる毎に最終処分地にしないことを確認し、２０１３（平成25）年には茂木敏充経済産業相が「核燃料サイクルは継続する」、また「本県を高レベル放射性廃棄物（ガラス固化体）の最終処分地にしない」と明言しています。

しかし、最終地層処分地が見つかるはずもありません。特に３・11の福島原発事故以後は。

ここではっきりさせておきたいことは、あくまでも海外返還高レベル放射性廃棄物であって、六ヶ所再処理工場から生産される高レベル放射性廃棄物ではないということです。

現在の六ヶ所再処理工場関連施設は、①再処理工場施設、②ウラン濃縮工場、③低レベル放射性廃棄物、④高レベル放射性廃棄物と高レベル放射性廃棄物に近い廃棄物、⑤ＭＯＸ燃料加工工場、の５点セットです。

【第3部】

Ⅵ　日本の核燃料サイクル（軽水炉サイクル・プルサーマルサイクル・高速増殖炉サイクル）

1　日本の核燃料サイクル
——あらゆる原発からの「使用済み核燃料」の「全量再処理」するという、空想的で、できもしない騙しの国策を続けてきた——

(1) 日本の核燃料サイクルの種類

（a）軽水炉サイクル（b）プルサーマルサイクル（c）高速炉サイクルの３つからなります。詳しくは後述します。

(2) 原子力発電——人間が制御できない恐怖の「崩壊熱」——

原子力発電について、高校の教科書の内容が３・11の福島原発事故以後どう扱われているかを調べてみました。すると、原子力発電は核燃料棒の上下によって制御できる発電と、人間が制御できない核壊変による**「崩壊熱」**でも発電していることが抜けています。プルサーマル発電では、**「崩壊熱」**はより大きくなりますが、当然、触れられていません。

「物理」の教科書でも、**「崩壊熱」**について全く触れられていません。世界初の原子力発電の使用済み核燃料の「全量再処理」なのに、扱っている教科書も１つもありません。原子力発電を続ければ続けるほど、「崩壊熱」による発電も増加します。

（a）原子核の構成

原子核は、正の電気e（eは電気素量）をもつ陽子（図Ⅵ―1）と、電気をもたない中性子とからなっています。元素（原子の種類）は、原子核に含まれる陽子の数で決まり、その数を**原子番号**といいます。陽子と中性子を総称して**核子**といい、**核子**の総数を**質量数**といい、原子や原子核は、元素記号と、その左上に質量数、左下に原子番号をつけて表します。現番号Zの元素の原子核はZeの正の電気価をもっています。

（b）同位体と放射性同位体

同じ元素でも（つまり陽子の数が同じでも）、中性子の数が異なる原子が多くあります。それらを**同位体**（アイソトープ）といい、多くは放射能を出す**放射性同位体**です。（※超ウラン元素とは、原子番号が92のウラン元素よりも大きい元素の総称です）また、原子番号89のアクチニウムから１０３のローレンシウムまで、ほとんどが天然に存在せず人工元素で、質量の大きい元素です。多くα線を放出する元素が多く、周期表ではアクチニド系元素と言っています。ほとんどが人工元素で、超ウラン元素群です。この元素群の**「崩壊熱」**の恐ろしさについては後述します。

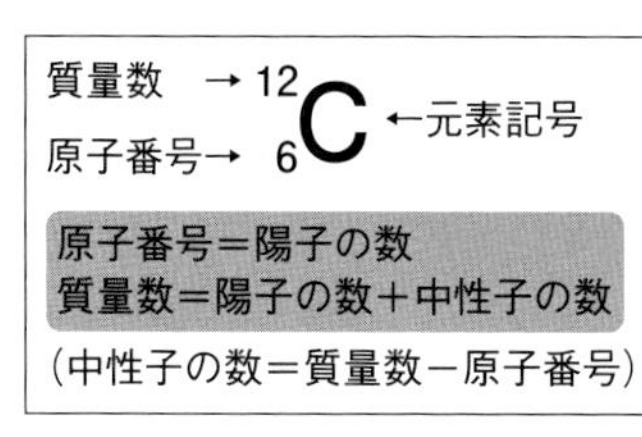

図Ⅵ－１　原子番号と質量数の例

（c）核反応

ウラン$^{235}_{92}U$の原子核に中性子を衝突させると、原子核が２つに分かれるとともに２～３個の中性子が飛び出します。核反応では、ウランが別の原子核（クリプトン$^{92}_{36}Kr$とバリウム$^{141}_{56}Ba$）に変化します。

このように、原子核が別の原子核に変わる反応を**核反応**、または**原子核反応**といいます。

（３）恐怖の核壊変による「崩壊熱」と恐怖のアクチニド系元素
――「物理」の教科書には周期表、超ウラン元素・アクチド系元素の説明がない――

多くの核実験や原子力発電により、さまざまな人工元素ができてきます。この超ウラン元素をアクチド系の元素と言っています。水素（Ｈ）の質量より約２００倍以上も重い元素群です。

多くはウラン、プルトニウムの核分裂に伴って、生じる高レベル放射性廃棄物を構成する元素群です。ＭＯＸ核燃料を燃すと「核分裂生成物」が大量に増え、**「崩壊熱」**も増えます。長寿命で、約１００万年近く経過しないと自然のレベルにならず、主としてα線を出し崩壊します。**プルトニウム**は、半減期が２万４０００年と長く、20万年以上も安全に管理することが必要です。アメリシウム（Am）、キュリウム（Cm）、ネプツニウム（Np）など、α崩壊する元素群は体内・肺・食道・その他のヒトの体内に入ると必ずガンなどを発症させる恐怖の元素群です。これらは高いレベルの放射能を持ち、先述の大きな**「崩壊熱」**を出し続けます。このような超ウラン元素を群を**「マイナーアクチニド系元素」**などと言っています。しかし、この人工元素群の周期表の説明が、高校の「物理」の教科書にはないのです。高校の「物理」の教科書には必ず必要だと私は考えます。それは、新しい元素の発見やこの周期表の説明なしに原子力発電の「崩壊熱」の説明ができないからです。

ところが、原子力発電が核壊変による**「崩壊熱」**と、臨界による熱で発電していること、またアクチノイド系元素群周期表の説明が、高校のどの教科書にもないのです。

また、高校「物理」の教科書では、原子力発電が全くないものもあります。これでは、原発や再処理工場の危険性を具体的に説明できないのではないでしょうか（図Ⅵ―2、3、4、元素の周期表（236頁）参照）。

※kw：キロワット／w：ワット

原発停止後の経過時間	100万kw級原発崩壊熱（kw）	福島第一原発1号炉崩壊熱（kw）	500wこたつ何個分	福島第一原発234号炉崩壊熱（kw）	500wこたつ何個分
10秒	156149	71829	143657	122421	244842
30秒	124289	57173	114346	97443	194885
1分	109657	50442	100884	85971	171942
2分	96748	44504	89008	75850	151701
5分	81985	37713	75426	64276	128552
10分	72333	33273	66546	56709	113418
30分	59309	27282	54664	46498	92997
1時間	52327	24070	48141	41024	82049
1日	15574	7164	14328	12210	24420
1週間	8972	4127	8254	7034	14068
2週間	7372	3391	6782	5780	11559
1月	5940	2732	5465	4657	9314
10年	1134	522	1043	889	1778
20年	899	414	827	705	1410
50年	661	304	608	518	1036

図Ⅵ－2　原発急停止後の放射線による崩壊熱

京都大学の小出さんからいただいたデータ（100万kw原発の運転停止後の熱出力軽水型動力路の非常用炉心冷却系の安全評価指針1974/5/24（昭和50年4月15日修正）原子炉安全専門審査会熱出力3000kw）を元に計算した。分かりやすくするため、炉のなかにコタツが何個ぐらい入っている状態かで表示した。岩手・宮古・岩間滋　※雑誌『理科教室』の資料をもとに、著者が部分省略したもの。

出所：『世界がはまった大きな落とし穴　原発・再処理』2011年7月29日

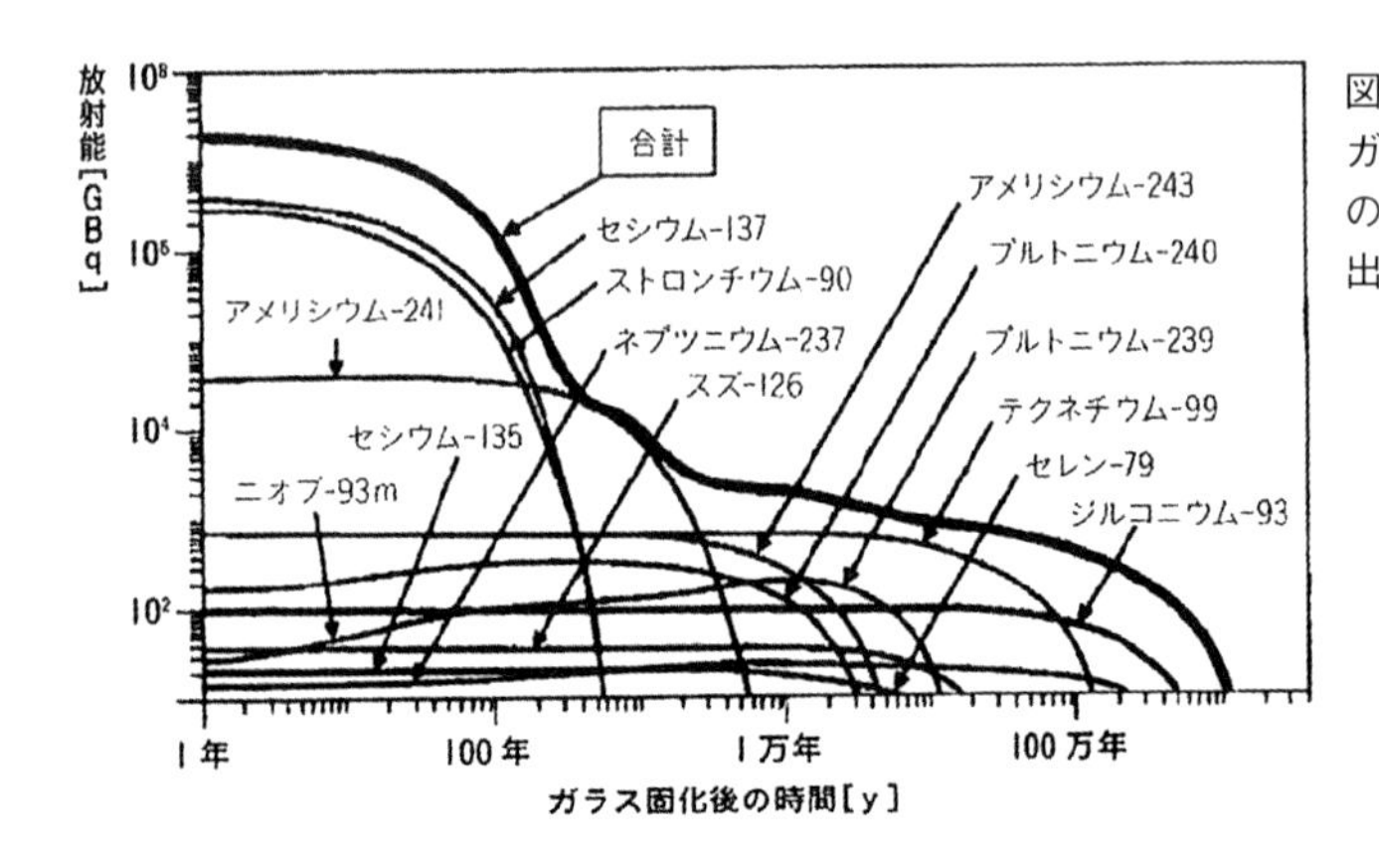

図Ⅵ－３
ガラス固化体にした後の放射能の時間変化
出所：舘野淳『廃炉時代が始まった』2011年９月発行　リーダーズノート新書（朝日新聞社（1999年12月）の再販）

アクチノイド元素の同位体，自然存在比，発見年および電子配列．

原子番号	元素名	元素記号(同位体)	自然存在比	発見年	内殻	外殻電子		
						5f	6d	7s
89	アクチニウム	Ac(225-228)	227, 228 微量	1899			1	2
90	トリウム	Th(227-234)	228, 230, 234 微量	1828			2	2
91	プロトアクチニウム	Pa(230-234)	231, 234 微量	1871		2	1	2
92	ウラン	U(232-239)	238-99.3% 235-0.72%	1789		3	1	2
93	ネプツニウム	Np(237-239)	0	1940		4	1	2
94	プルトニウム	Pu(237-244)	0	1940	{Rn}*	6		2
95	アメリシウム	Am(241-243)	0	1945		7		2
96	キュリウム	Cm(242-248)	0	1944		7	1	2
97	バークリウム	Bk(243-250)	0	1949		9		2
98	カリホルニウム	Cf(245-254)	0	1950		10		2
99	アインスタイニウム	Es(252-255)	0	1952		11		2
100	フェルミウム	Fm(253-258)	0	1952		12		2
101	メンデレビウム	Md(255-258)	0	1955		13		2
102	ノーベリウム	No(252-259)	0	1957		14		2
103	ローレンシウム	Lr(256-260)	0	1961		14	1	2

＊ラドン{Rn}の電子配置．1s～6p まで合計 86 個の電子で充満されている．

図Ⅵ－４　ウランとプルトニウムの相違
出所：「科学」2010年２月号 2010年２月１日発行　岩波書店（p.164）

【言葉の解説】

○臨界（criticality）

核分裂連鎖反応において、1回の核分裂の結果放出された中性子がちょうど平均1回の核分裂を引き起こして，毎秒起こる核分裂の回数が時間とともに変わらない状態をいう。

○崩壊熱（decay heat）

放射線核種が崩壊するとき、余分なエネルギーが放射線として放出されます。そのエネルギーの大部分はいずれ熱エネルギーとなります。その熱を崩壊熱と言っています。

原子炉が運転すると、炉内には核分裂生成物や放射性生成物が生じ、中性子を吸収し、放射能を持った物質が蓄積し、核分裂反応とは独立にエネルギーを放出します。

その発熱は、人為的には制御できない。

原子炉の運転が長くなればなるほど、炉内に蓄積する放射性核種の量が多くなり、**「崩壊熱」**も多くなります。

○半減期（radioactive half-life）

放射性核種は、一定の割合で崩壊して、別の原子核に変わる。特定の放射性の放射性核種が半分に減るまでの時間をその核性の半減期という。

（4）原子力発電

（a）原子力発電はどうして作られたか

原子力発電は、プルトニウム原爆と初めから密接に結びついています。そのことは、後述の「核兵器開発競争のなかで誕生した原子力発電」として、詳しく述べています。

現在も、北朝鮮でもイランでも原子力発電をおこない、その使用済み核燃料を再処理し、プルトニウム原爆を作ろうとしています。また、日本でもプルトニウムを大量に取り出し、使用済み核燃料を再処理しようとしています。

しかし、日本原燃の再処理工場は、平成５年に工事を始め、27年経過しても未だに本格操業をしていません。その間に、大量に発生した日本の使用済み核燃料は、主として海外（仏国と英国）で再処理されて、約47トン、原爆約６０００発分にも達しています。

（ｂ）原子力発電の種類とその仕組み

原子力発電は、①核燃料、②減速材、③冷却材の３つの要素の組み合わせでさまざまな炉型があります。それに、④制御棒、⑤反射材、⑥遮蔽材、⑦ブランケットで構成されています。軽水炉（ＬＷＲ）で加圧水型（ＰＷＲ）、沸騰水型（ＢＷＲ）などです（図Ⅵ―５参照）。日本の原子力発電は、軽水炉加圧水型と軽水炉沸騰水型です。

原子炉の中心部は、炉心と言い、頑丈な容器に閉じ込められています。原子炉の中心部の**炉心**では、ウラン燃料棒のなかで起こる核分裂を、中性子を吸収する物質で作られた**制御棒**を上下させ、連鎖反応を制御し、発熱をコントロールしています。

一方、核壊変による**「崩壊熱」**というコントロールができない熱でも発電しているのです。

中性子種	炉型	減速材	冷却材	燃料
熱中性子	軽水炉（ＬＷＲ）加圧水型（ＰＷＲ）	H_2O	H_2O	低濃縮ウラン
	軽水炉（ＬＷＲ）沸騰水型（ＢＷＲ）	H_2O	H_2O	低濃縮ウラン
	黒鉛減速ガス冷却炉（ＧＧＲ）	C	CO_2	天然ウラン
	高温ガス炉（ＨＴＧＲ）	C	He	低濃縮ウラン
	黒鉛減速軽水冷却炉（ＰＢＭＫ）	C	H_2O	低濃縮ウラン
	重水炉（ＣＡＮＤＵ）	D_2O	D_2O	天然ウラン
	重水炉（ＡＴＲ）	D_2O	H_2O	低濃縮ウラン
高速中性子	高速増殖炉（ＦＢＲ）	なし	Na	ＭＯＸ
	高速炉（ＦＢＲ）	なし	Na	ＭＯＸ

図Ⅵ－５　【原子炉の代表的な炉型】

（5）恐怖の崩壊熱（核壊変熱）と軽水炉のMOX燃料の使用

原子力発電は、先述のように、中性子の制御棒で熱のコントロ――ルできる臨界によるものと、コントロールできない**「崩壊熱」**とで発電されています。

《軽水炉は綱渡り的熱設計》

舘野淳氏の「シビアアクシデントの脅威――科学的脱原発のすすめ――」に拠って、紹介します。

〈軽水炉の構造――綱渡り的熱設計〉

「日本の原子力発電所で使われている原子炉はすべて、冷却材として水を使う軽水炉と呼ばれるタイプの炉で、沸騰水型炉（ＢＷＲ）と加圧水型炉（ＰＷＲ）とに分けられます。

前者は炉内で発生した蒸気を直接タービンに導いて発電するもの、後者はいったん炉内で熱せられた水を蒸気発生器に導き、ここで二次系の水に熱を与えて蒸気を発生させ、これで発電用のタービンを回す、という二段構えのシステムになっています。

原発の心臓部である原子炉は、核分裂反応を起こして熱を発生する炉心とそれを入れる鋼鉄製の原子炉圧力容器とからなっています。ＢＷＲ（１１０万キロワット級）の場合、圧力容器の内径は６・４メートル、高さは22・２メートル。ＰＷＲ（１２０万キロワット級）の場合は、内径４・４メートルで高さ13メートルと巨大なものであるがＢＷＲより一回り小さい。圧力容器は、ＢＷＲで約70気圧、ＰＷＲで１６０気圧と、極めて高圧だからです。

炉心は、直径約1センチメートル、長さ約３・６メートルの燃料棒が、1センチメートル弱の間隔を置いて林のようにびっしり並んでいます。１１０万キロワット級で4万８０００本ほど並んだ燃料棒の隙間を高速で冷却材が流れ核反応で発生した熱を除去します（図Ⅵ―３参照）。燃料棒はジルコニウム合金（ジルカロイ）の被覆管のなかに二酸化ウランのペレットが詰まっています。二酸化ウランというセラミック燃料を使う理由は燃料温度をできるだけ高温にするためであり、運転中はペレット中心温度は２４００度にも上ります。（改良された型では１８００度程度）。同じく通常運転中は被覆管の温度は約３００度です。ちなみに二酸化ウランの融点は約２８４０度です。このため大きな事故が起きなくても、核反応が部分的に進んだり、冷却能力が低下したりすると、さらにペレット中心部は溶融状態になる可能性があります。被覆管までの約０・５センチメートルの間に２０００度近い温度差があり、大量の熱が流れていることを示していますが、空焚き状態となり冷却が途絶えると、スクラム（緊急の核反応停止）直後ならば、被覆管の温度は秒・分のオーダーで炉心溶融温度である２０００度近くまで急上昇します。（傍線、筆者）

炉心を流れる冷却水の流用は１１７万キロワット級の原発の場合、毎時６万トン（つまり１秒間に16・６トン）と、多摩川の流用の２分の１弱に相当する大量の水が炉心を循環しています。

また、原発では熱エネルギーの３分の２を外部に捨てています（１００万キロワットの原発は、３００万キロワット熱を内部で発生して、２００万キロワットの熱を温排水として海に捨てている）。発電所が運転している際、白波を立てて温排水が排出されますが、こうして熱のバランスが保たれているのであって、万一何らかの原因で、温排水の排出が止まれば、これも即、炉心溶融につながります。

このように、炉心では大量の熱の発生と工学的技術を駆使しての熱の除去の両者の間で、綱渡り的にかろうじてバランスがとられています。したがって、そのバランスが崩れて事態が悪い方向に傾くと、極めて短時間に炉心の温度は上昇し、破局へと突き進みます。我々が福島事故で見たような、冷却材喪失――炉心溶融のそもそもの原因は、炉心のこの綱渡り的な熱設計にあるのです。このような理由で、現在の設計の軽水炉は高いリスクを持つ欠陥商品なのです。」としています。

このように、炉は綱渡り的熱設計となっていますが、コントロールできない**「崩壊熱」**は、100キロワット級では、122・421キロワットにも達します。MOX燃料使用の時は、もっとエネルギーが大きくなります。

しかし、先述のように発電を続けていると、コントロールできない**「崩壊熱」**が、莫大になってきて、臨界を停止しても500ワットのこたつ24万4843個分のエネルギーが出ます。全電源が喪失すると冷却できなくなり、3・11の福島の事故と同様になります。MOX燃料を用いると、**「崩壊熱」**はより大きくな

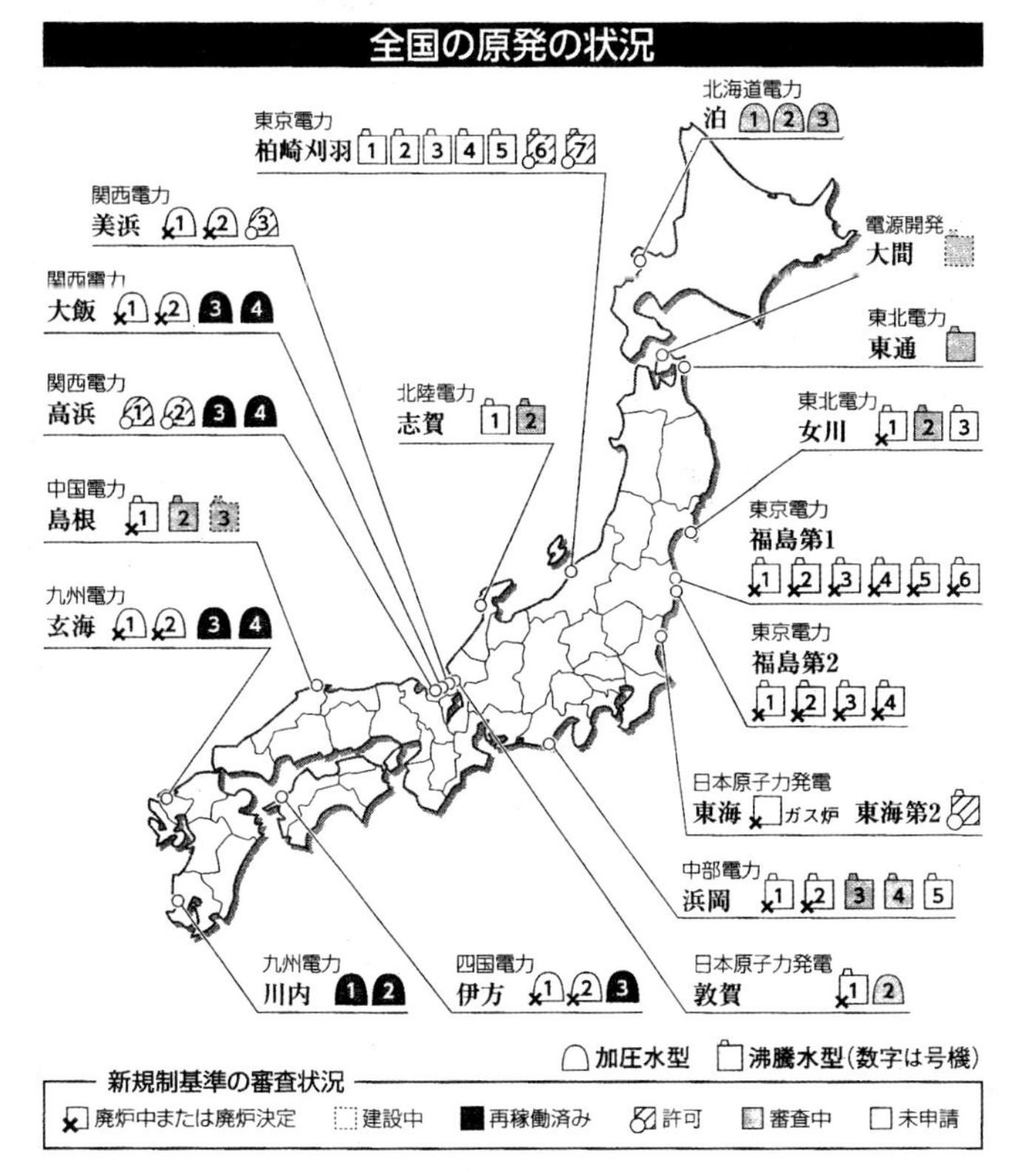

図Ⅵ－6
MOX燃料を使うプルサーマル原発・関西電力高浜3号機・四国電力・伊方原発3号機・九州電力玄海3号機
出所：「しんぶん赤旗」2019年2月6日付

り、さらに危険となります（図Ⅵ―６参照）。

(6) (a) 大間原発と (b) 東通原発

(a) 大間原発――MOX使用済み核燃料を再処理する工場無し使用済み核燃料はプールに置きっ放しになる――

電源開発（株）が、大間町白砂地区に新型転換炉（ＡＴＲ）の原子力発電を作りたいとしたのは、１９８３（昭和58）年のことです。立地環境調査を要請し、１９８４（昭和59）年、わずか一年の調査で、大間原子力発電所が立地に適していると結論を出しました。大間議会は、その直後に月議会で誘致決議をおこないました。電源開発は、１９８５年に60万６０００キロワットの新型転換炉（ＡＴＲ）の実証炉建設をすると発表し、日本の核燃料サイクルは、①軽水炉サイクル、②高速増殖炉、③新型転換炉サイクルの３サイクルとなりました。

ところが、新型転換炉（ＡＴＲ）では、経済的に採算取れずとして、日本電源は１９９５年12月、ただちに建設を中止しました。これによってプルトニウムの循環は崩壊したはずでしたが、それを検証することなしに、主として海外再処理によるプルトニウムが余ってしまうとして、フルＭＯＸ燃料を使用するプルサーマルサイクルの原発を建設と発表しました。しかし、その使用済みＭＯＸ燃料は、再処理工場がないため、全部原発サイトに置きっ放しになります。

ＭＯＸ燃料は、大量の**「崩壊熱」**を出し、燃やせばコントロールできない、さらに大きい**「崩壊熱」**を出します（図Ⅵ―２「原発急停止後の放射線による崩壊熱」参照）。大変危険な炉です。電源開発は普通炉と同じで安全だと宣伝しています。

日本では、使用済み核燃料の「全量再処理」を決めています。２０００年６月に公布された特定放射性廃棄物の最終処分に関する法律（最終処分法）によって、地層処分も決められています。日本には**MOX燃料を燃やした使用済み核燃料**を再処理する工場はありません。六ヶ所再処理工場で再処理できるように描いたのもありますが、それはできません。MOX燃料を燃すと核分裂反応生成物がウランを燃したよりも、約3％～5％にも増えるからです。

次に、下北半島・大間地域の地質はどうなっているのでしょう。日本列島の起源の所で述べたように、この地域は隆起性海岸で、年々隆起しています。「地質地盤に関する安全審査の手引き検討委員会」でも、中田副調査委員（広島工大）が、この地域は地震性隆起海岸があり、下北半島北西岸沖の海底にこれに関する活断層の存在する可能性が高いとしています。国の原子力施設の安全審査手引きでは、活断層が見つからなくても、活断層の活動を否定できなければ、活断層を想定するように求めています。

【言葉の解説】

〇MOX燃料

「MOX」は、日本語で混合酸化物（Mixed-Oxides）と言い、再処理で得られた参加プルトニウムと参加ウランを混ぜたものを言い、これで作った核燃料をMOX燃料と言っています。

酸化ウランは、天然ウランや回収ウラン（再処理での回収されたもの）、劣化ウランなどが使われます。高速増殖炉（もんじゅ）などで使われる予定だったのです。

〇プルサーマル

「プルサーマル」とは、MOX燃料を普通の原子炉（軽水炉）で燃すことです。「プルサーマル」は、プルトニウムの熱（サーマル）を普通の軽水炉で使うという意味の和製造語です。

ただ注意して欲しいことは、この使用済み核燃料を六ヶ所再処理工場では再処理できません。それは、核分裂生成物が5％と多くなりすぎるからです。日本には、再処理する工場はありません。また、プルサーマルは、日本の「余剰プルトニウム」を持たないという国際条約でプルトニウムを消費するためです。

〈大間原発のフルＭＯＸ燃料の危険性〉

新しい商業原発を開発する場合には、普通次の４段階のステップを設定するのが普通です。①実験炉、②原型炉、③実証炉、④商業炉の４段階です。実験炉は、小型の炉型で性質安全性を試します。②の原型炉は、実用化を目指す商業炉と同じ機器、設備などを持ち、中型原子炉（20万～40万キロワット程度）の容量を持つものを指します。いきなり大型炉の操業は暴挙です。

〈ＭＯＸ燃料加工費用５倍に高騰〉

原発で使うＭＯＸ燃料の価格が１体当たり10億円を超え、国内で購入した、最も安かった１９９９年の約２億に比較し、現在は５倍に高騰しています。

ＭＯＸ燃料加工を海外メーカーに依存した結果ですが、六ヶ所村でＭＯＸ加工工場建設はこれからです。ＭＯＸ燃料加工は、毒性の強いプルトニウムを含み、加工技術が難しいもので、原子力発電にはもはや必要ないのです。

〈下北半島大間周辺は海藻の宝庫〉

大間崎周辺は、親潮、津軽暖流、南から黒潮と海流が入り乱れていて、寒海性のエゾヤハズ、マツモ、キタイワヒゲ、ネバリモ、マコンブ、チガイソ、アナメ、エゾイシゲ、ウガノモク、エゾツノマタなど、暖海性の種は少ないのですが、ワカメ、ヒラムカデ、キントキ、ワツナギソウなどが見られます。

また、太平洋産のイワヒゲ、チガイソ、エゾヒシゲ、シキンノリ、ヌメハノリ、クロイドグサが豊富です。この海域での食用となる種が多く、ヒトエグサ、スジアオノリ、マツモ、マコンブ、ホソメコンブ、ワカメ、ナンブワカメ、ヒジキ、アサクサノリ、ウミゾウメン、マクサ、フクロフノリ、マツノリ、オゴノリ、アカバンギンナンソウ、エゴノリなど生育しています。

全体として見ると、寒流系海藻と暖流系海藻、合わせて約２５０種も生育する海草の宝庫です。青森県全体の海藻は、約４００種です。

また、津軽海峡は現在地球温暖化の影響を受け、自然が大きく変化し始めています。津軽海峡蓬田沖に、沖縄に生息している海草ウミヒルモが生育し始めています。

大間白砂地区は、海草がほとんど生息しない「磯焼」が始まっています。それは、原発を建設するため、周辺の草・木を切り倒し、裸地にしたからです。

その海へ操業すると、周辺海水温より７度も高温の排水が毎時６万トン（多摩川の流量の２分の１弱）も海へ流れ込むのです。０・２～０・４度海水温が上昇するだけで、海藻はは生息できなくなるものが多いといわれます。海洋は大きな影響を受けます。たとえ自然を大破壊する事故が無くとも、通常でも自然破壊され、この原発の建設、操業は許されるものではありません。

（b）東通原発の危険性

原発	電力	号機	出力	状況
東通	東北電力	１号機	１１０万キロワット	２００５年・BWR（沸騰水型軽水炉）↓運転開始、現在中断審査中
		２号機	１３９万キロワット	２０１８年以降・ABWR（改良型沸騰水型軽水炉）↓建設予定
原発	東京電力	１号機	１３９万キロワット	２０１７年３月当初予定・ABWR（改良型沸騰水型軽水炉）↓建設中断
		２号機	１３９万キロワット	２０２２年以降・ABWR（改良型沸騰水型軽水炉）

東日本大震災の時、東通原発（沸騰水型軽水炉BWR・110万キロワット）は震度4、余震は震度3でしたが、点検中で操業していませんでした。しかし、操業していたとすれば、危険な状態となったことでしょう。

そして外部からの電源供給が全3回線とも停止し、全電源喪失が9時間続きました。その間、非常用ディーゼル発電で事なきを得ました。

2 ウラン濃縮──核兵器開発を目指しスタート──

「核燃料サイクル」・「低レベル放射性廃棄物貯蔵施設」・「ウラン濃縮」の3点セットは、かねがね正力松太郎（初代原子力委員長）や中曽根康弘（当時改進党議員）が「アトムズ・フォー・ピース（Atoms For Peace）」）のもとで、やがては核兵器を持つことを目指していました。現在では、ウラン濃縮技術を有するとすぐ核兵器開発と考えるのですが、当時は、ウラン濃縮の技術が核兵器に結びつくとは誰も考えていませんでした。

この技術は日本独自に開発するには難しい技術だったからです（図Ⅵ―7参照）。

i）工事開始時期は1988年、ii）操業開始は1992年、iii）建設費は約2500億で1500トンswu／年を目指し、始められました。（国内の原発の1／3程度供給）

しかし、初めのウラン濃縮は、次々に回転壁に付着し、停止していきました。

1993年11月18日に、初めての濃縮ウランを出荷したものの、2010年12月15日に、7系統のうち稼働していた最後の1系統も停止しました。

そのため、2013年5月に375（トンswu／年）の新型遠心分離機を導入するとし、2017年5月に事業変更し、濃縮事業部品質保証活動や設備の安全確認などの改善を図るとして、全遠心分離機の更新を決めました。

この技術は、図Ⅵ―7（ウラン濃縮（遠心分離法）のしくみ）で見られるように、まず六フッ化ガス（UF_6）として分離していきます。六フッ化ガスは反応性に富み、水と大変反応しやすい物質の上、強腐食性で、人体に有毒なフッ化水素を生じます。ウラン自体、先述のようにα線を放出するものであり、ある以上の量になると、臨界に達する危険もあります。核兵器のウラン濃度とすることもできます。

また、^{235}Uを含まない劣化ウランが大量に生じます。この物質は、タンクに詰められて貯蔵されていますが、このまま

遠心分離法のしくみ

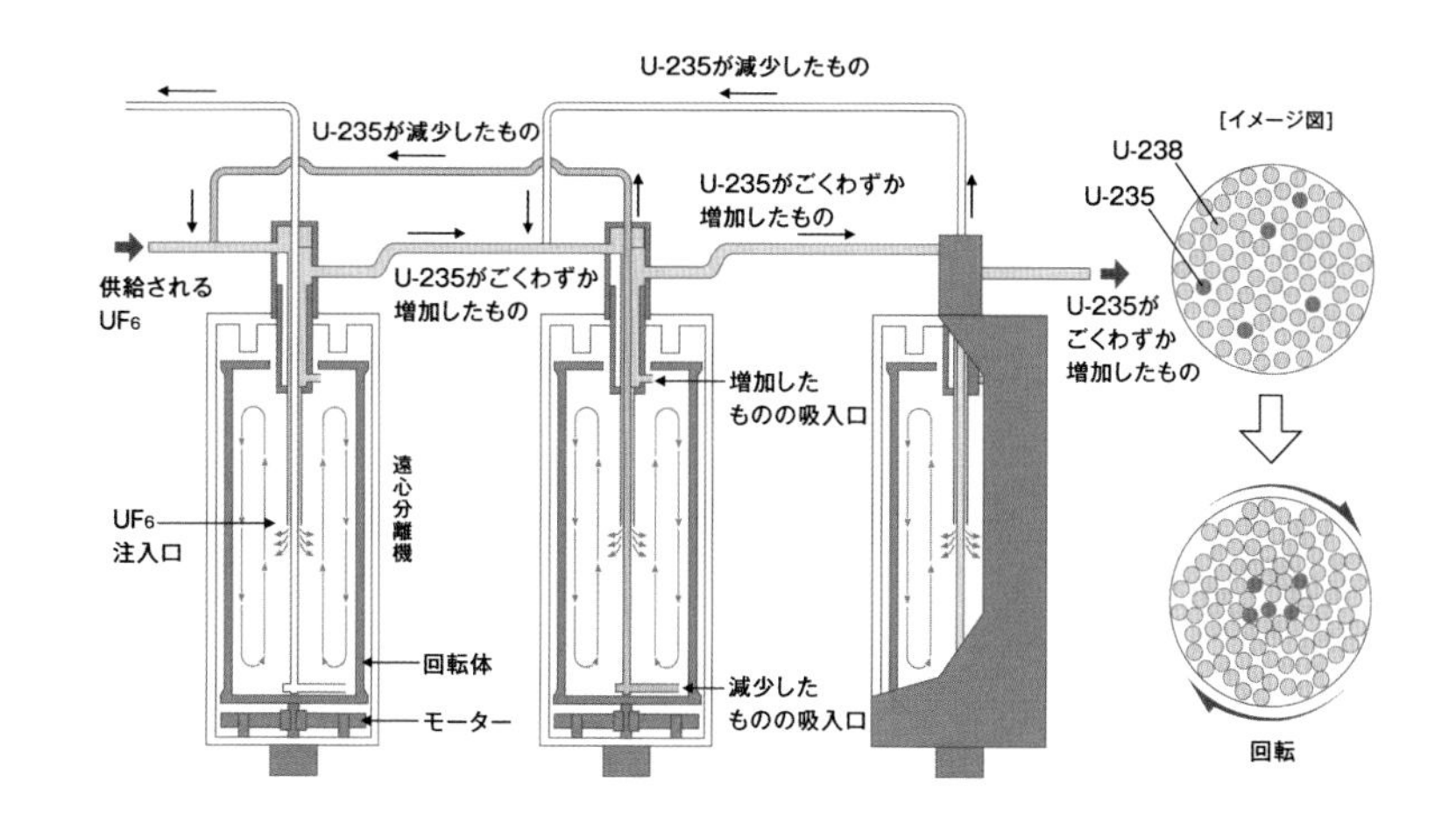

図Ⅵ－7
ウラン濃縮工場――核兵器以外必要なくなった工場と劣化ウランの大量放置――
出所：エネ百科／原子力・エネルギー図面集（一般財団法人日本原子力文化財団）
「【7-3-2】遠心分離法のしくみ」 ＨＰ： https://www.ene100.jp/zumen/7-3-2

では永久に放置されます。

軽水炉でウランを燃やすためには、天然ウランに含まれている^{235}Uを約３〜５％程度に濃度を高めなければなりません。その濃縮方法はいろいろあるのですが、六ヶ所では、「遠心分離法」という方法を用いられています。ウラン濃縮という技術は、実は軍事用として開発されたものです。

Ⅶ　日本の現在の核燃料サイクル
——軽水炉サイクル・プルサーマルサイクル・高速炉サイクルは空想的核燃料サイクル——

日本の核燃料サイクル——あらゆる原発から出る「使用済み核燃料」を「全量再処理」するという空想的で、できもしない騙しの国策——

(1) 日本の核燃料サイクル

・軽水炉サイクル　・プルサーマルサイクル　・高速炉サイクル

図Ⅶ—1のように、日本の核燃料サイクル図は3サイクルです。しかし、これは、MOX燃料の使用済み核燃料再処理が、六ヶ所再処理工場で再処理できることを前提にした間違った仮想図です（図Ⅶ—2参照）。

(2) 日本原燃と国とが共謀し、国民を騙している日本原燃の核燃料サイクル図

日本の核燃料サイクルは、原子力発電からの使用済み核燃料の「全量再処理（プルトニウム循環）」という国策により始められました（「第一次長計」）。

①軽水炉サイクル（軽水炉からの使用済み核燃料の再処理）、②高速増殖炉サイクル（「もんじゅ」などの高速増殖炉の使用済み核燃料の再処理）、③新型転換炉（ＡＴＲ）サイクルの3サイクルでスター

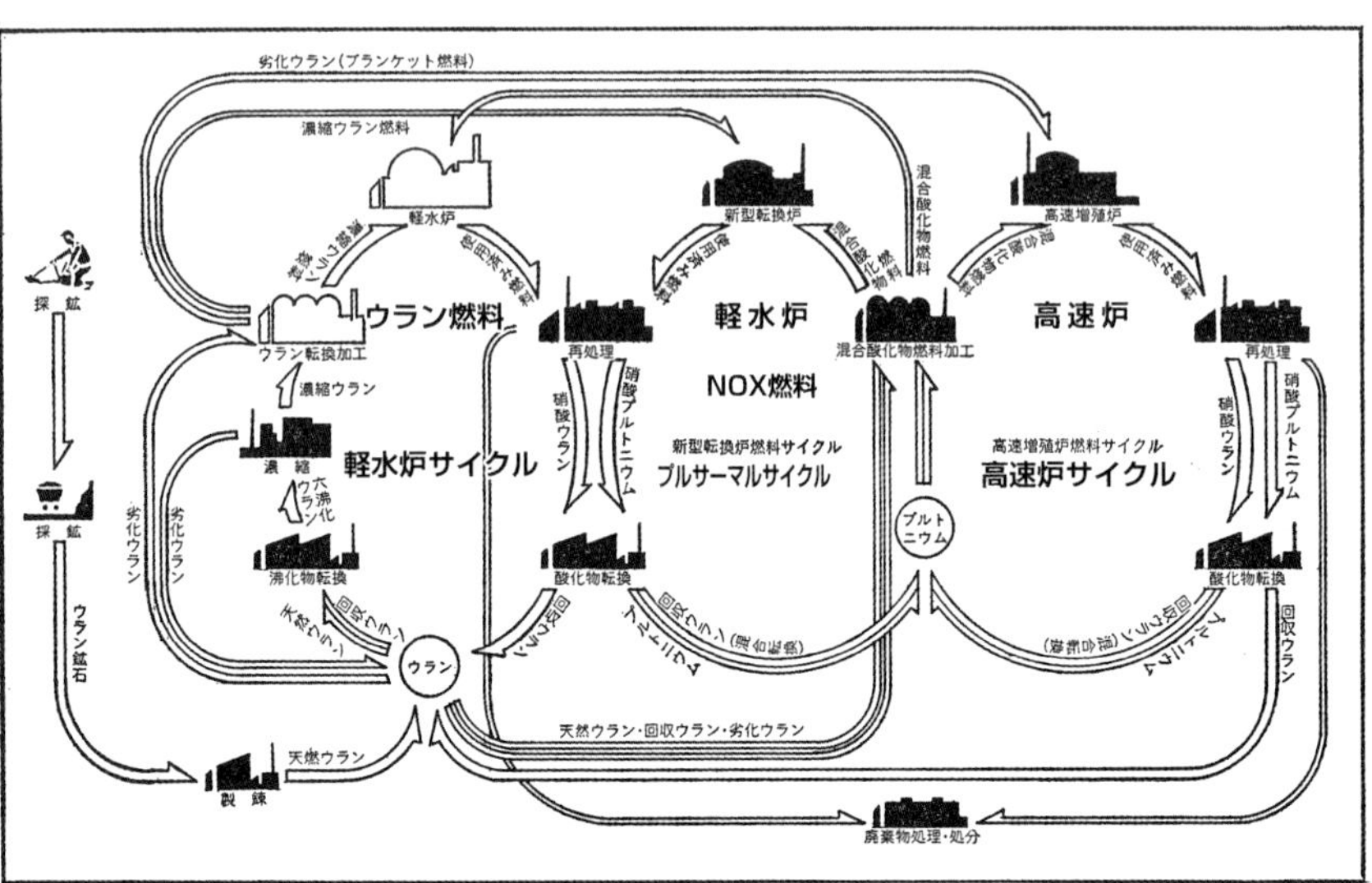

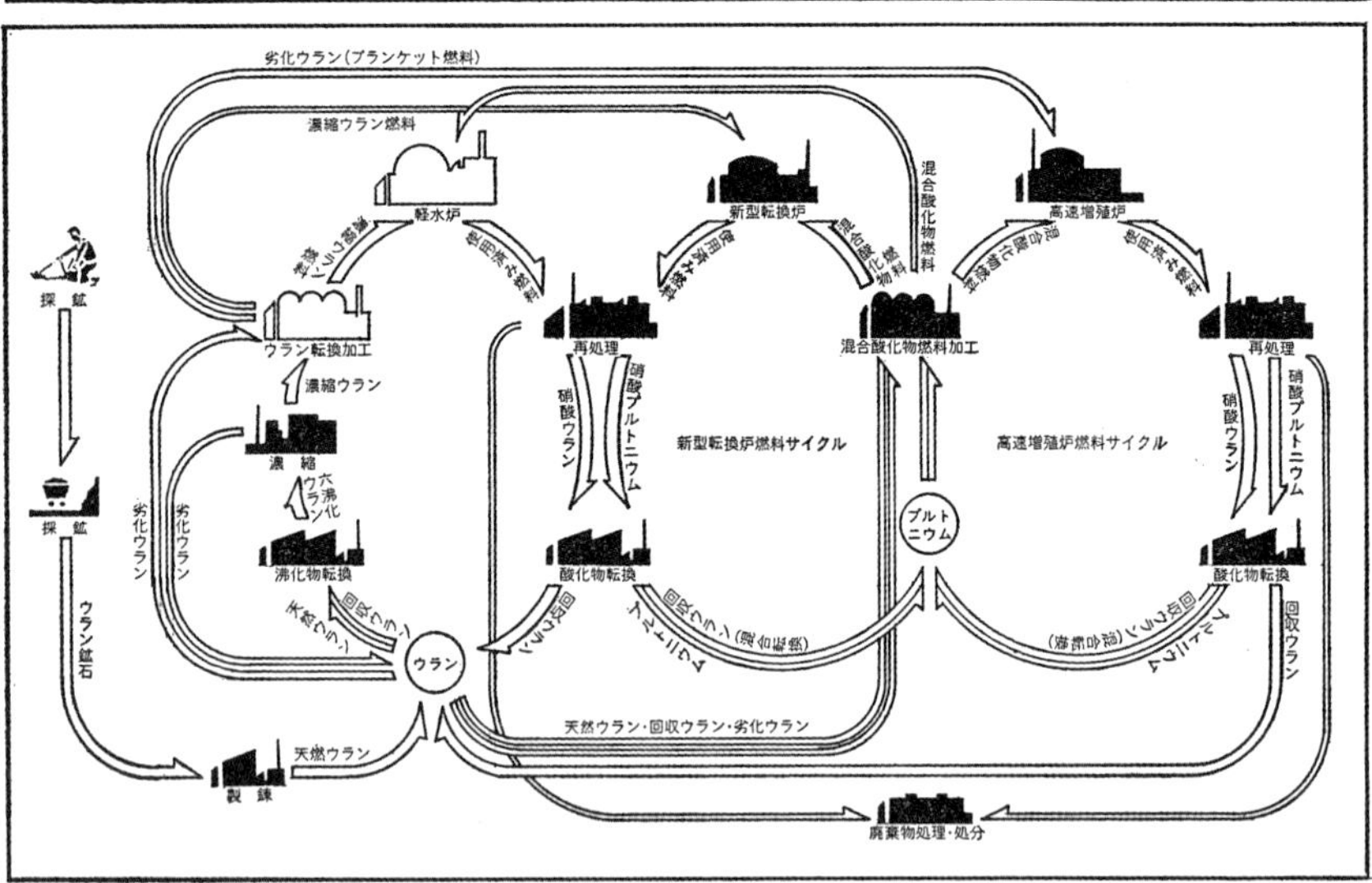

図Ⅶ－１

上図：日本の核燃料サイクル想定図――１９５６年代――

下図：日本の核燃料サイクル想定図――２０１８年代――

出所：『原子力発電――知る・調べる・考える――』日本科学者会議編／合同出版　1985年８月15日発行（p.294）※上図は、下図（元図）に追加文字あり（それぞれのサイクルの中）

トしたのです（図Ⅶ―3参照）。

ところが、1960年「二次長計」、1970年「三次長計」「四次長計」と年月が進むにつれ、高速増殖炉「もんじゅ」の実用化がほど遠くなり、民間企業による六ヶ所は再処理工場もなかなか実現せず、軽水炉の使用済み核燃料さえ

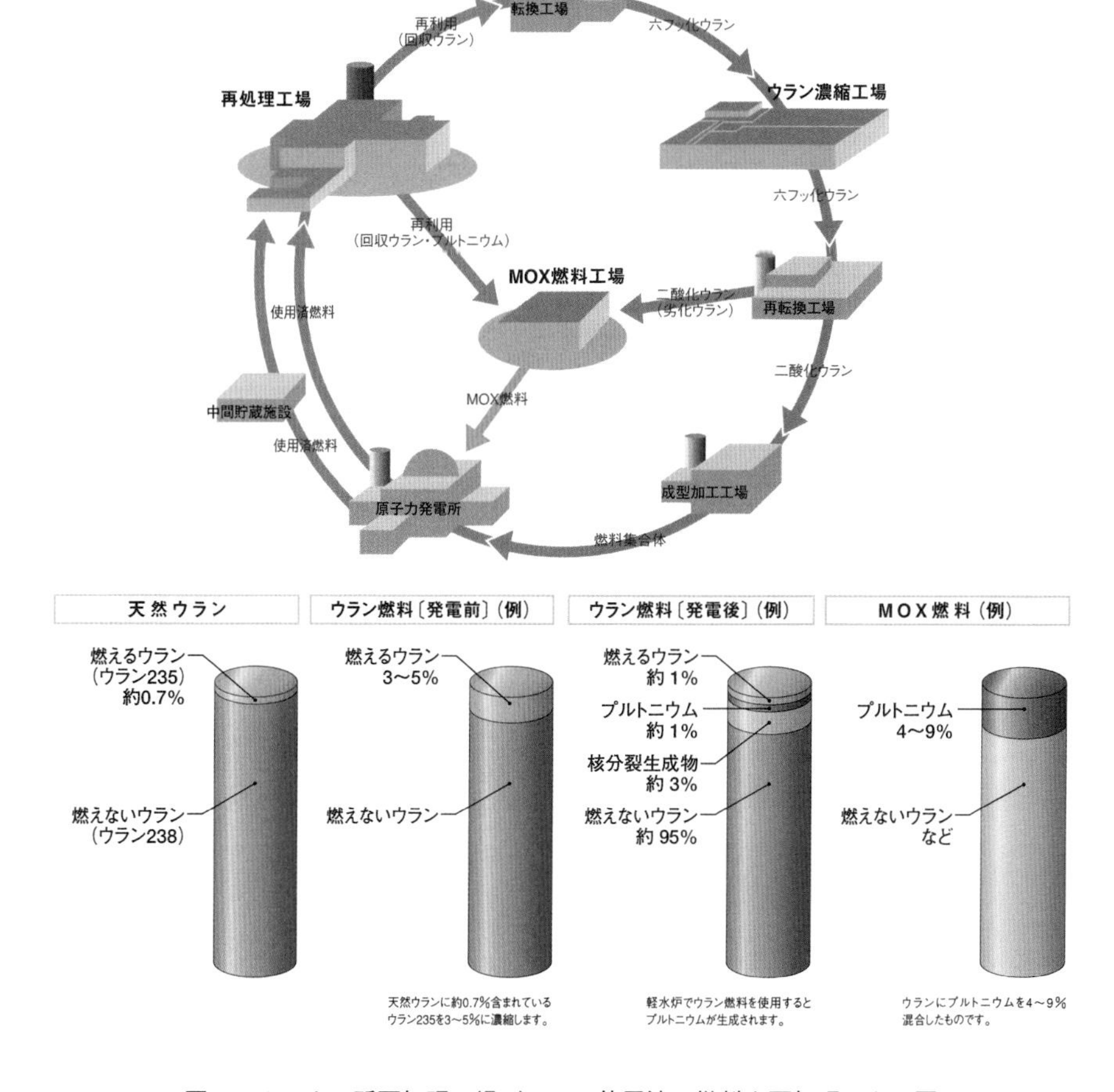

図Ⅶ－２　六ヶ所再処理工場がＭＯＸ使用済み燃料を再処理できる図
出所：日本原燃株式会社　会社案内（パンフレット）2011年9月（p.12）

も再処理できず、海外再処理に依存するしかありません。海外再処理により、保有するプルトニウムが急増しました。その対策として、軽水炉でＭＯＸ燃料を燃料として燃すことにしたのです。

しかし、ＭＯＸ燃料の使用済み核燃料は、核分裂生成物が５％と多量で、軽水炉サイクルで六ヶ所再処理工場での再処理はできないのです。

【核燃料の燃焼前後の組成】

ＭＯＸ核燃料の使用済み核燃料の組成とウランの高燃焼度燃料の組成の相違
・低濃縮ウラン
・高燃焼度燃料
・ＭＯＸ燃料

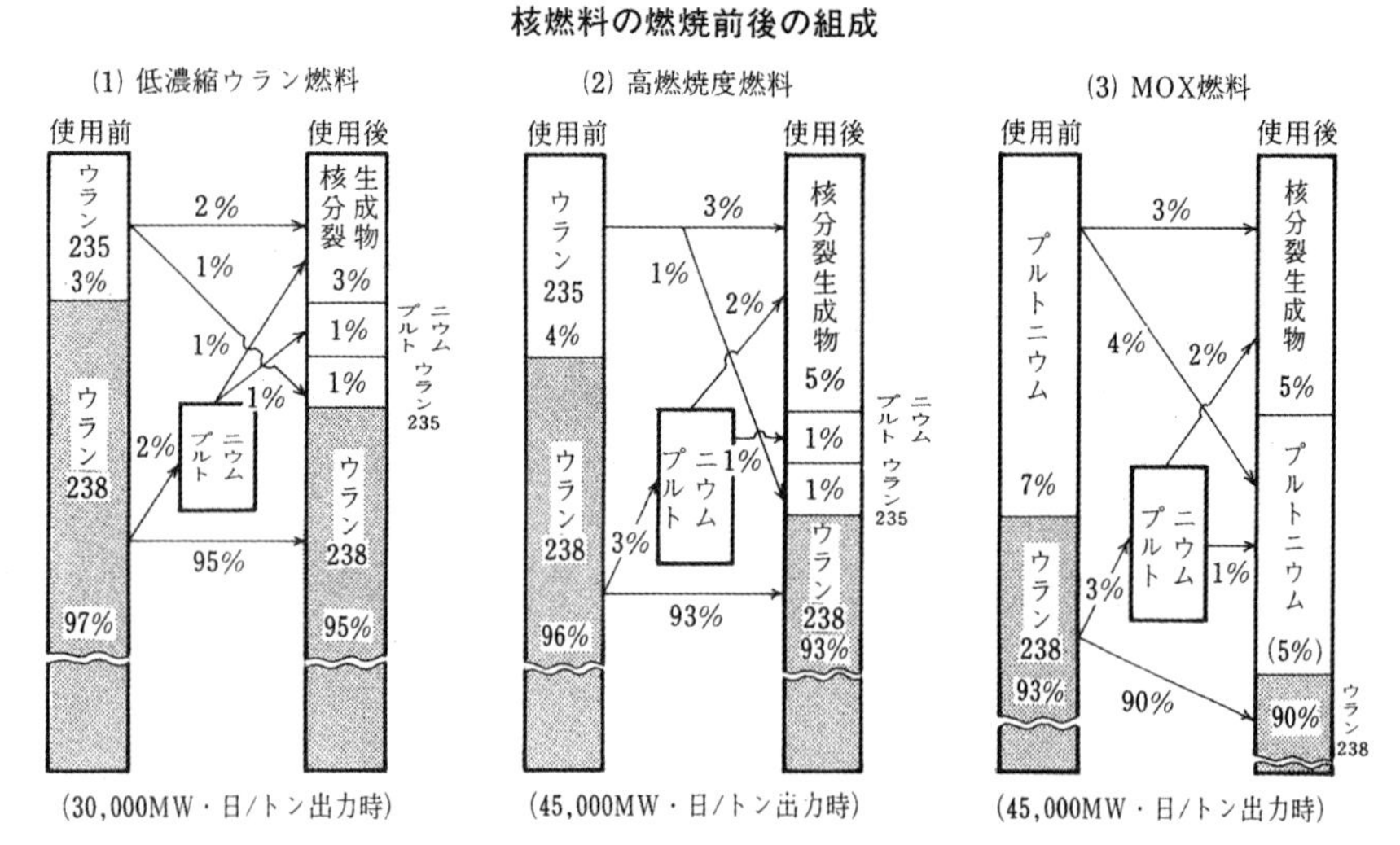

図Ⅶ－３　日本列島の「原発実験場」化は許さない！
出所：『原発問題パンフレット２　迫りくるプルトニウム利用の危険──日本列島の「原発実験場」化は許さない！──』原発問題住民運動全国連絡センター　1993年12月１日発行（p.17）

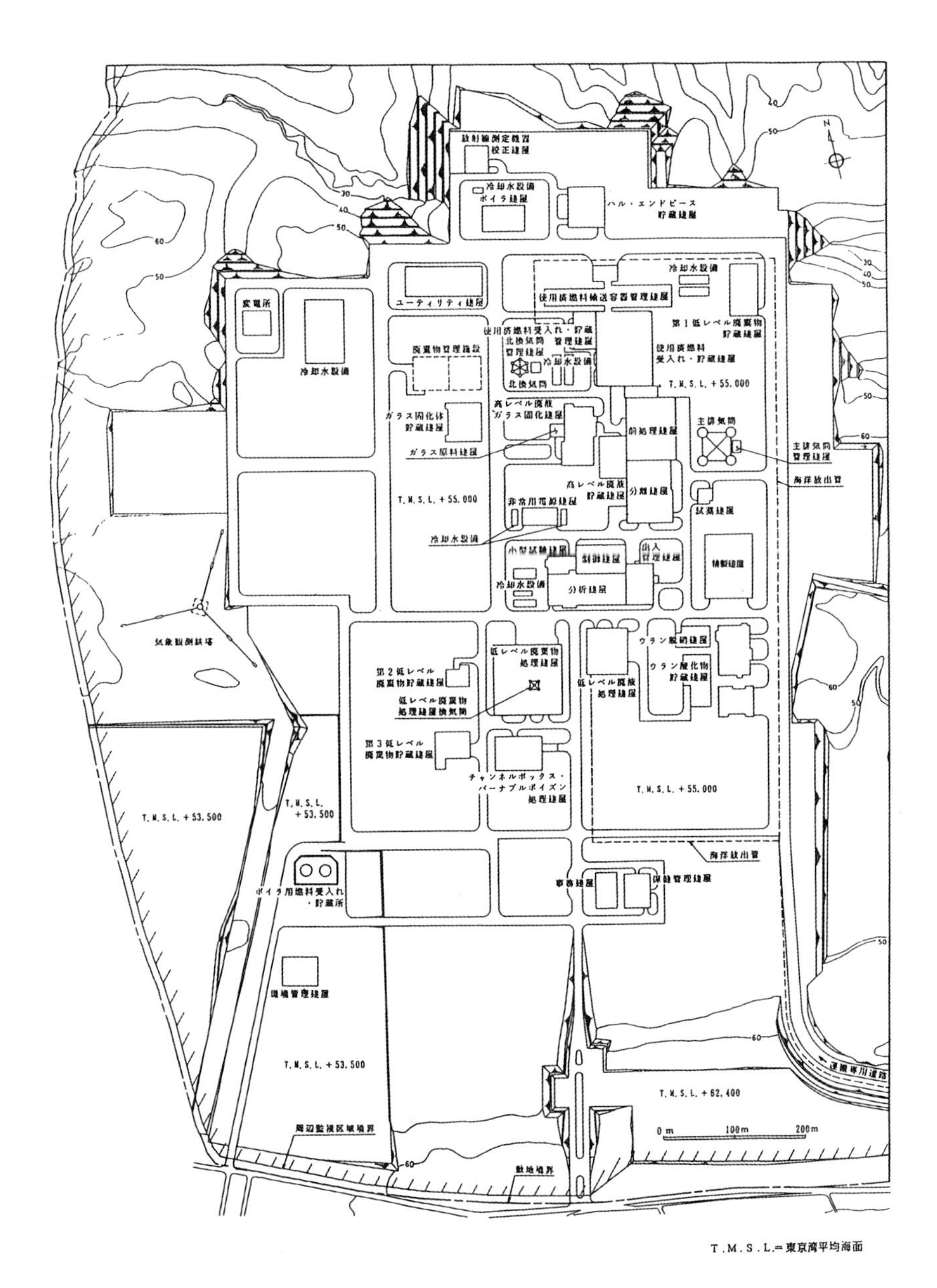

図Ⅶ－4　再処理施設一般配置図（申請書添付書類より）

（a）六ヶ所核燃料サイクル工場（軽水炉サイクル）
——六ヶ所再処理工場施設図の変遷（最初の再処理工場施設図）——（図Ⅶ—4参照）

（b）再処理工場配置図の一部拡大図——トリチウムとクリプトンを発生時は簡単に除去できる——

図Ⅶ—5は、日本原燃サービス(株)の「内部資料」の「再処理施設の配置図」の部分です。やや斜めに引いてある縦の二本線は、施設を通る活断層を表しています。東側f—1、西側f—2断層で、断層上に施設があることを明確に示しています。はじめからとても再処理工場を建設すべき所ではないのです。その後の県議会に提示された図ではなくなっています。

また、図には、「トリチウム処理建屋」と「クリプトン

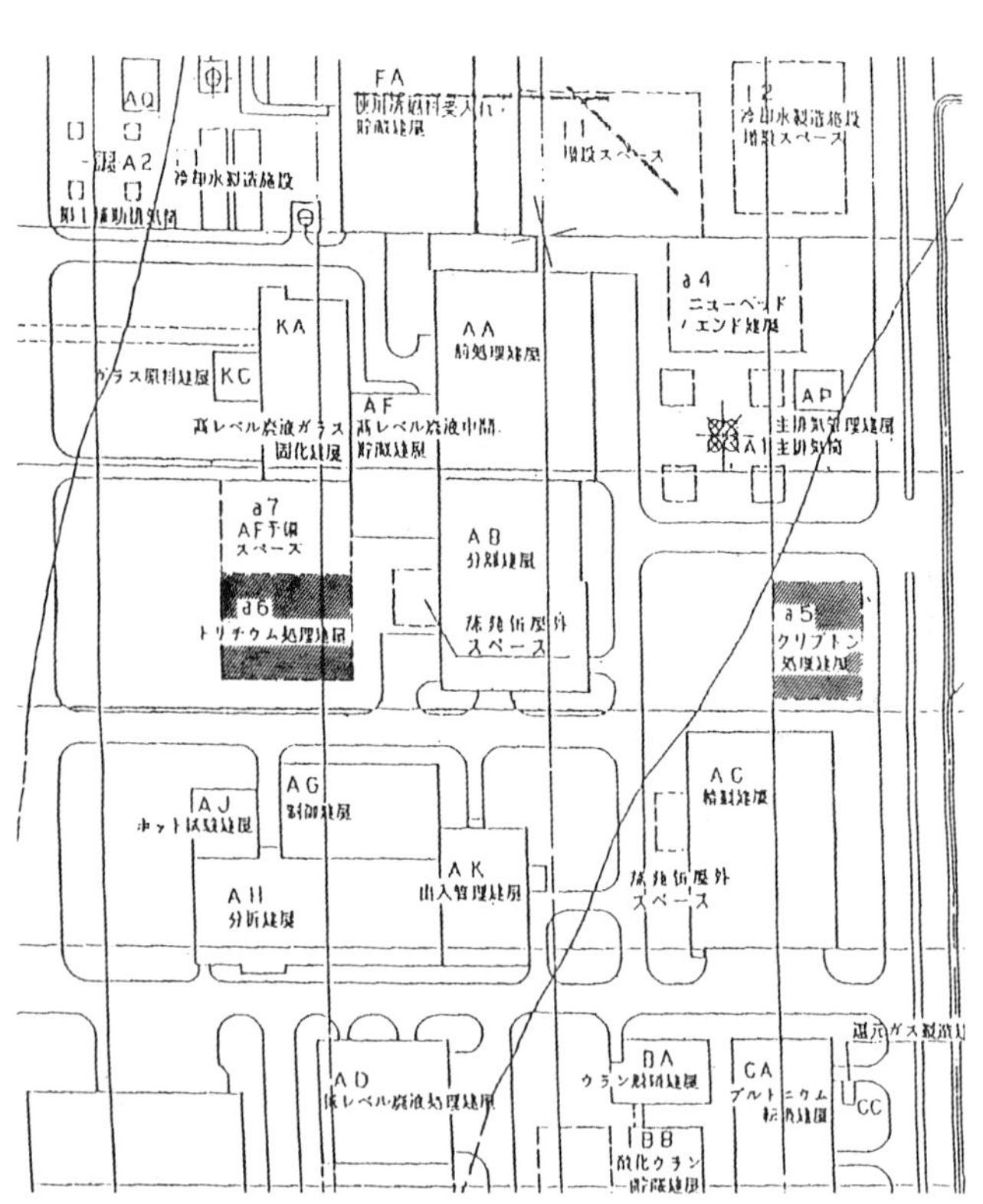

図Ⅶ－5（申請書添付書類より）

処理建屋」があります。操業時に抽出される膨大な量のクリプトンが一時貯蔵されることを示しています。

（c）六ヶ所再処理工場が扱う膨大な放射能（図Ⅶ―6参照）

《再処理工場が取り扱う放射能》

再処理は、日本の1年間の原発の使用済み核燃料のほぼ全量の800トン（年）を扱うとしています。

再処理での使用済み核燃料の内容は次のものです。
①燃え残りウラン――放射化しているウランです――、
②核分裂生成物、③新たに生まれたプルトニウム。
以上のものを、科学的に分離する作業です。
核分裂生成物が多くなると、六ヶ所再処理工場では
再処理できません。

このウランとプルトニウムの入っている使用済み核燃料の「五重の壁」の安全壁破壊を剪断し、硝酸液に溶解させ、有機溶媒でTBP（リン酸トリブチル）を抽出する方法は、ピュレックス法といわれ、純粋なプルトニウムを得るための軍事技術です。

再処理工場では、水素を多量に含む水が減速材です。そのために水や有機溶媒（TBP）を大量に使います。有機溶媒はアルコール系で、硝酸と一緒になるとダイ

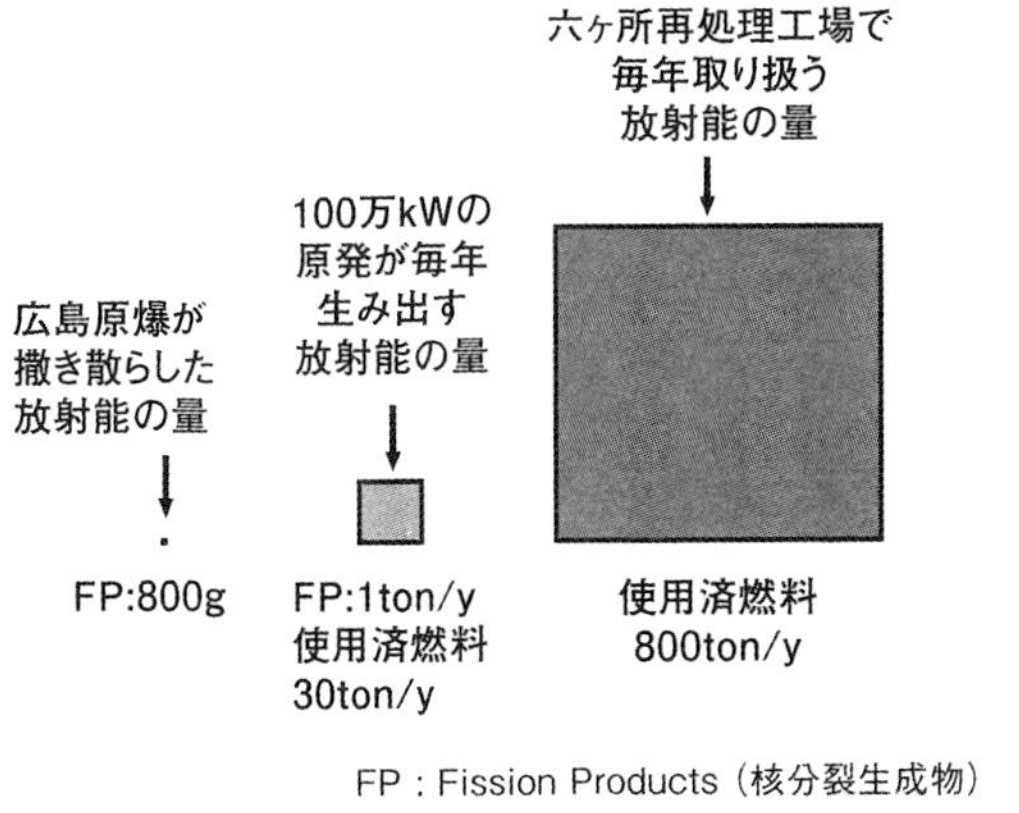

図Ⅶ－6　再処理工場が取り扱う庇大な放射能
出所：『「最悪」の核施設　六ヶ所再処理工場』2012年8月22日発行　集英社　小出裕章・渡辺満久・明石昇二郎：著（p.24）

ナマイトと同様な物質となり、危険そのものです。その最大の場所は、溶解槽です。剪断溶解の場所とその後の抽出過程が最も危険なところです。

後述しますが、再処理工場の大事故はほとんどがこの抽出過程で起こっています（図Ⅶ—7「再処理のしくみ」参照）。

「五重の壁」は、再処理工場がどんな事故になっても施設が安全に保たれると日本原燃が言っているものです。


【五重の壁】

第1の壁	核燃料ウランを焼き固め、ペレット状にしたもの
第2の壁	特殊合金ジリコニウムで作られた「被覆管（ひふくかん）」（燃料棒）
第3の壁	厚さ15～20センチメートル　鋼鉄製容器の「原子炉圧力容器」
第4の壁	厚さ3センチメートル　鋼鉄製容器の「原子炉格納容器」で覆う
第5の壁	厚さ1メートルものコンクリート壁「原子炉建屋」で全体を包む

原子力発電は、「五重の壁」で守られているとして、再処理工場PR館や原子力発電所で宣伝されています。しかし、大きな力の水素爆発や核爆発などに耐えることができません。

この「五重の壁」は、すべて炉での再処理運転時核燃料の中性子などの高い放射線により、放射能を帯びます。破砕されたペレットや被覆管、他の金属も高レベル放射性廃棄物となります。被覆管金属を溶解するために、金属に濃硝酸を加えるため、高温になり、ジリコニウムなどの金属と水とが反応し、大量の水素が発生します。危険そのものです。

そのため、大量の冷却水で冷却する必要もあります。また、大量に発生する水素を圧縮空気で外気に排出する必要があります。これも、短時間で爆発の危険があります。

また、この時に放射線を大量に出すクリプトン85などの気体が出ます。また、海洋汚染につながる凄まじい量のトリチウムなどの液体も出ます。

（d）六ヶ所再処理工場の概要と計画
——「プルトニウム余剰」で全く必要なくなった工場——

六ヶ所再処理工場は、「国策」民営の日本の軽水炉の使用済み核燃料のほぼ全量を再処理する巨大再処理工場です。プルトニウムとウラン、それに高レベル放射性廃棄物（ガラス固化体）を生産します。プルトニウム循環させる軽水炉サイクルです。工事開始１９９３年、竣工予定は２０１２年でした。それが未だに操業できず、アクティブテスト中です。またプルトニウムが余剰で、工場は全く必要なくなりました。

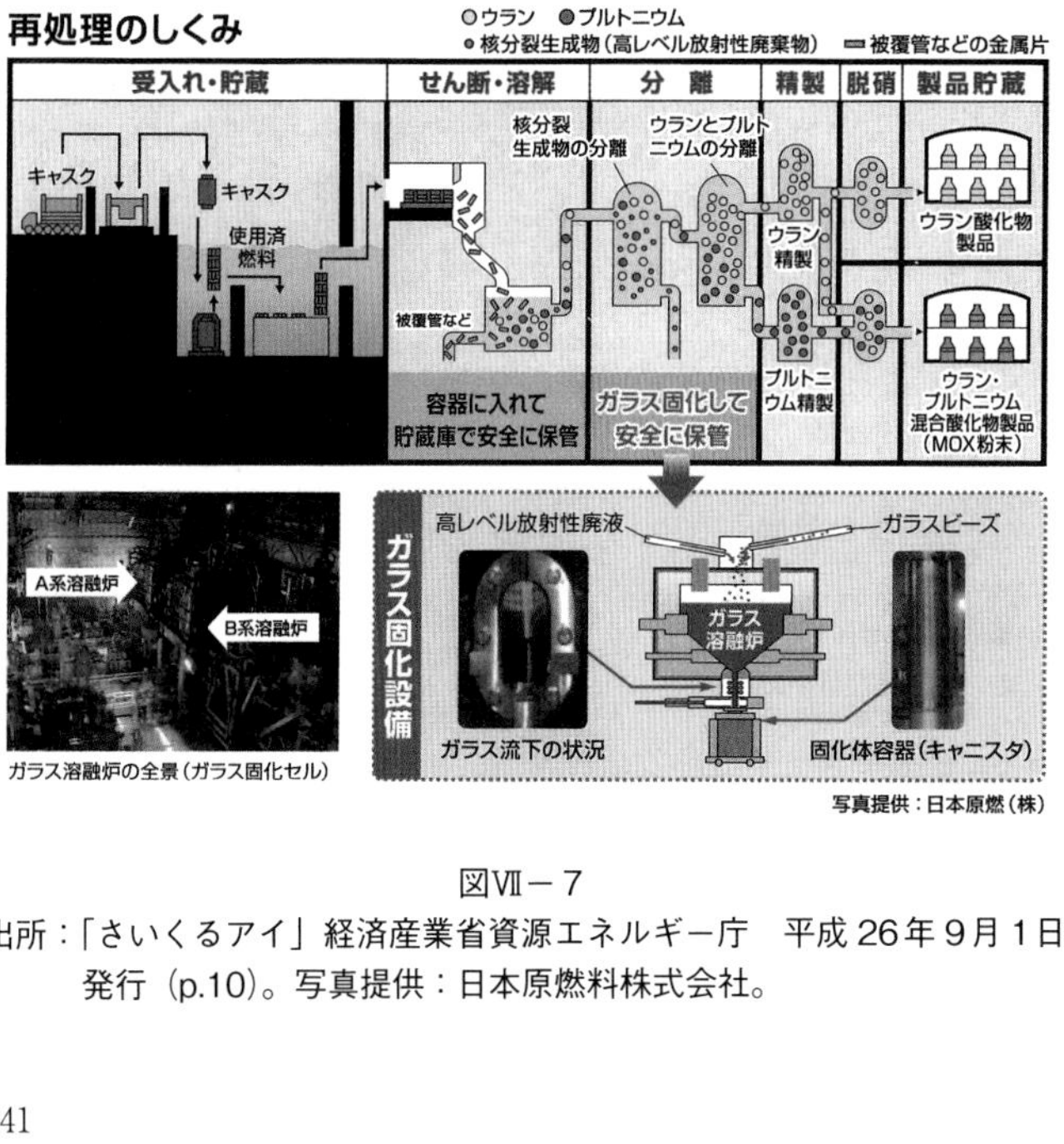

図Ⅶ－７
出所：「さいくるアイ」経済産業省資源エネルギー庁　平成26年9月1日発行（p.10)。写真提供：日本原燃料株式会社。

【再処理施設の概要】

○最大処理能力８００トン／年　プルトニウム約８トン生産。ウラン８００トン。
　プルトニウム循環の中心工場
　高レベル放射性廃棄物（ガラス固化体）⇓年約１０００体／年
○敷地面積３８０平方メートル（後楽園球場１６０個の広さ）
○大・小合わせて、35のコンクリートの部屋のある地下大化学工場です。
○工程全体配管でつながり、総延長距離１３００キロメートル
　配管の継ぎ目は２万６０００箇所

　ウランとプルトニウム含む配管60キロメートルと、かなりの配管のなかに、ウラン・プルトニウム・濃硝酸液が入っています。（裁断されジリコニウムなどの金属を溶かす危険な配管）

⬇海と空へ放出し、希釈されれば良いという考え方

海洋放出管　陸上８キロ＋３キロ⬇11キロメートル　深さ40メートルに放流
煙突の高さ１５０メートルで空へ放出

〈日本原燃リーフより〉

［注］日本原燃のリーフでは、Ａ系溶融炉とＢ系溶融の２つの炉があるとされています。ここが最も危険な所で、冷却できないと高レベル放射性廃液が沸騰し、爆発の可能性があります。また、ガラス固化など核分裂生成物が大量に存在すると技術的に困難で、**「崩壊熱」**も膨大になり、再処理上、最も危険な所です。一定期間で全部更新する必要もあります。

（e）3・11と4・7の六ヶ所再処理施設。操業していなくても、たかが震度4と震度3で全電源喪失。あわや爆発の危険に

――高レベル放射性廃棄物を世界にまき散らす危険があった――

国が日本原燃に対し、福島原発事故を受けて、緊急対策を指示（5月1日）。それに対し、5月30日に日本原燃が国に報告した一部です。この事故について、日本原燃が左記のように発表したので、私たちは初めてその危険な一部を知り得ました。全電源喪失時間が短かったので助かったのです。

◎2011年

3月11日	震度4で外部電源喪失（約57時間30分）
4月7日	震度3（余震）で外部電源喪失（約11時間から15時間）

●再処理施設本体　～崩壊熱の除去と水素の滞留防止を最優先します～

○再処理施設本体の高レベル廃液貯槽等では、電力を供給する全ての機能がなくなると崩壊熱除去機能（※1）や水素滞留防止機能（※2）が失われ、高レベル廃液の液温上昇や貯槽内の水素濃度の上昇が懸念されます。

○この対策として、移動可能な電源車1台を配置し、電源車による電力供給で、機能が回復できることを確認しました。また同じ容量の電源車を年内に1台、翌年3月末までにもう1台の計2台追加配備します。

○そして、さらなる安全確保対策として、

・水素の滞留防止については、エンジン付空気圧縮機1台を設置したことで、3台ある空気圧縮機（※3）が全台停止した場合でも電力を使わずに圧縮空気を供給することができるようにしました。

・崩壊熱の除去については、敷地内の貯水槽等から消防車などを用いて冷却設備へ注水する体制を1年程度かけて整備します。

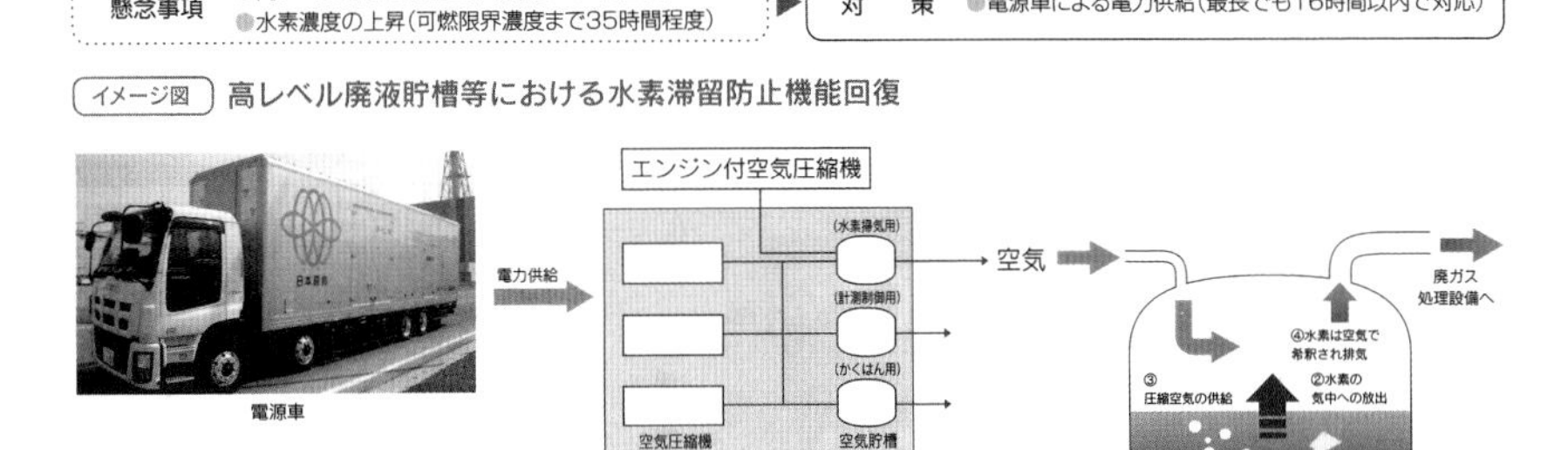

※1．崩壊熱除去機能：放射性物質の崩壊（原子核が自然に別の原子核に変わる現象）に伴い発生する熱を冷却水により取り除く機能。
※2．水素滞留防止機能：圧縮空気を送り込むことにより、高レベル廃液中の水分子が放射線で分解されて発生する水素を高レベル廃液貯槽等に留めさせない機能。
※3．空気圧縮機については、1台でも必要な容量の圧縮空気を供給できる能力を有している。

図Ⅶ－8　出所：日本原燃　2011年7月号（チラシ）

《再処理施設本体の崩壊熱の除去》

図Ⅶ―8を見てください。ガラス固化体にする以前の「高レベル放射性液」の貯槽は、外部電源が喪失すると、24時間程度で崩壊熱が沸騰するとされています。

また、大量に発生する水素も圧縮空気で排出しているのですが、35時間程度電源が喪失すると爆発の可能性があります。これでは、「あおもりおまもり手帳」によると、大地震・太平洋側海溝型地震M９・０が起こると、死者数が２万５０００人の地獄となると書いています。

●使用済燃料受入れ・貯蔵施設
～消防車等により、速やかに注水します～

○使用済燃料受入れ・貯蔵施設の使用済燃料貯蔵プールでは、電力が供給されなくなると冷却や水補給ができなくなり、崩壊熱によってプール水が蒸発し、プール内の使用済燃料が露出することが懸念されます。
○この対策として、敷地内の貯水槽等の水を消防車や可搬式消防ポンプを使って送り出すことで、注水できることを確認しました。
○さらに近隣の湖沼等からも給水できるよう資機材を整備します。
○プールは、地面とほぼ同じ高さにあるので、容易に注水できます。

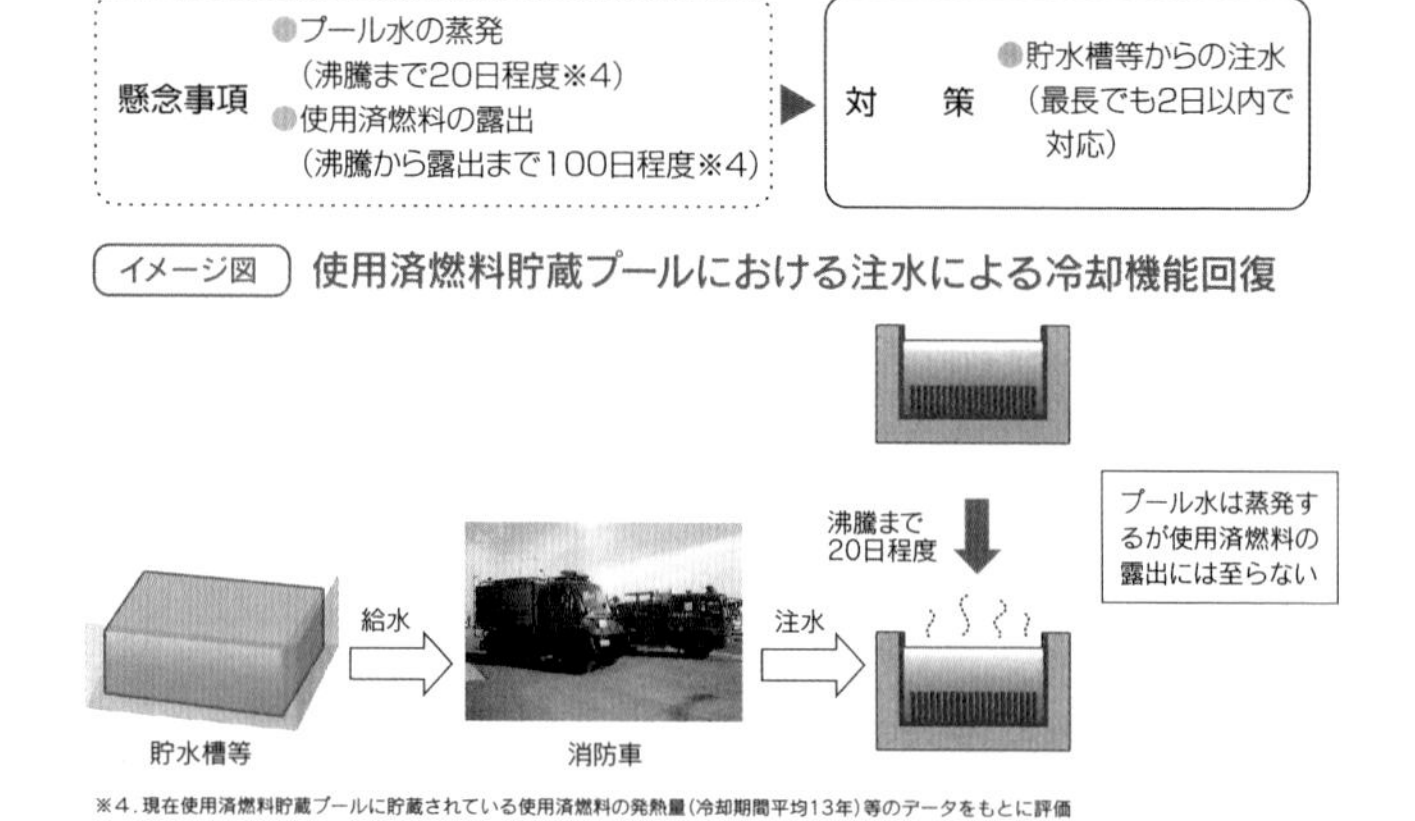

図Ⅶ－９　出所：日本原燃　2011年７月号（チラシ）

(f) 3・11と4・7（余震）2度の再処理工場の全電源喪失

《消防車などによる注水》

図Ⅶ―9を見てください。使用済燃料貯蔵プールも、電力が供給されなければ20日で沸騰するとあります。これも地震でプールが揺すぶられると、水が飛び散り、浅くなって空だきの状態になり、冷却できなくなる可能性があります。

図Ⅶ―10（すさまじい「崩壊熱」を出している貯槽）は、規制委員会の指示に対する先述の回答をもとに描いたものです。

(3) 再処理工場の危険性

(a) 再処理工場の危険性

再処理の工場の危険性については、まず第一に、放射化されたウランとプルトニウムを含む硝酸溶液が入ってる槽

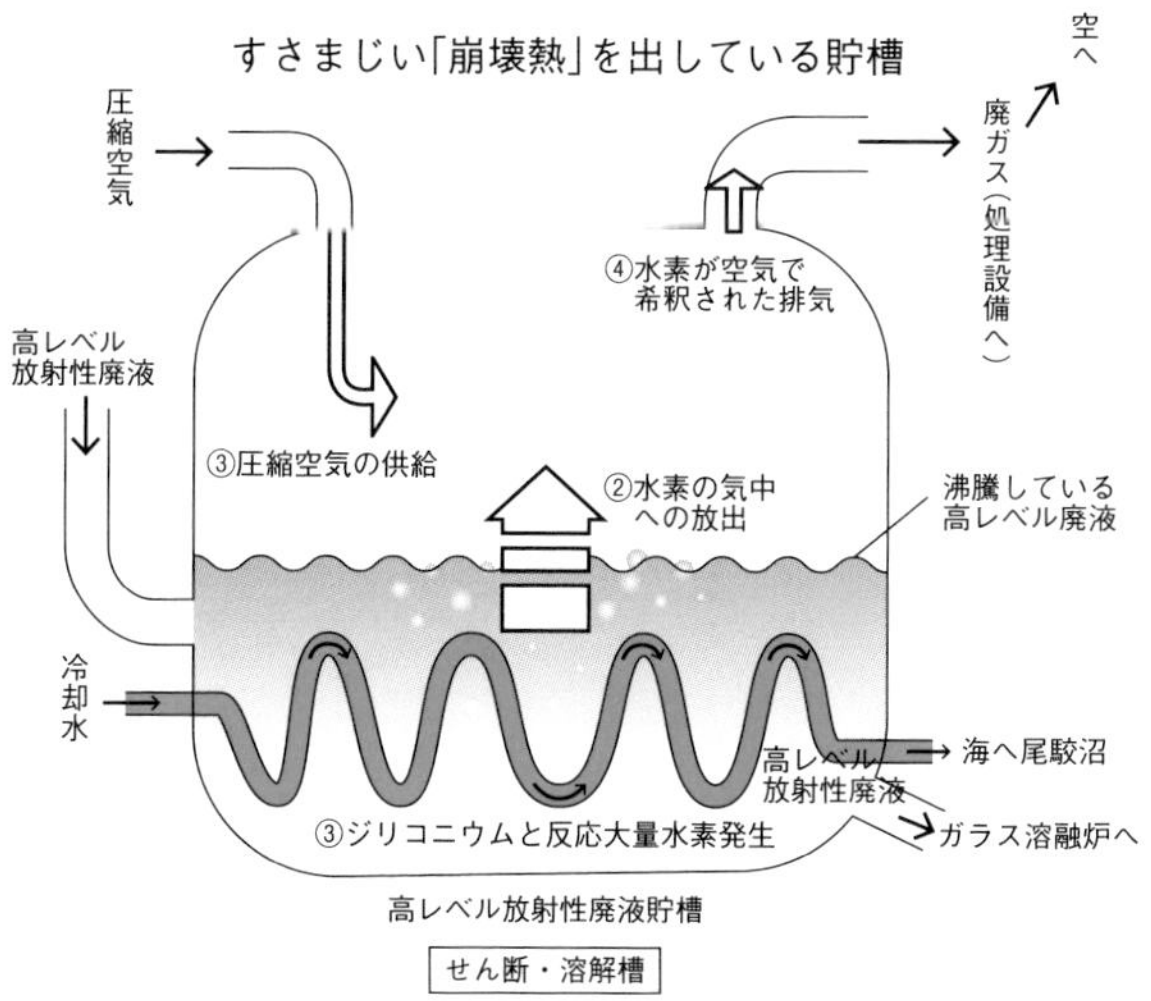

すさまじい「崩壊熱」を出している貯槽

図Ⅶ－10　《水素爆発の危険》

原子力発電や再処理工場でも、大量の水素が発生します。その原因はジルコニウム（Zr）合金が燃料棒に大量に使われているからです。燃料棒が高熱に耐えうるようにするためです。900度近くの高温になると、$Zr + 2H_2O \rightarrow ZrO_2 + 2H_2$ の発熱反応が起きます。大量の水素の発生と槽内が高温になってきます。

そこで、①水での冷却、②空気（主として N_2）で水素（H_2）の除去、が必要となってきます。電源が無くなると、水素爆発の危険が絶えずあります。

また、発熱反応だけでなく、崩壊熱による温度上昇も絶えずあります。冷却水が大変重要です。

や管が大量にあり、爆薬を抱えているような工場であること。

第二に、どんな小さな事故があっても、福島の原発事故同様、強烈な放射線で部屋の内部が見えないブラックボックスになっていること。

第三に、この工場は主としてほとんど地震がない国のフランスの技術で作られています。しかし六ヶ所の敷地直下には「六ヶ所断層」が走り、六ヶ所沖合４・３キロメートルまで接近している大活断層「大陸棚外縁断層」（約84キロメートル）もあります。フランスと六ヶ所では状況が違います。それも、六ヶ所断層とつながっていると約１００キロメートルにもなり、M８クラスの大地震が起こる可能性があるところです。この配管の長い工場では、何箇所もの配管の破断が必至です。

なお、図Ⅲ―９を見てください。84キロメートルに及ぶ大陸棚外縁断層は、活断層で地質的に最も不適当な場所への立地です。

私は、この地震が起これば、再処理工場と共に「高レベル放射性廃棄物（ガラス固化体）」の一時貯蔵施設も、福島原発震災以上の悲劇的事故になりかねないと思います。

また、現在、再処理工場は、アクティブテスト中で大量の高レベル放射性廃液が存在し、震度６以上地震が起こると、送電線が倒壊し長時間全電源を喪失し高レベル放射性物質（死の灰）をばらまくことになります。ただちに**「ガラス固化体」**にする必要があります。

ここで、地震がない場合でも起きた世界各国の再処理工場における、いくつかの大事故例を挙げておきます。
①１９５３年、米国・サバンナリバーでの、抽出工程での蒸発缶の爆発事故。
TBP（リン酸トリブチル）と硝酸ウラン錯化合物生成急激な熱分解を起こしたもの。
②１９５７年、高レベル放射性廃液貯槽が崩壊熱により、水素爆発を起こしたロシアの南ウラル地方、

チェリヤビンスクのマヤーク核施設での「ウラルの核惨事」。住民3万4000人被爆。
③1975年転換工程脱硝酸器事故。米国サバンナリバー転換工程脱硝器の爆発事故。濃縮された硝酸ウラニル溶液を約500度で、脱硝中に爆発。
④1973年、英国・ウインズケール（現セラフィールド）での、有機溶媒の発火事故。TBPと硝酸ウランの錯化合物が生じて熱分解し、その後ガス爆発した。有機溶媒供給器の底に沈積した残渣が高温となり、発火したもの。
⑤1993年、ロシア・トムスク7での、抽出工程・調整貯槽の大爆発事故。レッドオイルを生成し、大爆発したもの。
⑥1997年、米国・ハンフォードでのプルトニウム回収爆発事故。

(b) 硝酸を使う危険性

六ヶ所再処理工場の危険性は、使用済み核燃料のジリコニウム容器を切断し、大量の濃硝酸で溶かす所で、ジリコニウム・火災・爆発事故が考えられます。

また、硝酸は、火薬の原料です。ダイナマイトもそうです。硝酸にアルコールの仲間のグリセリンを反応させて作ります。再処理工場では、プルトニウムを抽出する有機溶媒TBP（油性の溶媒）を使用します。水には溶けないはずですが、強い放射線で変化し、水溶性に変化する可能性があります。この変化した状態の化合物に、TBPと硝酸が加わると、「レッドオイル」という爆発性物質となります。水浸しになっていれば爆発しないのですが、高レベル放射性物質により高温になります。絶えず冷却していなければ、爆発の危険性があります。

（c）水を使う危険性

再処理では、水溶液のなかで化学処理をおこないます。強い放射線で水が分解し、水素が大量に発生します。空気で強制的に、水素の気体が爆発しないよう排出する必要があります。しかし、地震などで電源がなく、冷却水や圧縮した空気で排出できなければ、数時間で爆発します。

（4）六ヶ所再処理工場の主な工程とその危険性（図Ⅶ—11参照）

アクティブテストで、気体・液体も予想通り大量に排出されていることが確認されました。

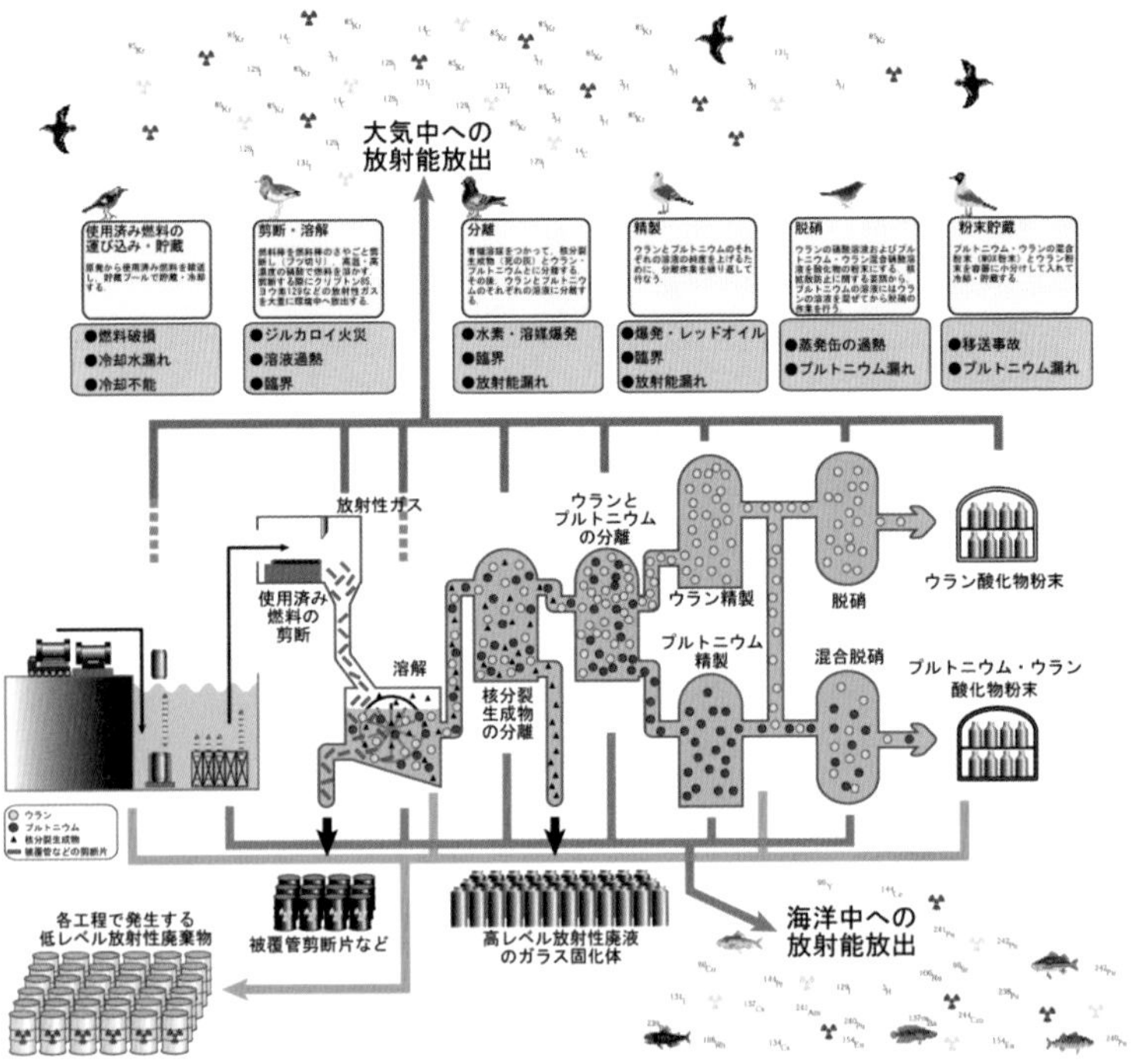

図Ⅶ－11　六ヶ所再処理工場の主な工程とその危険性
出所：原子力資料情報室HP（http://cnic.jp/knowledgeidx/rokkasho）2012年7月「六ヶ所再処理工場の主な工程とその危険性」

（５）アクティブテスト結果と再処理工場周辺の汚染
——クリプトン85、ヨウ素１２９、ストロチウム90など大量に出る——（図Ⅶ—12参照）

六ヶ所再処理工場で、２００７年６月４日～10月２日まで、アクティブテストが１２０日間おこなわれ、使用済み核燃料４３０トンを裁断破砕しました。

・再処理工場付近で、クリプトン85のプルーム（雲）が吹越付近に何度か出現しました。

《放出放射能環境分布報告書》２００７年９月15日

・ヨウ素１２９の尾駮沼汚染、以前の数十倍増加。

《放出放射能環境分布報告書》２００９年９月10日

・尾駮井戸水のストロンチウム90、日本の最高濃度検出、日本平均濃度の８・４倍検出。

《原子力施設環境放射能報告　青森県》２００５年度～２００９年度

・尾駮港海水中トリウム自然界の37・5倍。

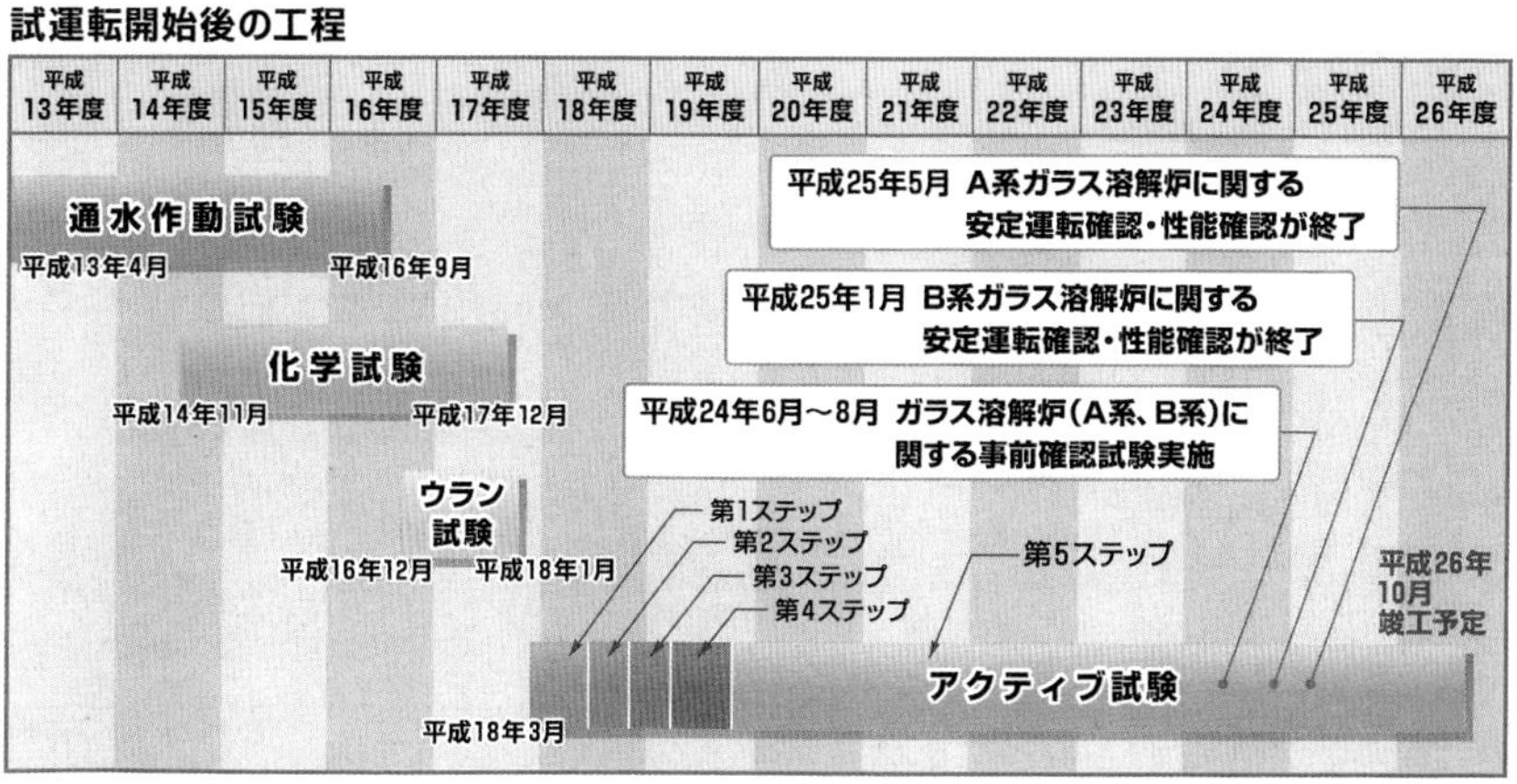

試運転開始後の工程
平成13年度　平成14年度　平成15年度　平成16年度　平成17年度　平成18年度　平成19年度　平成20年度　平成21年度　平成22年度　平成23年度　平成24年度　平成25年度　平成26年度
通水作動試験
平成13年4月
平成16年9月
化学試験
平成14年11月
平成17年12月
ウラン試験
平成16年12月
平成18年1月
平成25年5月　A系ガラス溶解炉に関する安定運転確認・性能確認が終了
平成25年1月　B系ガラス溶解炉に関する安定運転確認・性能確認が終了
平成24年6月～8月　ガラス溶解炉（A系、B系）に関する事前確認試験実施
第1ステップ
第2ステップ
第3ステップ
第4ステップ
第5ステップ
平成26年10月竣工予定
アクティブ試験
平成18年3月

図Ⅶ－12　再処理工場の試運転竣工予定／竣工は23回延期
出所：「さいくるアイ」経済産業省資源エネルギー庁　平成26年9月1日発行（p.10）

・東通原発沖　トリチウム。

以上の通り、大量のトリチウムが海に放出され、クリプトン85、炭素14、ヨウ素129、ストロンチウム90、イットリウム90なども放出されました。多くは先述した通り、発生源で容易に除去できる元素です。また、人体に害があるだけではなく、多くの水中生物に大きな影響を与えます。海水魚の卵はじめ胚の発生、微小生物や海洋生物の減少につながります。排出された放射性物質はそのままで、自然に薄まることはないのです（図Ⅶ―13参照）。

自然界の7300倍のトリチウム水の海への大量放出により、尾駮港の海水は、自然界の37・5倍となり、尾駮干潟のエビ、カニ、貝類や、沼ニシンなどの種が減少しました。また、使用済み核燃料430トンのせん断が2006年4月から2008年10月までおこなわれました。加圧水型（P

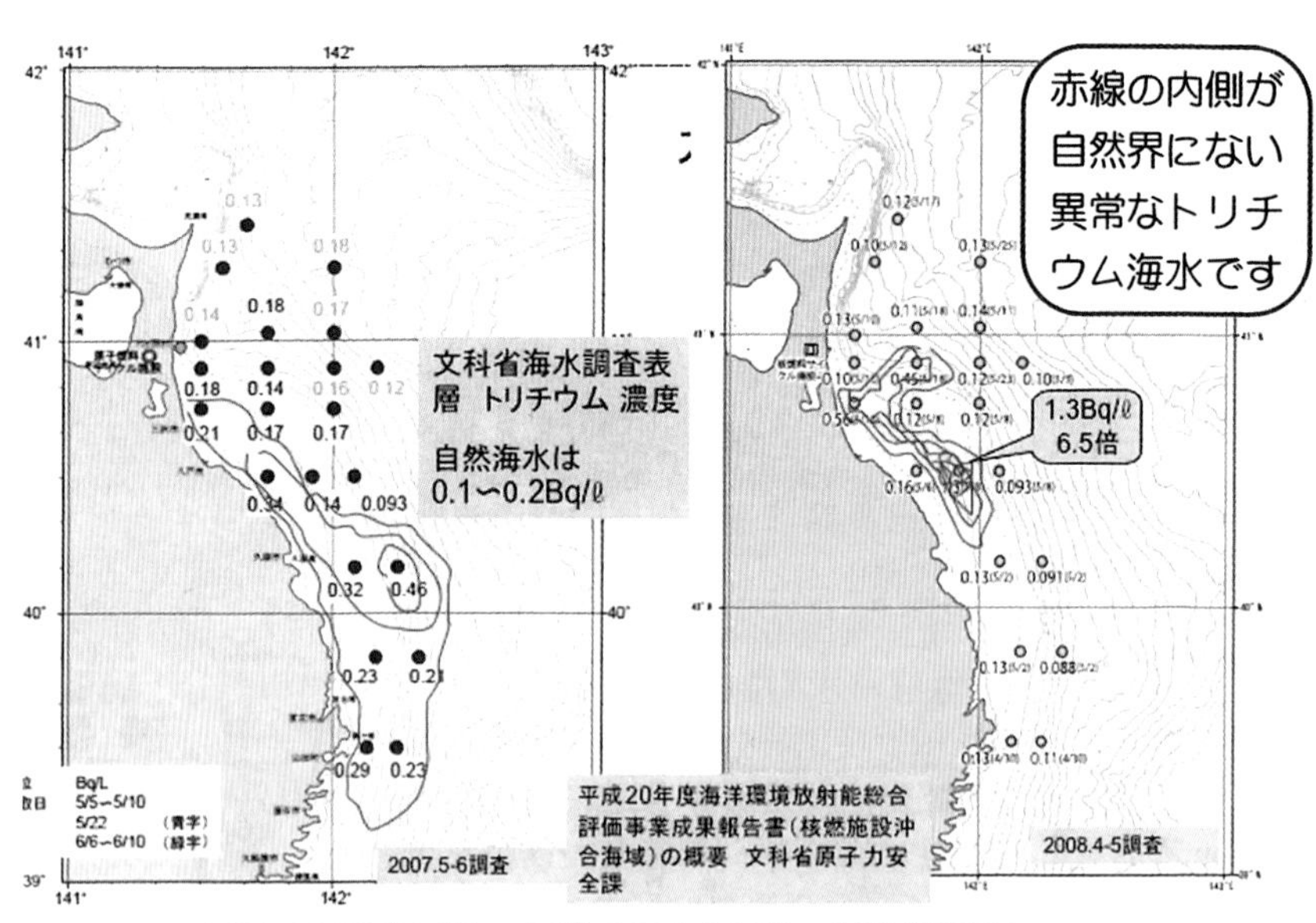

図Ⅶ－13　海水中トリチウム濃度が広範囲で上昇
出所：「再処理工場周辺の放射能汚染マップ」（三陸の海を放射能から守る岩手の会）⑥より

ＷＲ燃料）約２１０トンと、沸騰型軽水炉（ＢＷＲ燃料）約２２０トンです。その結果は、図Ⅶ―14で示されたようになりました（「三陸海を放射能から守る岩手の会」の永田文夫さんの許可を得て掲載）。

これを見ても、尾駮干潟へ産卵にやってくる「オブチニシン」「タカホコシラトリ」などの沼の絶滅危惧種を始め、プランクトン、エビ、カニ、貝類、小魚などの種が大幅に減少することが確実です。いくらテストとはいえこれは許されるものではありません。まして再処理工場の操業など認められるわけがありません。

「放射能汚染マップ」解説　（詳しくは「三陸の海を放射能から守る岩手の会：再処理・岩手の環境」HP 参照）

【日本原燃は放射能の除去を！　それができないのならば再処理から撤退を！】

再処理工場アクティブ試験において原発の使用済み核燃料 430 t のせん断が 06.4 から 08.10.2 まで行われ、大気へクリプトン 85、海洋へトリチウムを主とする大量の放射能が放出され、その結果周辺の汚染が進みました。除去できるのに関わらず、全量を放出した放射能は、クリプトン 85、トリチウム、炭素 14 です。ヨウ素 129 は除去が不完全のため大量に放出され、ほかにヨウ素 131、ストロンチウム 90、イットリウム 90 なども放出されました。ほかの核種は放出されていないことになっています。本格操業になるとアクティブ試験の 4.7 倍せん断されます。マップは主に使用済み燃料のせん断試験中の公的データをまとめたものです。

① 放射能の雲が頻繁に降りてきていました。アクティブ試験で使用済み燃料が 150 日かけてせん断されました。そのうち工場周辺の 8 測定局（マップ参照）のいずれかで 97 日も検出されています。これはせん断日の約 65%に相当します。クリプトン 85 は飛距離の短いベータ線を放出するため測定器の中まで入ってこなければ検出できません、検出されたことはクリプトンの雲が降下してきたことを示しています。最大値は北西１０ｋｍ吹越局で、自然のクリプトン 85 の値（1.5 ベクレル /m3）の 7300 倍（11000 ベクレル /m3）もの放射能の雲が 1 時間以上とどまり去っていきました（07.9.15）。青森県・原燃のデータによると尾駮、二又、吹越、室ノ久保局での検出が目立っていました。なお、工場敷地内の 9 つのモニタリングポストのいずれかでは 109 日（73%）検出されていました。

② 尾駮沼の生物がヨウ素 129 で汚染されました。08 年のプランクトンはアクティブ試験前の約 74 倍、ワカサギは約 20 倍、ハゼは約 41 倍、エビは約 18 倍、カキ貝は約 26 倍、藻類は 06 年と比較し 19 倍に増えています。ヨウ素 129 は体内に入ると甲状腺に濃縮しそこを集中的に被ばくします。

③ 六ヶ所農業世帯の日常食（08.8）から平常値の約 27 倍のヨウ素 129 が検出されました。青森県の委託調査として環境科学技術研究所は食物摂取による放射能の体内取り込み調査を、アクティブ試験が開始された２ヶ月後の 06.6 から実施しています。これは六ヶ所の漁業者、勤労者、青森市の勤労者各５世帯から協力を得、その日に食べた食物を一人分余計に提供してもらい各グループ毎まとめその放射能を調べたものです。漁業者からはそれまでの平均値の約 7 倍検出（08.1）されました。以降漁業者世帯の調査結果は打ち切られたためか公開されていません。そして新たに農業者グループが調べられました。その結果平常値の約 27 倍（08.8）のヨウ素 129 摂取になりました。

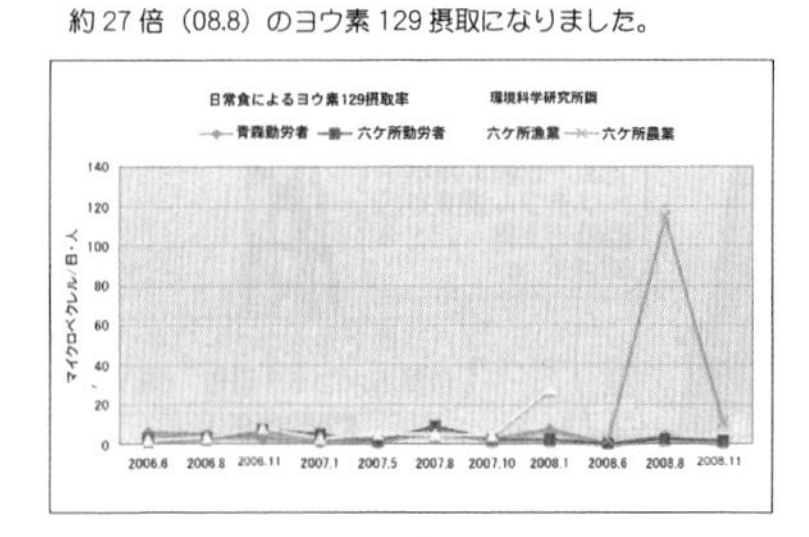

④ 尾駮の井戸水からストロンチウム 90 が全国最高濃度検出されました 14 ミリベクレル／リットル。これはそれまでの最高値（福井県猪ヶ池）の倍の値で全国平均値（1.67）の約 8.4 倍です。測定者の原燃は「今回ストロンチウム 90 濃度が平常の変動幅を上回った原因は環境レベルの変動によるものと考えられる」としていますが、過去の全国の数値と比較しても異常値です。ストロンチウム 90 は骨に濃縮し強いベータ線を放出し造血細胞に影響し白血病の引き金になるため非常に危険な放射能とみなされています。

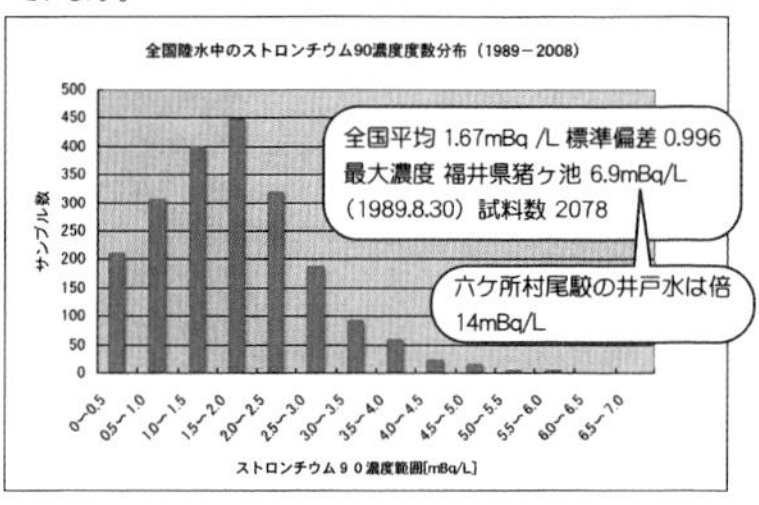

⑤ 青森県・原燃はトリチウムデータを操作している疑いが濃厚です。環境科学技術研究所は尾駮港で 33 回測定し県検出限度以上が 6 回（06.4-08.12）ありました。北方 25km の東通原発沖合で東北電力がトリチウムを 3 回検出し再処理起源と推定。しかし青森県・原燃は放出口直上、南北 5km と 20km 地点海上で同時期に 50~60 回測定し全て不検出でした。＊07.10.2 に工場からトリチウムが原発濃度限度の 2821 倍で海洋へ放出。07 年度には海洋へ 75 回放出、平均で原発濃度限度の 560 倍でした。本格操業になると 2700 倍の濃度で 1 日おきに放出される見込です。

⑥ 海水中トリチウム濃度が広範囲で上昇

左図 2007 年 春　右図 2008 年 春　文科省調査

図Ⅶ－ 14
出所：「再処理工場周辺の放射能汚染マップ」（三陸の海を放射能から守る岩手の会）より

Ⅷ　放射性廃棄物の種類と処分の概要
──高レベル放射性廃棄物（ガラス固化体）──このままでは六ヶ所村は最終処分地必至──

1　高レベル放射性廃棄物（ガラス固化体）──海外返還1万380体──

当面問題になっているのは、フランスとイギリスで再処理され、搬入されてきている高レベル放射性廃棄物（ガラス固化体）です。現在、フランス、イギリス両国で再処理された使用済み核燃料は1万228体あり、今後は約1万380体になるといわれています。

貯蔵は、図Ⅷ─5「高レベル放射性廃棄物（ガラス固化体）の貯蔵」のようになっています。ガラス固化体の1本当たりの重さは500キログラムで、2・5キロワット程度の熱を持ち、キャニスタ──温度は200度から280度です。中心温度は400度もあります。これが9本ずつ筒状に縦に並んでいて、外気によって冷却されています。外気温が30度を超えると、90度に近い熱風が吹き出します。施設は外気温＋50度～55度で設計されています。再処理工場近くに、大断層があり、通風管が数ミリ歪んだだけで、ステンレス容器のキャニスターは崩壊し、外気に高レベル放射性廃棄物が放出されます。思っただけでゾーッとします。

フランク・フォンヒッペル氏（核物理学者、米国プリンストン大学公共・国際問題教授。非政府団体「国際核分裂性物質パネル」共同議長）は、事故がなくても50年位で危険な状態になると言っています。

また、核物理学者の高木仁三郎氏もステンレスからできている容器キャニスターは、粒界応力腐蝕割れ（ＩＧＣＣ）を起こし耐用年数は極めて短いと言っています。すぐにでもキャスク容器に入れ替えるべきです（図Ⅷ—１参照）。

	高レベル放射性廃棄物管理センター				
	海外からの搬入本数				
平成7年（1995年）	1回	1995年	4/26	28本	仏国
平成8年（1996年）	2回	1996年	3/18	40本	仏国
平成9年（1997年）	3回	1997年	3/13	60本	仏国
平成11年（1999年）	4回	1999年	4/15	144本	仏国
平成12年（2000年）	5回	2000年	2/23	192本	仏国
平成13年（2001年）	6回	2001年	2/20	152本	仏国
平成15年（2003年）	7回	2003年	1/22	276本	仏国
平成17年（2005年）	8回	2005年	7/23	288本	仏国
平成18年（2006年）	9回	2006年	3/4	130本	仏国終了 /1310本
平成21年（2009年）	10回	2009年	4/20	28本	英国
平成23年（2011年）	11回	2011年	3/23	76本	英国
平成24年（2012年）	12回	2012年	3/27	28本	英国
平成26年（2014年）	13回	2014年	3/9	132本	英国
平成27年（2015年）	14回	2015年	9/15	124本	英国
平成28年（2016年）	15回	2016年	4/10	132本	英国

※英国から搬入予定本数　900本　英国　計520本搬入
残380本

図Ⅷ－１
《参考文献》青森県ＨＰ：冊子「青森県の原子力行政」p.74-79
資料「1　東通原子力発電所の主な経緯」令和２年２月
青森県エネルギー総合対策局原子力立地対策課
https://www.pref.aomori.lg.jp/sangyo/energy/gyousei.html

先述のガラス固化体に、ＭＯＸ燃料の使用済み核燃料まで述べましたが、英国や仏国から、返還ガラス固化体、六ヶ所再処理工場が稼働、操業による毎年１０００本以上のガラス固化体は、入っていないのです（図Ⅷ—2、3、4、5、6参照）。

図Ⅷ－２
出所：核廃棄物輸送船「青栄丸」と専用港／２０１３年３月撮影

100m地下にある試験空洞（日本原燃の敷地にある）
高レベル以外で比較的レベルの高い放射性廃棄物を最終処分するための試験。(6月16日、すわ議員、薄木さん、向さん党国会議員秘書と試験空洞を調査。写真は日本原燃の資料から)

図Ⅷ－３　高レベル放射性廃棄物に近い処分の試験空洞
出所：日本共産党青森県議団便り NO.115 より抜粋　2017年７月発行
※写真のみ日本原燃の資料から

【放射性廃棄物の区分と処分方法】

廃棄物の種類			廃棄物の例	発生源
高レベル放射性廃棄物			ガラス固化体	再処理施設
低レベル放射性廃棄物	発電所廃棄物（高←放射能レベル→低）	放射能レベルの比較的高い廃棄物	制御棒、炉内構造物	原子力発電所
		放射能レベルの比較的低い廃棄物	廃液、フィルター、廃器材、消耗品等を固形化	
		放射能レベルの極めて低い廃棄物	コンクリート、金属等	
	超ウラン核種を含む放射性廃棄物		燃料棒の部品、廃液、フィルター	再処理施設ＭＯＸ燃料加工施設
	ウラン廃棄物		消耗品、スラッジ、廃器材	ウラン濃縮・燃料加工施設
クリアランスレベル以下の廃棄物			原子力発電所解体廃棄物の大部分	上に示した全ての発生源

図Ⅷ―４
出所：経済産業省資源エネルギー庁ＨＰ
（放射性廃棄物について／低レベル放射性廃棄物／
放射性廃棄物の区分と発生）
https://www.enecho.meti.go.jp/category/electricity_and_gas/nuclear/rw/gaiyo/gaiyo01.html

（A）

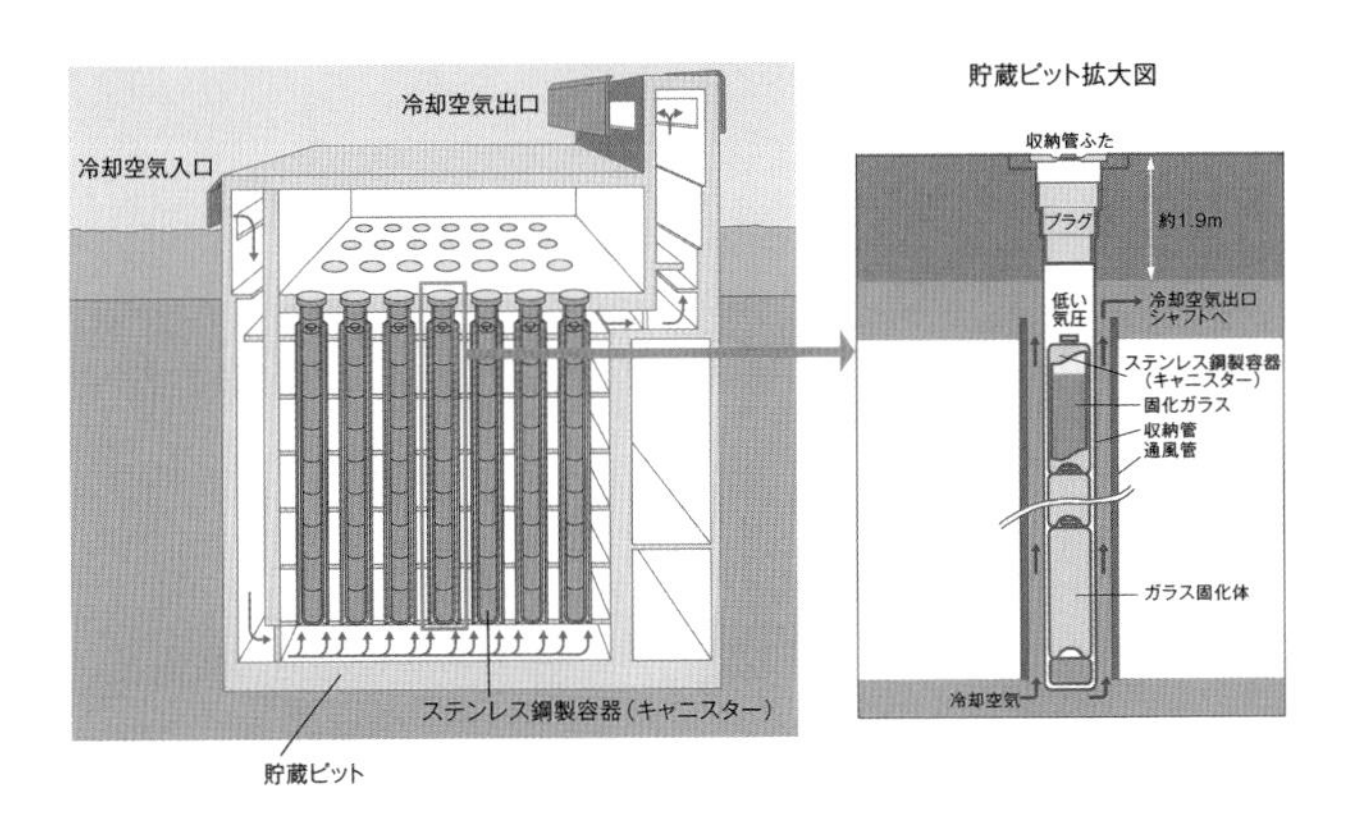

（B）

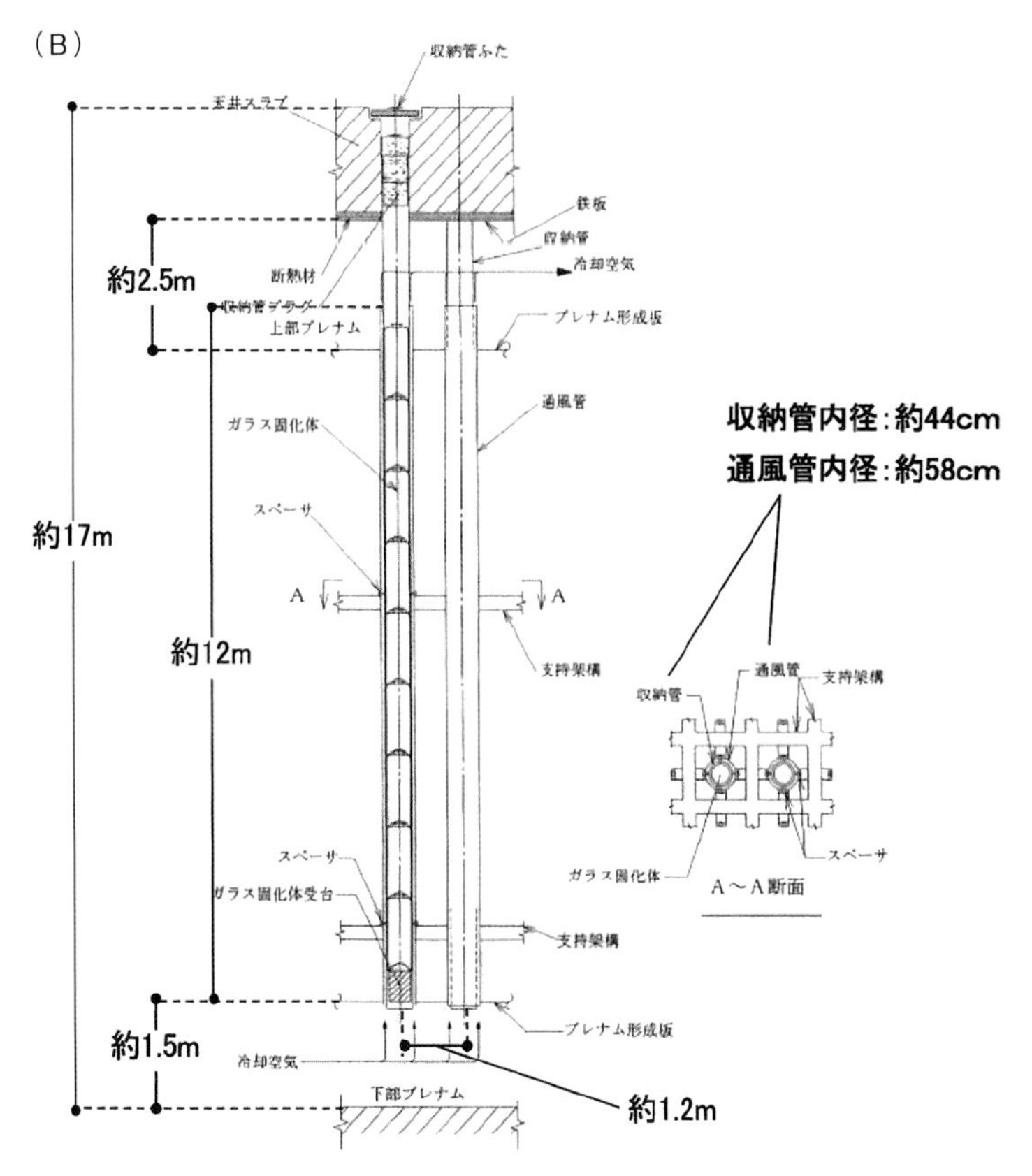

図Ⅷ－５　高レベル放射性廃棄物（ガラス固化体）の貯蔵

出所：（A）エネ百科／原子力・エネルギー図面集（一般財団法人日本原子力文化財団）「高レベル放射性廃棄物（ガラス固化体）の貯蔵概念図」（8-3-4）
※日本原燃株式会社パンフレットより作成
ＨＰ：https://www.ene100.jp/www/wp-content/uploads/zumen/8-3-4.jpg
（B）日本原燃株式会社　平成 26 年 1 月 21 日「廃棄物管理施設について」

・ガラス固化体は、崩壊熱のため、１本当たり２・５キロワット程度の熱を持ち、キャニスター容器温度は最高温度２８０度。重量５００キログラム（できた時は表面線量１５００シーベルト。人間が即死するほどの多さ）。

図Ⅷ－６　キャニスター
出所：「原子燃料サイクル施設の概要」日本原燃株式会社 2011年８月発行リーフレット

中心温度は４１０度にもなります。

ここでの一番の問題は、キャニスターが何年もつのか、ガラス固化体がどのような状態で入っているのか、基本的事項が一度も検証されていないのです。これはまったく無責任そのものです。必ず早急に検証が必要です。

〈高レベル放射性廃棄物一時貯蔵施設〉

第１／Ａ棟　１４４２本受け入れで満杯
（主として仏から）

第２／Ｂ棟　今後英国から７５８本搬入
貯蔵容量　２８８０本

六ヶ所再処理工場が稼働すると、毎年約１０００本以上のガラス固化体を生産します。新しく一時貯蔵施設が必要となります。

2 高レベル放射性廃棄物に対しての「日本学術会議」の提言
——国の計画を白紙に「暫定保管」を——

使用済み核燃料や、再処理後の高レベル放射性廃棄物（ガラス固化体）に対し、日本学術会議は、２０１２年９月11日に、まず、原発の停止などによる「総量管理」と「暫定保管」制度の導入を提言しました。また、原子力政策の社会的合意のないまま、高レベル放射性廃棄物の最終処分地選定を進めることは本末転倒であるとしています。

数十年から数百年保管し、その間に、放射能を弱くする「核種変換」や、極めて頑丈な容器開発をするなど、新しい処分方法を考えることを提案しています。その間は、現在のようなステンレス容器を、**キャスク保管**などによる安全な一時保管を提案しています。

（1）日本の原子力発電とその危険性——崩壊熱は制御できない——

日本の原子力発電は、①核燃料、②減速材、③冷却材の３つの要素の組み合わせで、さまざまな原子力発電の炉型があります。

それに、④制御棒、⑤反射体、⑥遮蔽材、⑦ブランケットで構成されています。原子炉の中心部を「炉心」と言い、頑丈な容器に閉じ込められています。

理論的には、ウランの核分裂後にできる生成物の質量の和は、ウランと中性子の質量和より減少し、その分だけエネルギーが解放されます。その大きさは、$^{235}_{92}$U１個あたり約２００メガ電子ボルト（MeV）という膨大さです。そのエネルギーを利用するために、多量の$^{235}_{92}$Uを連続的に核分裂させられれば、大きなエネルギーが得られるはずです。

遅い中性子（熱運動と同程度の速さの中性子）を$^{235}_{92}U$に衝突させると、一例を示すと図のようになります。

膨大な２００メガ電子ボルトのエネルギーが解放され、２～３個の早い中性子が出ます。この早い中性子が$^{235}_{92}U$に衝突しても、遅い中性子の場合と違ってほとんど分裂が起こりません。このため、重水（D_2O）などに衝突させ、遅い中性子にし、再び$^{235}_{92}U$に吸収させ、核分裂を起こしやすくします。

このようにして、次々に核分裂が起こることを**連鎖反応**と言います。$^{235}_{92}U$から出た中性子のうち、平均して１個が次の$^{235}_{92}U$に吸収されるように制御でき、連鎖反応が持続します。

このように工夫された装置が原子炉です。一般に、ウランなどの核燃料が一定の量に達すると、連鎖反応が起こります。この状態を**臨界**と言います。そして、臨界に達するために必要な核燃料の量を**臨界量**と言います（数研出版「物理Ⅱ」より引用）。

しかし、原子力発電は、原子炉内の発電による核分裂生成物が絶えず、核壊変による**「崩壊熱」**が発生します。その**「崩壊熱」**を絶えず除去する必要があります。原子力発電は、臨界と崩壊熱によって発電されているのです。

臨界の熱は、制御棒で制御できますが、崩壊熱は制御できないのです。その機器を絶えず冷却し続ける仕組みを**機器冷却系**と言っています。機器冷却系の一部でも機能しなくなれば、過酷事故に至ります。全電源喪失が起これば、いうまでもなく過酷事故につながります。

【安全性と放射性廃棄物（啓林館教科書より抜粋）】

原子炉の事故には、冷却水が失われるなどの原因で炉心の温度が上昇し、炉心が溶ける**炉心溶融**（メルトダウン）がある。１９７９年のアメリカのスリーマイル島原子力発電所事故での事故がこの例である。１９８６年の旧ソビエト軍のチェルノブイリ原子力発電所事故では、炉心での反応が制御不能になって爆発が起き、周辺地域に大量の放射性物質が放出された。２０１１年の東日本大震災では、福島第一原子力発電所の複数の炉心冷却機能がすべて失われて炉心溶融が起き、原子炉内の放射性物質が外部に放出された。万が一、原了炉の事故が起きて放射性物質が外部に放出されると、大きな被害が広範囲に広がり、しかもその影響は長期間残ることとなる。このため、原子炉には何段階もの安全対策がとられており事故の確率は非常に小さいといわれているものの、想定外の事故が起こり得るので、安全性に対して現在も議論がおこなわれている。また、核分裂でできる生成物には放射能があり、使用済みの核燃料は長期間放射能をもち続ける。古くなって解体した原子炉の鋼材も放射能をもっている。このような放射性廃棄物を安全に処理および管理する方策が開発されつつあるが、数千年を越えるような長期にわたって管理できるかどうかについて疑問をもつ声もある。

【言葉の解説】

○全電源喪失

全電源喪失とは、地震や火山、山崩れなどで送電鉄塔が倒壊したり、火山灰が電線に付着することにより、再処理工場や原発の電源がすべて失われること。

○機器冷却系

再処理工場は、**「崩壊熱」**が大量に発生するので、絶えず冷却する必要があります。工場の電源がすべて失われると、「冷却機器系」が働かなくなり、工場の安全機能も失い、水素爆発などのように機器の安全機能維持が必要となります。

核燃料サイクル・六ヶ所再処理工場の経済は完全に破綻──約43兆円以上の国民負担──

（1）すべて国民による電気料金と税による負担

電気事業連合会が提出した資料をもとに、2004年1月に使用済み核燃料を一部処理しただけで約19兆円かかり、これでいくと全量再処理し、地層処分すると約43兆円になると明らかにしました。

2012年3月4日の「しんぶん赤旗」は、六ヶ所核燃料サイクルの場合、原発の使用済み核燃料を取り出し、①ウラン濃縮の費用、②再び原発の核燃料を取り出す費用、③MOX燃料として加工する費用、④それまでに出た廃棄物・高レベル放射性廃棄物（ガラス固化体）と、⑤低レベル放射性廃棄物の輸送・一時貯蔵と最終処分場への処分などにかかる費用になります（図Ⅷ─7参照）。

その後、再処理工場の事故や、高レベル放射性廃棄物の処分などにより、費用は大巾に増加しています。45兆円以上になると、私は推定しています。

六ヶ所再処理工場は、建設の費用だけで約2・2兆円かかっています。また、再処理工場は、稼動操業し

項　目	かかる費用
使用済み核燃料の再処理の操業・最終処分まで	約20.0兆円
ウラン濃縮・操業・最終処分まで	約12.4兆円
MOX燃料加工・建設・操業・処分まで	約1.7兆円
高レベル放射性廃棄物・貯蔵輸送・最終処分まで	約4.3兆円
TRUを含む低レベル放射性廃棄物 処理処分貯蔵施設の建設・最終処分まで	約3.5兆円
中間（一時）貯蔵	約1.1兆円
合　計	約43.0兆円

※TRU廃棄物（超ウラン元素）を含む廃棄物で、放射能のレベルが高く、半減期が長いので、高レベルと同様の地層分にします。その建設費用も入っています。

図Ⅷ─7　六ヶ所核燃料サイクル内訳約43兆円
出所：「しんぶん赤旗日曜版」2012年3月4日付

ていなくても維持管理費毎年１１００億円かかっているので、毎日約3億円の維持管理費用がかかっています。これは、事故が起こった時の修復費用などは入っていないのです。

この全く無駄の見本のような、核燃料サイクルに注ぎ込まれる費用は、税金と電気料金として国民が負担しています。

１家庭あたり毎月１６３円〜２３７円が電気料金に上乗せさせられているといわれています（吉井英勝（日本共産党元衆議員）の調査による）。

日本原燃は電源三法により、税と「総括原価方式」により、核燃料サイクルはすすめられています。

（２）再稼働の原発追加安全対策費５・４兆円（図Ⅷ―８参照）

「しんぶん赤旗」２０１９年12月29日の記事によると、原発の追加安全対策費が膨らみ続けています。

また、審査が続いている北海道電力泊原発の追加対策費は２０００億円台半ばとしていますが、テロ対策費や予定の防潮壁の費用は含まれていません。

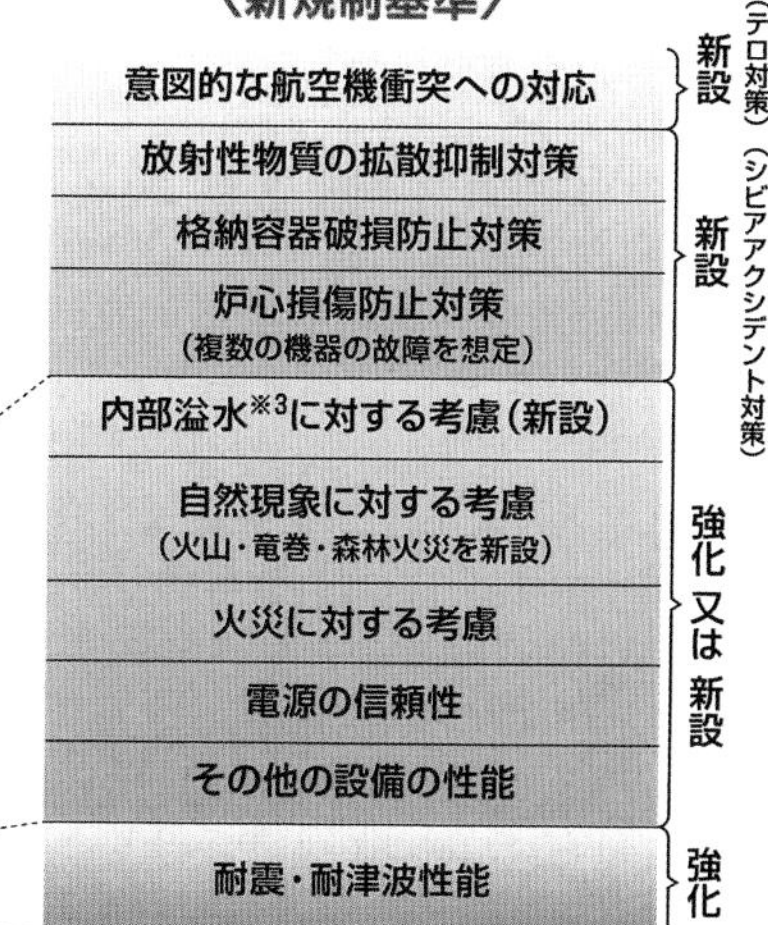

図Ⅷ－８
出所：「さいくるアイ」経済産業省資源エネルギー庁　平成26年9月1日発行（p.9）

その他の原発でも「特定重大事故等対処施設」が含まれていないところもあります。

図Ⅷ―９には、六ヶ所再処理工場が含まれていません。実際に再処理工場の場合を加えると膨大な額に達すると考えられます。「従来の規制基準」と「新規制基準」を比較すると、重大な事故に対する対応、溢水への対策、外部からの衝撃への対応、非常時の電源確保など、まだまだ不足だと考えられます。

■原発ごとの追加安全対策費
（12月現在。2011年３月以降の見積もりを含む総額）
■北海道電力
※泊（北海道）　2000億円半ば
■東北電力
※東通（青森県）　未定
※女川（宮城県）　3400億円
■北陸電力
※志賀（石川県）　1500億円超
■東京電力
柏崎刈羽（新潟県）　１兆1690億円
■中部電力
※浜岡（静岡県）　4000億円
■関西電力（計１兆255億円）（注）
美浜（福井県）　2167億円
大飯（同上）　2631億円
高浜（同上）　5458億円
■中国電力
※島根（島根県）　5500億円
■四国電力
伊方（愛媛県）　1900億円
■九州電力
玄海（佐賀県）　4500億円超
川内（鹿児島県）　4500億円超
■日本原子力発電
東海第１（茨城県）　2400億円
※敦賀（福井県）　900億円
■電源開発
大間（青森県）　1300億円
※特定重大事故等対処施設の費用を含まない
（注）関電の合計は端数処理のため一致しません

図Ⅷ－９
出所：「しんぶん赤旗日曜版」2019年12月29日付

4 高レベル放射性廃棄物（ガラス固化体）までにあと25年間で地層処分地を決定し、地層処分することは不可能
──50年の期限内（２０４５年）

（1）最終処分地選定の流れ

（図Ⅷ―10参照）

しかし、福島原発事故に見られるように、低レベル放射性廃棄物でも地層処分が難しいのに、「高レベル放射性廃棄物（ガラス固化体）」ともなれば、国が候補地を提示しても受け入れを表明する所はないでしょう。六ヶ所から搬出できないのは明確です。そもそも日本には、火山や活断層のない地域はないのですから。

１９９５年に「高レベル放射性廃棄物」の最終処分地を２０４５年までに決定すると提示してすでに25年。あと25年で最終処分地が

最終処分地選定の流れ　手順②

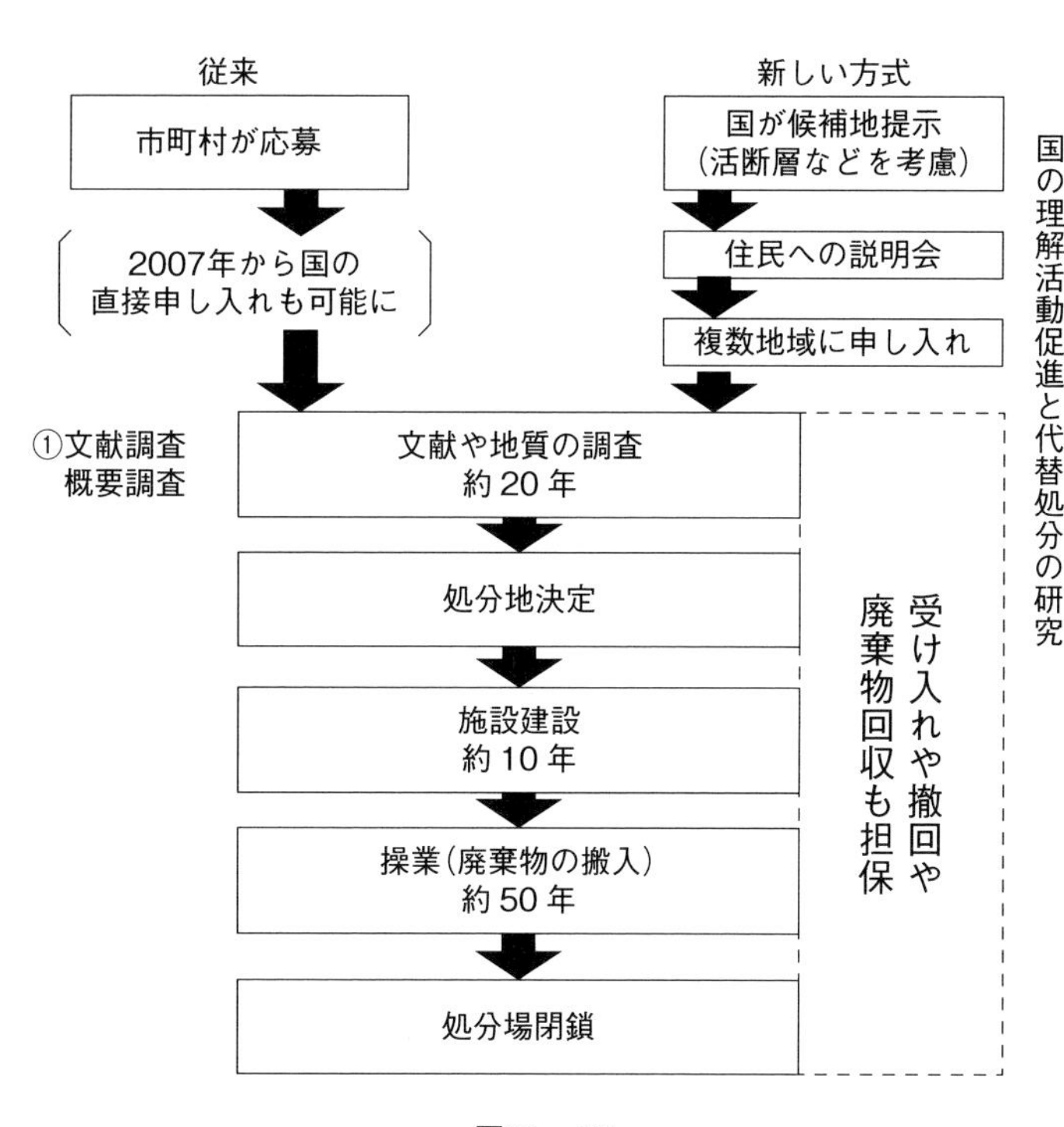

図Ⅷ－10

決められると到底、思えません。操業（ガラス固化体）の最終処分地への搬入など、とてもできない空想的なものです。青森県の三村知事が、最終処分地にしないと国と確約したと言いますが、六ヶ所に置きっ放しになることは明らかです。現在の一時貯蔵施設も非常に危険です。震度8―9レベルの地震があったら、ストレートに高レベル放射性廃棄物が外部に出ていく可能性さえあります。**「崩壊熱」**により、ステンレス容器が崩壊するからです。

２００８年3月6日に、県民クラブ、共産党、社民党の野党３会派は、高レベル放射性廃棄物の最終処分地を拒否する条例案を、県民の総意であるとし、県議会に提出しました。しかし三村知事は、そのような条例制定は必要はないと拒否しました。それは、一時貯蔵期間のうちに、最終処分地を選定し、２０３７年に搬出する予定の目途がつかなかったからです。

三村知事は、4月10日に電事連と日本原燃に対し「高レベル放射性廃棄物（ガラス固化体）」を一時貯蔵し、期間（50年）終了後に県外へ搬出するという主旨の確約書の提出を求め、両者はそれに応ずるとし、4月24日に確約書を提出しました。２００８年4月25日、三村知事は、歴代知事と同様に、甘利明経済産業相から「青森県を高レベル放射性廃棄物の最終処分地にしないことを、改めて確約します。」との確約書も受け取りました。

高レベル放射性廃棄物は30年～50年後に搬出され、安定地層処分をすることになっていました。しかし、福島原発苛酷事故以来、30年～50年後の搬出は不可能になっています。図Ⅷ―10は、福島原発苛酷事故以前のものですが、高レベル放射性廃棄物の応募計画です。このように金で釣るやり方は、人口減少と経済悪化などによって、経済破綻する各自治体への甘い誘いとなっていますが、成功するはずがありません。

(2) 東洋町最終処分地文献調査 応募するも取り消し

「原子力発電環境整備機構（原環機構）」は、2002年から、高レベル放射性廃棄物最終処分地の公募を始めました。高知県安芸郡東洋町の田島裕起町長は、2003年1月に候補地応募の書類を郵送しました。全国で初めてです。文献調査が実施されれば、年度内では2・1億円、来年度からは10億円の交付金が入ることを目当てにしたものです。

国が正式に受け付けたのは2007年1月です。その間、反対運動が起き、住民の6割以上の署名が集まり、住民の町長リコールが起き、町長が辞職。2007年4月22日に選挙反対派の沢山保太郎町長が当選し、応募が取り下げられました。

6 六ヶ所再処理工場の今
——落雷での故障・ミスで火災、配管埋込金具の不良など続出——

2014年に、日本原燃は使用済み核燃料の新規制基準への適合審査を原子力規制委員会に申請しました。しかし、書類が整わず、具体的な審査に入っていません。再処理工場は以前から次々に事故・トラブルを発生させてきました。

落雷での事故（2003年8月2日）では、高レベル放射性廃液漏れなどを検知する機器をはじめ、建屋内部を低圧に保つ電気系統など、31件の機器が故障しました。

高レベル放射性廃棄物（ガラス固化体）の貯蔵建屋のボルトなどの錆が発見されたり、配管などを支える埋込金具が浮き上がったり、金属棒が規定通りになっていない箇所が見つかったりと、毎月のように事故やトラブルを起こしています。

日本原燃は、工場内にある48万３０００個の金具のすべてを再点検することに決め、点検を始めています。アクティブテストで大量の硝酸を使用したため、今後、ボルト、金具、配管の接続部の腐蝕が続出することが予想されます。

このようなまま本格操業など許されるはずがありませんが、仮に操業したとしても、大事故の発生をまぬがれることは難しいと思われます。

（1）高レベル放射性廃棄物（ガラス固化体）と一時貯蔵施設の経過

《「原子燃料サイクル施設の概要」リーフより》（図Ⅷ―11参照）

２０００年：「特定放射性廃棄物の最終処分に関する法律」（最終処分法）制定。
　事業主体に「原子力発電環境整備機構（ＮＵＭＯ）」を設立。本格的に放射性廃棄物のついて取り組み始めた。

２００２年：自治体への受け入れ公募を始める。

２００７年：高知県東洋町が応募したものの、町長選を経て、応募が取り下げられた。

２０１２年９月：このような状況の下で、日本学術会議に「高レベル放射性について」の処分について、諮問をおこなった。学術会議は、
　①「高レベル放射性廃棄物」を増やさない　当面原発を止める
　②従来の政策の枠組みを白紙に戻すくらいの覚悟が必要
　③科学・技術的能力限界の認識と科学の自律性を確保
　④暫定保管と総量管理を柱とした政策枠組みの再構築

をと回答、提案した。

（2）海外返還高レベル廃棄物（ガラス固化体）

経過は前にも述べましたが、原子力発電の使用済み核燃料を再処理した高レベル放射性廃棄物（ガラス固化体）が問題となったのは、第1回目のフランスからの28本のガラス固化体の搬入時を始めた時です。青森県民も国民もびっくりしました。

当時の木村県知事は、高レベル放射性廃棄物を受け入れるという認識はありませんでした。六ヶ所村と県が受け入れたのは、あくまでも3点セッ

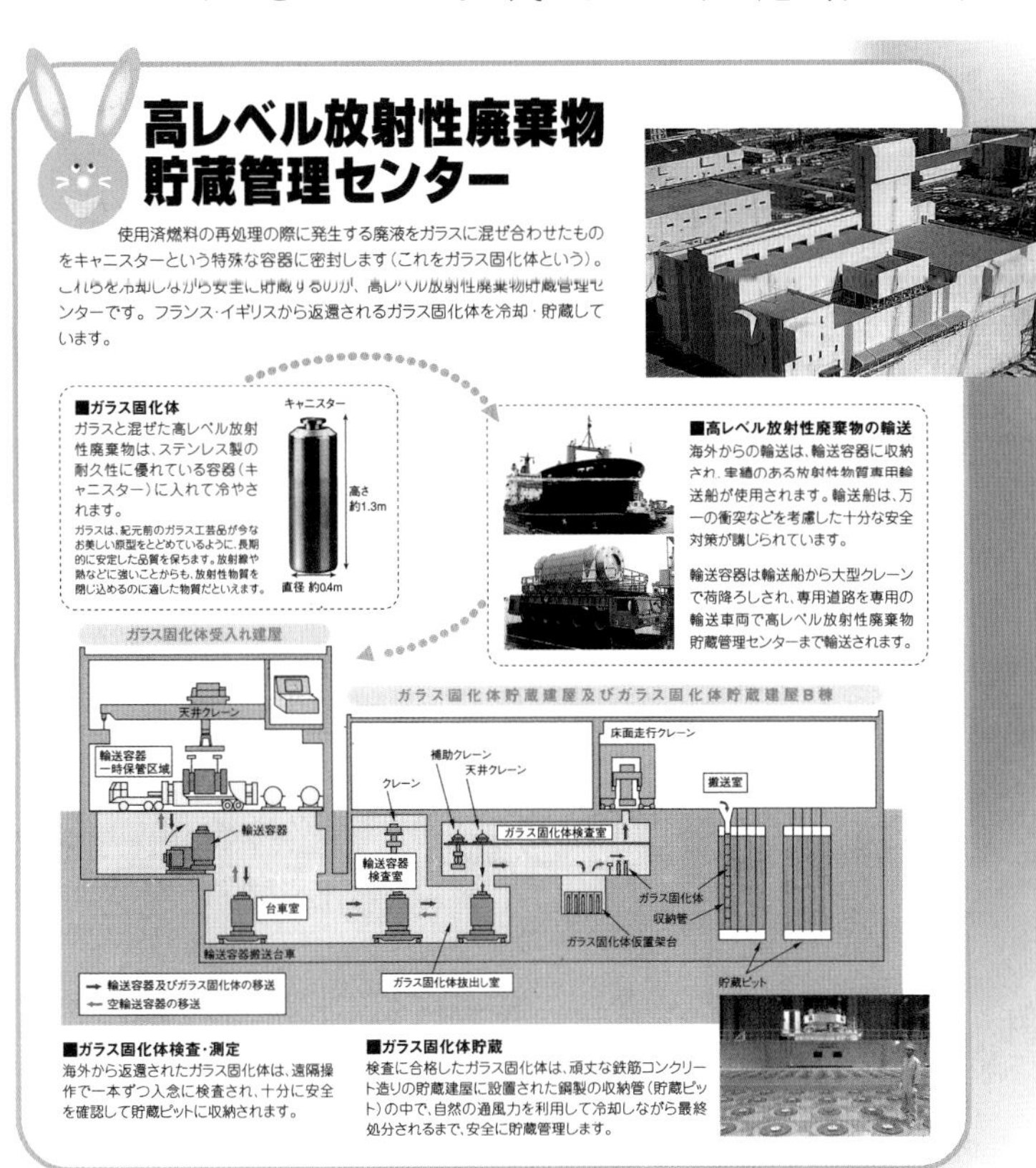

図Ⅷ－11　高レベル放射性廃棄物貯蔵管理センター
出所：「原子燃料サイクル施設の概要」日本原燃株式会社　2011年8月発行リーフレット

ト（①再処理工場、②ウラン濃縮工場、③低レベル放射性廃棄物貯蔵）だったからです。木村知事にとっては、完全に騙されたという思いだったでしょう。北村知事の時には、「原子燃料サイクル施設立地」の安全検討課題のなかに、高レベル放射性廃棄物は触れられていませんでした。しかし、国や日本原燃が核燃料サイクルのなかに含まれているとして、海外で最再処理した高レベル放射性廃棄物ガラス固化体を搬入、50年間の一時貯蔵を認めたのです。それ以来、内閣が代わる毎に、経済産業大臣と確約をとっているのです。

しかし、現在に至っては、50年間の中間貯蔵は全く破綻しています。

青森県はこれまで、国の関係閣僚が変わった時、「本県を最終処分地にしない」ことを確認してきています。２０１８年5月にも三村知事は、世耕大臣と会談し、大臣は「約束を遵守する」と述べています。

初搬入から23年経過し、バックエンドの高レベル放射性廃棄物の最終処分地については、日本学術会議が従来の政策の枠組を白紙に戻し、現在のキャニスター容器などでの貯蔵から安全なキャスク貯蔵にし、その間にどうしたら良いのか考える、社会に容認されるプルトニウムなどの高レベル放射性廃棄物をなくす方法を考えよ、と提起したのです。

（３）高レベル放射性廃棄物（ガラス固化体）最終地層処分地と「科学的特性マップ」
――地質学的に地層処分地がない日本列島には、安全な最終処分地はない――

２０００年6月に公布された「特定放射性廃棄物の最終処分に関する法律（最終処分法）」に基づき、原子力発電環境整備機構ＮＵＭＯ（ニューモ）が設立されました。

主として、高レベル放射性廃棄物の最終処分事業の推進機関となったのです。先述のように、高レベル放射性廃棄物（ガラス固化体）は、高レベル放射性廃液とガラスを混ぜ合わせて融かされ、キャニスターと呼ばれるステンレス製容器（高さ1・34メートル、直径43センチメートル）に封入されます。当初は、約3700兆ベクレル（3.7×10^{16}Bq）という莫大な放射能を含むので、約2・5キロワット程度の崩壊熱を出し続けています（図Ⅷ—6参照）。

図Ⅷ—3の図（「核燃料の燃焼前後の組成」参照）は、個体ウランを燃やした軽水炉の場合の、どんな種類の元素が高レベル放射性廃棄物（ガラス固化体）中に入っているのか、また、**「崩壊熱」**を出し続け、時間と共に減少するかを示したものです。大幅に減衰するのは、数万年近く経過してからです。

さらに、軽水炉でMOX燃料を燃やした場合は、マイナーアクチニド系元素で、プルトニウム（P）、アメリシウム（Am）、キュリウム（Cm）、ネプツニュウム（Np）が増え、大きな**「崩壊熱」**が発生します。プルトニウムと同様に、高い放射能を有し、α線を大量に出し、人体に入ると高い確率でガンなどを発生させます。それは、ストレートに膜が傷つけられるからです。地層に水（H_2O）があれば、容器の腐食や水が分解し、水素（H_2）の気体発生や、**「崩壊熱」**により、爆発の危険もあります。日本の地層・地質では、数万年も安定な地層はありません（図Ⅷ—12参照）。

「科学的特性マップ」を見ると、地質学的に安全な場所はまったくなく、日本の海岸のほとんどは適した地域だと考えられません。日本列島の海岸の地質には、2万年近く安定している地質はほとんどありません。海岸地域は新しい地層でもあるからです。

また、3・11福島原発事故以来、低レベル放射性廃棄物でさえ受け入れる所がないのに、高レベル放射性廃棄物に至っては、スタートの処分地選定さえできないままに、50年を経過してしまうことが確実です。六ヶ所が高レベル放射性廃棄物の置きっ放しになるのは必然です。高レベル放射性廃棄物を引き受ける自治体などあるとは考えられません。村民も県民もキャスクに入れ直して、搬出を迫る時です。

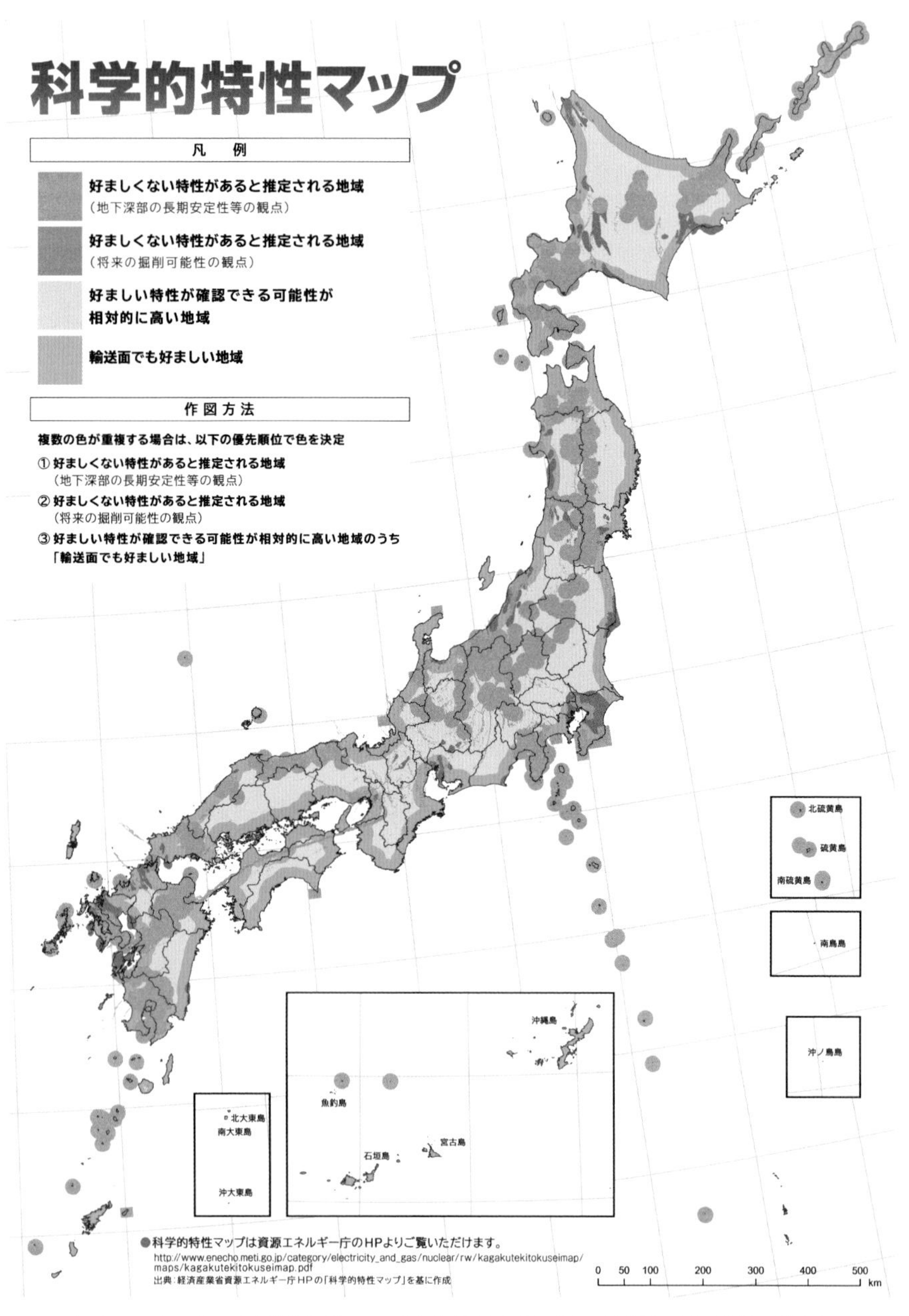

図Ⅷ－12－1　「科学的特性マップ」と地層処分に関する段階の選定調査が提示

出所：「さいくるアイ」No.13　2017AUTUMN　平成29年10月17日発行　経済産業省資源エネルギー庁（p.4-5）

（4）再処理工場・高レベル放射性廃棄物建屋

再処理工場内には、高レベル放射性廃棄物を一時貯蔵する施設があります。

それは、主として海外のガラス固化体です。実際に再処理工場が稼動、操業すると、毎年約1000本以上のガラス固化体が生産されます。生産本数増加につれ、一時貯蔵の建屋が作られると予想されますが、「余剰プルトニウム」がある現在、操業するとは考えられません。また、現在アクティブテスト中でもあります。

・高レベル廃液ガラス固化体建屋　19本（貯蔵能力315本）

・第一ガラス固化体建屋東棟　327本（貯蔵能力2880本）

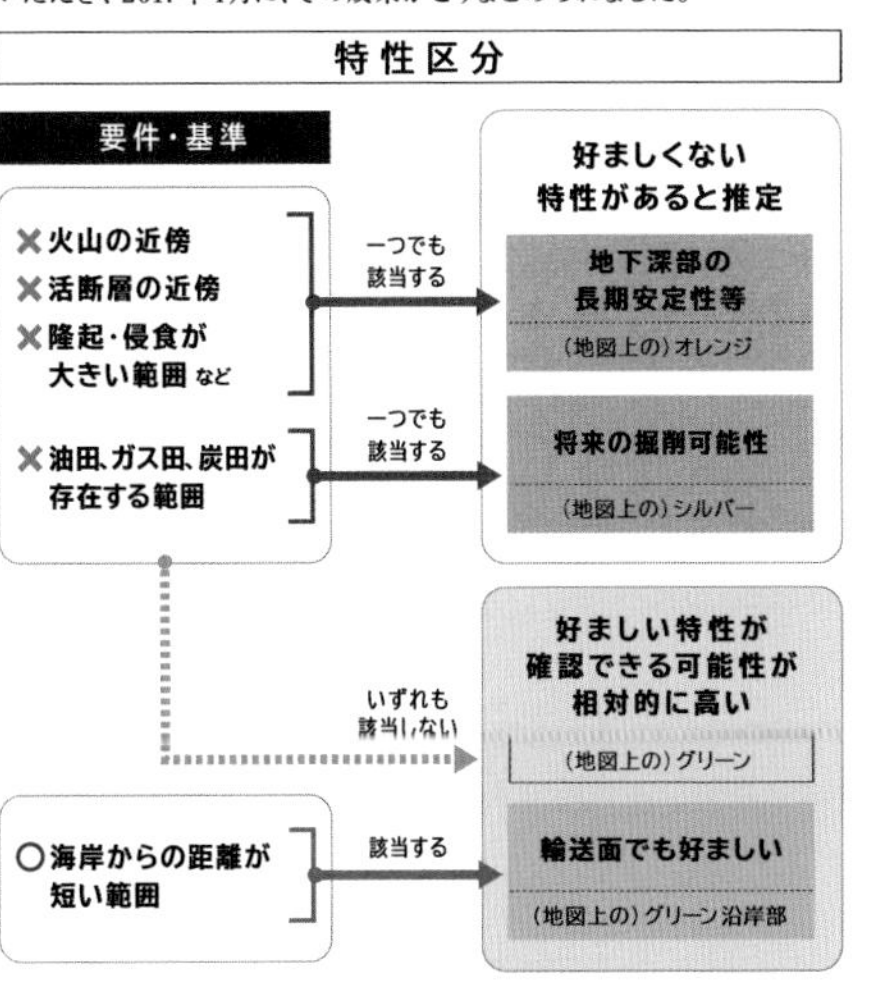

要件・基準のポイント

○好ましくない範囲の要件・基準

	要件	基準
火山・火成活動	火山の周囲 マグマが処分場を貫くことを防止	火山の中心から半径15km以内等
断層活動	活断層の影響が大きいところ 断層のずれによる処分場の破壊等を防止	主な活断層（断層長10km以上）の両側一定距離（断層長×0.01）以内
隆起・侵食	隆起と海水面の低下により将来大きな侵食量が想定されるところ 処分場が著しく地表に接近することを防止	10万年間に300mを超える隆起の可能性がある、過去の隆起量が大きな沿岸部
地熱活動	地熱の大きいところ 人工バリアの機能低下を防止	15℃／100mより大きな地温勾配
火山性熱水・深部流体	高い酸性の地下水等があるところ 人工バリアの機能低下を防止	pH4.8未満等
軟弱な地盤	処分場の地層が軟弱なところ 建設・操業時の地下施設の崩落事故を防止	約78万年前以降の地層が300m以深に分布
火砕流等の影響	火砕流などが及びうるところ 建設・操業時の地上施設の破壊を防止	約1万年前以降の火砕流等が分布
鉱物資源	鉱物資源が分布するところ 資源の採掘に伴う人間侵入を防止	石炭・石油・天然ガス・金属鉱物が賦存

○好ましい範囲の要件・基準

	要件	基準
輸送	海岸からの陸上輸送が容易な場所	海岸からの距離が20km以内目安

図Ⅷ－12－2

IX　日本の核燃料サイクルは核兵器開発競争のなかで誕生した原子力発電は核武装を目指したもの

1　核研究開発の不幸な歴史（アトムズ・フォアピース）

１９３８年、ドイツでヒトラーが政権をとり、第二次世界大戦（１９３９〜１９４５年）の暗雲が漂い始めたころ、ドイツの物理学者、オットー・ハーンやハインリッヒ・シュトラスマンらが、天然ウランにわずかに含まれているウラン２３５に、中性子をあてると、原子核が分裂し、大量のエネルギーを出すことを発見しました。このエネルギーを利用すると、強大な破壊力を持つ、悪魔の兵器ができることを予想したのです。

しかし、当初科学者たちは、核分裂連鎖反応の膨大なエネルギーを、爆弾のように一瞬で爆発を起こさせることは困難であり、動力源としての利用を考えていたようです。

しかし、ヒトラーのナチスドイツが１９３９年にポーランドに侵攻を開始するなかで、反ユダヤ政策の迫害を受けたユダヤ系科学者たちは、「悪魔の権化・ヒトラーのドイツより先に原爆を作らねば。」と考えました。

２「マンハッタン計画」（原爆製造計画の暗号名）

原爆開発計画については、ルーズベルト大統領に宛てた「アインシュタインの手紙」の伝言が、大きな影響を与えたと考えられています。そのなかで、ハンガリーからアメリカに亡命した物理学者レオシラードが、原爆を作るようにアインシュタインを通じてお願いしたのです。反ユダヤ系の亡命科学者と、連合国側の多くの優れた科学者たちを集め、アメリカの科学技術力と工業力を集中し、原子爆弾開発計画に着手しました。

この計画は、１９４１年12月にスタートし、ニューヨークにある陸軍のマンハッタン工兵管区の陸軍大佐レスリー・グローブスが指揮をとったので、秘密の暗号命で、「マンハッタン計画」と呼ばれました。

この計画には、莫大な費用（当時で約20億ドル）と高度な科学技術が必要で（ウラン２３５の濃縮技術やプルトニウムの抽出技術などです）、当時人類最大のプロジェクトと言われました。

現在の原子力発電は、ウラン濃縮技術・再処理技術・軽水炉制御など、核兵器を作る延長線上の技術です。悪魔の権化・ヒトラーに、核開発では負けられないと原爆製造に突き進んでいった科学技術の利用です。

しかし、１９４４年には、アメリカとイギリス政府は、ヒトラーが原爆を作っていないことをつかんでいました。それを知りながら、アメリカは原爆作りに突き進んでいったのです。

１９４５年5月にナチス・ドイツが敗北し、多くの科学者たちは、原爆を完成させる必要はないと考えはじめていました。

ところがそのころ、アメリカ政府は、新しい原爆を作ることができる量の濃縮ウラン２３５とプルトニウムを手に入れ、日本の戦後処理を検討し始めます。

最初の原子爆弾（プルトニウム原爆）は、ニューメキシコ州、ロスアラモス研究所で完成し、7月16日に、アラモゴルドの砂漠で原爆核実験がおこなわれ、凄まじい爆発力を確認しています。

日本は1945年2月には、近衛文麿が「敗戦必至」と戦争の中止を単独上奏したものの裁可はおりず、3月の東京大空襲はじめ各地方や都市が焼却され、要求もできず、日本の敗北は必至となりました。

ところがアメリカは、原爆の無警告投下に反対する科学者の意見などを退け、7月16日にニューメキシコで成功し、たった一つしかなかったウラン型爆弾「リトルボーイ」を8月6日、広島に投下します。つづいて8月9日には、長崎にプルトニウム型原爆「ファットマン」を投下したのです。

この原爆の投下は、明らかに人体実験であり、敗戦処理について、米国の優位を誇示する意図が明らかでした。ソ連の対日参戦も意識していたでしょう。

その後、第2次世界大戦から5年後に朝鮮戦争が始まり、核兵器開発競争がアメリカ、ソ連、イギリス、フランス、中国などで続いていきました。特に、1949年にソ連が原爆実験に成功し、原爆よりさらに強力な水爆実験と開発にしのぎを削ることになりました。

3 激しい核実験競争（原爆から水爆へ）

原爆がウランやプルトニウムの原子核の核分裂をさせたエネルギーを爆弾として利用するのに対し、水爆はそれとは逆で、水素の原子核を核融合させて莫大なエネルギーを利用する、核融合爆弾です。時代はこの水素核爆弾、すなわち水爆の競争へと移っていきました。1953年、ソ連が最初に水爆実験をおこない、1954年3月1日にはアメリカがビキニ水爆実験に踏み出しました。

こうして、アメリカ、ソ連、イギリス、フランス、中国などによって、２０４７回もの原爆実験がおこなわれ、世界の空は、放射能だらけの死の灰の空となり、多くの海水生物も調査されず、消失絶滅していったのです（図Ⅸ―１参照）。

4 日本の核燃料サイクルの歴史
―ビキニ環礁での水爆実験　日本の漁船乗組員1万人の被災―

アメリカは１９５４年3月1日～5月14日に、太平洋マーシャル諸島・ビキニ環礁を中心に、６回の水爆核実験をおこないました。この実験で多くの生物種が絶滅しました。

初日（3月1日）にビキニ環礁東方約１６０キロメートルの危険区域外にいた第５福竜丸が、放射性降下物（死の灰）を浴びて被爆し、乗組員23人のうち、久保山愛吉さん（当時40歳）が半年後に死亡しました。

当時、この地域で操業していた漁船は、実数で約

		アメリカ	ソ連(ロシア)	イギリス	フランス	中国	合計
1945 7.16～'63 8.5 部分的核実験禁止条約(PTBT)締結まで							
a=atmospheric 大気圏内・外、水中実験	a	217	219	21	4		583
u=underground 地下実験	u	114	2	2	4		
1963 8.6～'96 6.8 包括的核実験禁止条約(CTBT)調印直前の中国最後の実験まで							
	a	0	0	0	46	23	1464
	u	701	494	22	156	22	
大気圏・地下別の実験回数合計							
	a	217	219	21	50	23	
	u	815	496	24	160	22	
実験回数の合計							
		1032	715	45	210	45	2047

核保有五カ国の核実験の回数

図Ⅸ－１　この他、パキスタン・インドも核保有国
出所：『そうだったのか！　現代史パート２』池上彰 著　集英社 発売／ホーム社　発行　2003年３月31日発行（第１刷／ p.164）

550隻ほどで、延べ1000隻（2回以上被災した船もあり）、被災した乗組員は、約1万人と見られています。

日本の原水爆禁止運動の出発点となったのは、このビキニ環礁での水爆実験です。第五福竜丸を初め、実験での被害が広く知られるようになると、被災船第五竜丸の母港地焼津を初め、核実験反対決議は全国の自治体に広がりました。

また、各地で平和集会、市民大会がもたれました。これが、全国の核兵器反対運動の始まりです。毎年3月1日は、3・1ビキニデーとして集会が持たれています。

そして、全国各地で自発的に湧き起こったのは、核実験に廃絶の署名運動でした。署名によって日本国民の意志を世界に伝えるため、原水爆禁止署名運動協議会が作られ、3000万人もの人々の署名が集められました。その後「原水爆禁止協議会」となって、全県に広がっていきます。毎年8月の原水爆禁止世界大会を目指し、全国各地から広島への平和行進がおこなわれてきています。

《日本にCIAエージェント・正力松太郎（初代：原子力委員長）米国の「核利用（アトムズ・フォー・ピース）」を持ち込んだ」》

1950年代後半の冷戦時代、米国アイゼンハワー政権は、核兵器でソ連軍を完膚なきまでにやっつける「大量報復戦略」を策定していました。それと同時に、世界、日本の核兵器廃絶運動に対する政策を展開する必要に迫られていました。

そこで提起されたのが、「核の平和利用（アトムズ・フォー・ピース）」です。

CIAエージェント・正力松太郎は、「核の平和利用」を「讀賣新聞」を通して広く宣伝していきました。初代原子力委員長として「ついに太陽をとらえた」という大型連載など大キャンペーンを展開し、

1955年の「原子力基本法」の制定や、「第1次長計」の原子力政策を制定し、その後、中曽根康弘（当時は日本民主党）議員と協力し合い、アメリカの核兵器開発の技術を「平和利用」として、日本の原発政策を推進しました。

⑤ 核兵器開発と米国の平和のための原子力（アトムズ・フォー・ピース）

日本の原子力開発利用と展開、核燃料サイクルの破綻の歴史を、吉岡斉氏（政府「東京電力福島原子力発電所における事故調査検証委員会委員」）の新版『原子力の社会史』（朝日新聞出版）と、岩井孝氏（日本原子力研究開発機構研究員）の「原子力の研究・開発及び利用に関する長期計画」（今後「第○次長計」と略す）、有馬哲夫氏（早稲田大学教授（メディア論）の『原発・正力・ＣＩＡ』）より、歴史を見ていきます。

⑥ 原子力発電・核燃料サイクルの研究開発・利用計画体制の発足まで
―1955年9月から12月まで―

1953年7月～11月まで、当時改進党の中曽根康弘議員は、アメリカの「アトムズ・フォー・ピース」原子力平和利用の原子力産業の活動をつぶさに見学し、国家的事業として原子力発電をなんとしても早期におこなわれなければと痛感して帰ったと考えられます。

そして、1955年9月から12月までのわずか4ヵ月の間に、政治家たちにより、日本原子力の研究・開発・利用に関する基本的政策の骨格が、政治家主導の下に国策として決定されました。

中曽根康弘民主党衆議院議員（1955年11月より自民党衆議院議員）を委員長とする、衆参合同委員会の「原子力合同委員会」により、「原子力基本法」が可決され、「原子力委員会科学技術庁」、「日本原子力研究所」、「原子燃料公社（後に動力炉・核燃料開発事業に発展的に改組）」などの法案が次々に成立し、原子力発電の研究・開発の組織機構があっという間に法的に整備されていきました。

初代原子力委員会の委員長として正力松太郎（後に読売新聞社）が決まり、原子力研究開発利用する長期計画を立て、政策的に原子力発電や核燃料サイクルを進めることとなったのです。

原発と核燃料サイクルの歩み
――1956（昭和31）年第一次原子力の研究及び開発利用長期計画（図Ⅸ―2参照）

(1) 第一次長期計画（1956年）

日本の原子力発電と核燃料サイクルの研究体制の国策として、短期間に確立発足し、スタートを切りました。また、はじめから増殖型動力炉の開発に目標を置いていました。

1956年に原子力委員会が発足（1・1）、日本原子力研究所（6・15）発足、国際原子力機関（IAEA）に加盟（10・26）と、日本の原発と核燃料サイクルの研究開発体制はあっという間にスタートを切ったのです。

原子力委員会の最初の大きな仕事としては、「原子力の研究開発及び利用長期計画」を立てることでした。

第一次原子力長計は、「原発の核燃料は、なるべく国内資源により、止む得ない場合輸入する。この場合も精錬加工は国内でおこなう。資源面から増殖型動力炉が適する増殖実験炉1基を海外発注する」

など、初めから国策として開発することを目標としていました。「一基を建設し、増殖力試験炉を海外に発注する」と、当初から核燃料サイクルプルトニウム循環を目指していたのです。

１９５７年に、日本第1号原子炉、原研のＪＲＲ―１（ウォーターボイラー型熱出力50キロワット）が、我が国で初めて臨界に達し、原子の火が灯りました。

（２）第二次長期計画（１９６０年）

使用済み核燃料の再処理と国内核燃料開発を核燃料開発公社があたる

日本は、プルトニウムを取り出すために、英国が実用化した黒鉛減速ガス冷却炉の輸入を決めました。高速増殖炉の技術的困難性と、炉の完成まで長い期間がかかることも明らかになりました。また、国内核燃料資源の開発とウラン燃料の輸入を考え、国内ウラン燃料開発を原子燃料公社（後の動燃）にあたらせることを決めました。

第二次長計は、海外（主として米国）における核燃料の供給力が増大したので、海外からの輸入と国内核燃料開発政策をとることになりました。

プルトニウム核燃料の実用化とウラン濃縮の一部の国内生産化を目指し、核燃料としてプルトニウム循環を目標とすると第一次長計により、より具体化して、核燃料サイクルを進める方向を明確にしています。

１９６２（昭和37）年、原研国産一号炉ＪＲＲ―３が臨界に達し、（天然ウラン・重水型・熱出力一万キロワット）同年10月26日、原研動力試験炉ＪＲＤＲ発電試験に成功します。この日を「原子力の日」に決定しました。

（3）第三次長期計画（1967年）

〈核燃料は、米国に依存〉

日本の核燃料サイクルは、初め、①軽水炉サイクル、②新型転換炉サイクル、③高速増殖炉サイクルの３サイクルで始まりました。

使用済み核燃料約1000トン程度の処理能力の再処理工場建設の必要

政府は第三次長計で、軽水炉の国際化とともに、軽水炉と高速増殖炉と新型転換炉（ＡＴＲ）でプルトニウム循環を目指すことを明確にしました。また、使用済み核燃料が昭和60年ごろには、約１０００トン程度となるため、その量を再処理工場の民間企業にさせるとしています。

また、高速増殖炉の使用済み核燃料は、「原型炉もんじゅ」の運転段階において再処理工場を建設し、処理することがあるとしています。

この段階ですでに、原発から使用済み核燃料の「全量再処理」が目指されています。

［1966年（株）日本原子力発電（原電）東海発電所ガス冷却炉］

電気出力16万6000キロワット営業運転開始

前期長計は、１９７５（昭和50）年には、プルトニウム核燃料加工事業化と、原子力発電を将来、電力事業の主流にすることを目指すとしています。また、原発の規模を大幅に増やし、１９８５（昭和60）年には、３０００万キロワットから４０００万キロワットの発電量を目指すとしました。

高速増殖炉は、核燃料問題を基本的に解決する炉型なので、原発の主流となるべきものです。前期長計は、ナトリウム冷却型の高速増殖炉を目指し、１９６５（昭和40）年に熱出力10万キロワット程度の実験炉の建設、１９７０（昭和45）年に20万〜30万キロワットの原型炉の建設、１９７５（昭和50）年の初期に、原型炉の運転を開始し、１９８５（昭和60）年代には、実用化することを目標としていました。

［20万キロワットないし30万キロワットの高速増殖炉・原型炉］

昭和50年代の運転開始と年間１０００トンの軽水炉使用済み核燃料再処理工場建設

前期長計はまだ、１９８５（昭和60）年ごろには、年間１０００トン程度の熱中性子炉（軽水炉）の使用済み核燃料の処理が必要となり、そのための再処理工場を、民間企業に建設させるとしています。

（４）第四次長期計画（１９７２年）

動力炉・核燃料開発事業団（動燃）

第四次長計は、１９８０年に６０００万キロワットの原発計画をかかげ、新型転換炉（ＡＴＲ）を、かなり進捗させるとしています。

ナトリウム冷却型の高速増殖炉の開発を目指し、１９７４年に熱出力10万キロワット程度の実験炉を造りました。１９７８年ごろには30万キロワットの原型炉を臨界させ、１９８５年ごろに、実用化することを目標に開発を進めました。

新型転換炉（ＡＴＲ）・高速増殖炉軽水炉による核燃料サイクル

（原子力）発電の量的拡大に伴って、原子力施設の立地の確保、核燃料の安定的確保、放射性廃棄物の処理処分などの問題を、具体的に解決しなくてはなりません。

原子力発電の規模は、１９８０（昭和55）年には、３２００万キロワット、１９８５（昭和60）年には６０００万キロワット程度、１９９０（平成２）年には、１億キロワット程度をまかなうことが要請されていました。

高速増殖炉でのプルトニウム核燃料を使用できるまで急増するプルトニウムを、軽水炉でＭＯＸ燃料とし、燃すことをも企図しています。

また、この段階で初めて放射性廃棄物の処理処分のことが出てきています。高速増殖炉の実用化まで、急増するプルトニウムに対し、軽水炉でＭＯＸ燃料として燃し、ウラン資源の軽減が出てきています。

（５）第五次長期計画（１９７８年）

第五次長計は、軽水炉の定着を図りつつ、自主的な新型転換炉の開発を進めることとし、原発計画３３００万キロワットに下方修正します。高速増殖炉そのものの開発に加え、準国産エネルギーとしてのプルトニウム燃料利用の転換・加工・再処理利用の核燃料サイクルの確立が必要となります。

※動燃は、１９６０年代前半まで、原子力開発の中心的役割を果たしていました。

それは、①新型転換炉（ＡＴＲ）と高速増殖炉（ＦＢＲ）の開発、②使用済み核燃料の再処理の確立、③ウラン濃縮の課題が挙げられています。

しかし、高速増殖原型炉「もんじゅ」のナトリウム火災事故、その後の虚偽報告の発覚、さらに１９９７年3月11日に動燃の東海再処理工場のアスファルト固化施設（ＡＳＰ）で発生した火災爆発事故等で、完全に動燃という組織を解体し、１９９８年10月1日、「核燃料サイクル開発機構」と改組されました。

(6) 第六次長期計画（1982年）

1985年ごろまでに4600万キロワットの計画

2010年ごろの高速増殖炉の本格実用化を目指し、原型炉「もんじゅ」が1990年ごろに臨界に達するようにするとしています。

新型転換炉（ATR）の原型炉「ふげん」は、昭和53年から運転が開始されていますが、1990年代に新型転換炉（ATR）の実証炉60万キロワット程度の炉を建設するとしています。

(7) 第七次長期計画（1987年）

原子力発電の規模は、将来のエネルギー需要の伸びの鈍化を踏まえ、核燃料サイクル所要量を含め、見直しが必要とし、高速増殖炉「もんじゅ」の建設を、1992年の臨界を目途に進め、実証炉建設については、1990年代後半に着工する目標で進めるとしています。青森県大間町において、1990年代半ばの運転開始を目標に、民間主体の60・6万キロワットの新型転換炉実証炉を建設するとしています。

(8) 第八次長期計画（1994年）

プルトニウム余剰が明確になり、プルサーマル促進と高速増殖炉の実証炉建設へ

・原発を2030年において、1億キロワットに達することを目指す。

・高速増殖炉「もんじゅ」の原型炉から、高速増殖炉の実証炉1号炉約60万キロワットの建設を目指し、準備を進める。

・核燃料サイクルにあたって、余剰プルトニウムを持たないとの原則で、利用計画を明確にする。プ

ルトニウム需給の見通しを示し、軽水炉でのＭＯＸ燃料を利用する計画は、１９９０年代後半からＰＷＲ、ＢＷＲで数基ではじめ、２０１０年までに10数基の規模に拡大する予定。

（9）第九次長期計画（２０００年）

高レベル放射性破棄物を地層処分法で、平成40年後半までに処分する

原子力発電は、51基、総発電量４４・９２０ＭＷに達し、総発電力量の34・5％となり、基幹電源として位置付け、高速増殖炉「もんじゅ」の原子炉は、マイナーアクチニド、アメリシウム（Am）キュリウム（Cm）及びネプツニウム（Np）などの総称で、放射能レベルが高く、大きな**「崩壊熱」**を発生。また、α線を多量に出し、長寿命のものが多いが、それを少なくするため、有用であるとしています。

高速増殖炉の早期運転を目指すとしています。

２０１０年10月2日に「特定放射性廃棄物の最終処分に関する法律」を制定し、高レベル放射性廃棄物（ガラス固化体）への対応を決めるとしました。

プルサーマル発電は、始まりから累計で、16基から18基を目指すとしています。

原子力政策大綱

――核燃料サイクル全般を見直すも、ワンスルーにならず――

国の原子力委員会は、原子力の研究・開発・利用に関して、ほぼ5年毎に改定し国の原子力政策を提示してきました。２００５年に**「原子力政策大綱」**と改称し、10月14日に閣議決定されて決められまし

た。その内容は次の通りです。

（1）原子力発電

各種エネルギー源の特性を踏まえたエネルギー供給のベストミックスを追求していくなかで、原子力発電がエネルギー安定供給及び地球温暖化対策に引き続き有意に貢献していくことを期待するためには、２０３０年以後も、総発電電力の30～40％程度という現在の水準程度か、それ以上の供給割合を原子力発電が担うことが適切である。

（2）ウラン濃縮／核燃料サイクル

事業者には、これまでの経験を踏まえ、より経済性の高い遠心分離機の開発、導入を進め、六ヶ所濃縮工場の安定した操業及び経済性の図ることを期待する。なお、国内でのウラン濃縮に伴って発生する劣化ウランは、将来の利用に備え、適切に貯蔵していくことが望まれる。

（3）使用済み核燃料の取扱い（核燃料サイクルの基本的な考え方）

我が国は、これまで使用済燃料を再処理して回収されるプルトニウム、ウランなどを有効利用することを基本的方針としてきた。その方針に従い、海外の再処理事業者に再処理を委託する傍ら、東海再処理施設を建設、運転技術を習得して、六ヶ所再処理工場の建設を進め、再処理で発生する高レベル放射性廃棄物のガラス固化体の地層処分の事業実施主体、資金確保制度及び処分地選定プロセスなどを規定した法制度やそれに基づく事業体制を整備してきた。

しかしながら、再処理で回収されたプルトニウムの軽水炉による利用の遅れ、２００５年には操業を開始する予定であった六ヶ所再処理工場の建設が遅れ、現在なお試験運転の段階にあること、もんじゅ事故による高速増殖炉開発の遅れ、電力自由化に伴う電気事業者の投資行動の変化、諸外国における原子力政策の動向などという状況変化のなかで、使用済燃料の再処理をおこなうこととしている我が国の核燃料サイクル事業の進め方に対して、経済性や核不拡散性、安全性などの観点から懸念が提示された。

そこで、原子力委員会は今後の使用済燃料の取扱いに関して、次の４つのシナリオを定め、それぞれについて安全性、技術的成立性、経済性、エネルギー安定供給、環境適合性、核不拡散性、海外の動向、政策変更に伴う課題及び社会的需要性、選択肢の確保（将来の不確実性への対応能力）という10項目の視点からの評価をおこなった。

シナリオ１：使用済燃料は、適切な期間貯蔵した後、再処理する。

なお、将来の有力な技術的選択肢として高速増殖炉サイクルを開発中であり、適宜に利用することが可能になる。

シナリオ２：使用済燃料は再処理するが、利用可能な再処理能力を超えるものは直接処分する。

シナリオ３：使用済燃料は直接処分する。

シナリオ４：使用済燃料は、当面すべて貯蔵し、将来のある時点において再処理するか、直接処分するかのいずれかを選択する。

その結果は以下の通りである。

①安全性

いずれのシナリオにおいても、適切な対応策を講じることにより、所要の水準の安全確保が可能である。ただし、直接処分する場合には、現時点においては技術的知見が不足しているので、その蓄積が必要である。再処理する場合には放射性物質を環境に放出する施設の数が多くなるが、それぞれが安全基準を満足する限り、その影響は自然放射線による被ばく線量よりも十分に低くできるので、シナリオ間に有意な差は生じない。

②技術的成立性

再処理する場合については、高レベル放射性廃棄物の処分に関して現在までに制度整備、技術的知見の充実がおこなわれているのに対して、直接処分については技術的知見の蓄積が不足している。シナリオ4については、結果的に利用されない可能性がある技術基盤などを、長期間維持する必要がある。

③経済性

現在の状況においては、シナリオ1はシナリオ3に比べて発電コストが1割程度高いと試算され、他のシナリオに劣る。ただし、政策変更に伴う費用まで勘案すると、このシナリオが劣るとは言えなくなる可能性がある。

④エネルギー安定供給

再処理する場合は、ウランやプルトニウムを回収して軽水炉で利用することにより、1～2割のウラン資源節約効果が得られ、さらに、高速増殖炉サイクルが実用化すれば、ウラン資源の利用効率が格段に高まり、現在把握されている利用可能なウラン資源だけでも数百年間にわたって原子力エネルギーを利用し続けることが可能となる。

⑤環境適合性

再処理する場合には、ウランやプルトニウムを回収して軽水炉で利用することにより、高レベル放射性廃棄物の潜在的有害度、体積及び処分場の面積を低減できるので、廃棄物の最小化という循環型社会の目標により適合する。

さらに、高速増殖炉サイクルが実用化すれば、高レベル放射性廃棄物中に長期に残留する放射能量を少なくし、発生エネルギーの環境負荷を大幅に低減できる可能性も含まれる。

⑥政策変更に伴う課題、及び⑦社会的受容性

現時点においては、直接処分する場合についての我が国の自然条件に対応した技術的知見の蓄積が欠如していることもあり、プルトニウムを含んだ使用済燃料の最終処分場を受け入れる地域を見い出すことは、ガラス固化体の最終処分場の場合よりも一層困難であると予想される。

核燃料サイクル政策を直接処分をおこなう政策に変更する場合には、これまで再処理政策を前提に築いてきた原子力施設立地地域との信頼関係を、直接処分に向けて必要な措置を受け入れてもらうことを含めて、改めて構築することが必要となるが、これには時間を要するため、この間に使用済燃料の搬出が滞って、原子力発電所が順次停止する可能性が高い。

⑧選択肢の確保（将来の不確実性への対応能力）

シナリオ1においては、技術革新インフラや再処理をおこなうことについての国際的理解が維持されるので、状況に応じて多様な展開が可能である。ただし、このシナリオにおいても再処理以外の技術の調査研究も進めておくことが、不確実性対応能力が高いと思われたが、長期間事業化しないままで対応

に必要なインフラや国際的理解を維持することは現実には困難と判断される。

我が国における原子力発電の推進に当たっては、経済性の確保のみならず、循環社会の追究、エネルギー安定供給、将来における不確実性への対応能力の確保などを総合的に勘案するべきである。そこで、これら10項目の視点からの各シナリオの評価に基づいて、我が国においては、核燃料資源を合理的に達成できる限りにおいて有効に利用することを目指して、安全性、核不拡散性、環境適合性を確保するとともに、経済性にも留意しつつ、使用済燃料を再処理し、回収されるプルトニウム、ウランなどを有効利用することを基本的方針とする。使用済燃料の再処理は、核燃料サイクルの自主性を確実なものにする観点から、国内でおこなうことを原則とする。

国は、核燃料サイクルに関連してすでに「原子力発電における使用済核燃料の再処理等のための積立金及び管理に関する法律」などの措置を講じてきているが、今後ともこの基本的方針を踏まえて、効果的な研究開発を推進し、所要の経済的措置を整備するべきである。

事業者には、これらの国の取組を踏まえて、六ヶ所再処理工場及びその関連施設の建設、運転を安全性、信頼性の確保と経済性の向上に配慮し、事業リスクの管理に万全を期して着実に実施することにより、責任をもって核燃料サイクル事業を推進することを期待する。それら施設の建設、運転により、我が国における実用再処理技術の定着、発展に寄与することも期待する。

⑨軽水炉によるMOX燃料利用（プルサーマル）
我が国においては、使用済燃料を再処理し、回収されるプルトニウム、ウランなどを有効利用するという基本的方針を踏まえ、当面、プルサーマルを着実に推進することとする。このため、国においては国民や立地地域との相互理解を図るための広聴、広報活動への積極的な取組をおこなうなど、一層の努

力が求められる。事業者には、プルサーマルを計画的かつ着実に推進し、六ヶ所再処理工場運転と歩調を合わせ、国内のＭＯＸ燃料加工事業の整備を進めることを期待する。

なお、プルサーマルを進めるために必要な燃料は、当面、海外においてＭＯＸ燃料に加工して、国内に輸送することとする。このため、国及び事業者は、輸送ルートの沿岸諸国に対して輸送の際に講じている安全対策などを我が国の原子力政策や輸送の必要性とともに丁寧に説明し、理解を得る努力を今後も継続していくことが必要である。

⑩中間貯蔵及びその後の処理の方策

使用済み燃料は、当面は、利用可能になる再処理能力の範囲で再処理をおこなうこととし、これを超えて発生するものは中間貯蔵することとする。中間貯蔵された使用済燃料及びプルサーマルに伴って発生する軽水炉使用済ＭＯＸ燃料の処理の方策は、六ヶ所再処理工場の運転実績、高速増殖炉及び再処理技術に関する研究開発の進捗状況、核不拡散を巡る国際的な動向などを踏まえて２０１０年ごろから検討を開始する。この検討は使用済燃料を再処理し、回収されるプルトニウム、ウランなどを有効利用するという基本的方針を踏まえ、柔軟性にも配慮して進めるものとし、その結果を踏まえて建設が進められるその処理のための施設の操業が六ヶ所再処理工場の操業終了に十分に間に合う時期までに結論を得ることとする。

国は、中間貯蔵のための施設の立地について国民や立地地域との相互理解を図るための広聴、広報活動などへの着実な取組をおこなう必要がある。事業者には、中間貯蔵の事業を着実に実現していくことを期待する。

「原子力政策大綱」はあらゆる面で行き詰まり、完全破綻したが、なぜ破綻したのか検証もせず、原子力委員会による国の原子力の総合的な政策は出すことができず、経済産業省の「エネルギー基本計画」中で示しているだけ。破綻のまま核燃料サイクル継続とは、驚くべき状態です。

国の原子力委員会（近藤駿介委員長）は、２００９年８月、２０１０年に改定するとしていた予定の「原子力政策大綱」を先送りするとしました。

それは、原子力施設の現状を見ると、①六ヶ所再処理工場の本格操業が未定であること、②高速増殖原型炉

核燃・原子力施設の現状〈原子力政策大綱〉

年代	六ヶ所再処理工場	プルサーマル	高速増殖炉もんじゅ	高レベル放射性廃棄物処分場	原子力施設耐震性確認	MOX加工場
2002年						
2005年	本格操業23回延期	原子力政策大綱決定		公募開始		
2006年					耐震改定	
2007年					新潟県中越地震	
2008年						
2009年						
2010年（2011年）		原子力政策大綱（政策停止により取りやめ）		2011.3.11 東日本大震災発生		
2015年			2016年12月			
2018年		16～18基	廃炉決定	未定		未定
2021年	操業予定？	先送り				

全面的な行き詰まり
①六ヶ所再処理工場（軽水炉サイクル）
②プルサーマルサイクル
③高速炉増殖炉サイクル

現在、仏との共同開発高速炉が全面破綻（２０１９年仏が取り止め）
それでも日本の核燃料サイクルを全面的な検証も無しに進めるとは？

原子力政策大綱の取りやめ

図Ⅸ－２

「もんじゅ」の運転再開の見通しがないこと、③軽水炉でのＭＯＸ燃料を燃すプルサーマル計画が、柏崎刈羽原発が被災したなどで、プルトニウムの使い途がはっきりしなくなったこと、④新潟県の中越沖地震により、原発の耐震性、「耐震指針」の検討改定が必要になったこと、⑤高レベル放射性廃棄物の最終処分地が、公募を開始しても全く応募者がないことなど、前回の「原子力政策大綱」が全面破綻が明確となり、まったく見通しが立たなくなったからです。この時点で全面的検証をしなければ、原子力委員会の基本的役割がなくなったのも同然です。現在は、全く日本の総合的核燃料サイクルの政策なしに進められているのです。

核燃料サイクルの政策は、経済産業省の経済産業資源エネルギー庁で「エネルギー基本計画」のなかで進められています（図Ⅸ—２参照）。

X　原子力規制委員会は、核武装容認機関に
――原子力規制委員会は、規制委員会と言いながら「原子力ムラ」の人たちによる原子力核燃料サイクルの推進委員会――

世界では、米国のスリーマイル原発事故（１９７９年）、ソ連のチェルノブイリ事故（１９８６年）が起こり、国際的に原発の安全審査・規制の問題が大きな問題となり、１９８８年には、「原子力の安全に関する条約」が決められました。

日本も１９９４年９月に調印、１９９５年に国会でも承認されました。その内容は次の通りです。

1　第2条「規制機関」の定義と第8条「規制機関」

《第2条「規制機関」の定義》

第２条「規制機関」とは、各締約国について許可を付与し、及び原子力施設の立地、設計、建設、試運転、運転または廃止措置を規制する法的権限を当該締約国によって、与えられる機関をいう。

《第8条「規制機関」》

１　締約国は、前条に定める法令上の枠組みを実施することを任務とする規制機関を設立しまたは指定するものとし、当該に対し、その任務を遂行するための適当な権限、財源及び人的資源を与える。

また、締約国は、規制機関の任務と、原子力の利用またはその促進に関することをつかさどるその他の機関または組織の任務との間の効果的な分離を確保するため、適当な措置をとる。

となっています。日本には、「原子力安全委員会」や「原子力安全・保安院」などがあります。

しかし、「原子力安全・保安委員会」は、経済産業省の役人が委員なのです。紛れもなく、原発、再処理を推進する人たちです。

また、「原子力安全委員会」の委員は内閣府に置かれていて、政府の機関で国の役人です。この組織を国際原子力機構（ＩＡＥＡ）が繰り返し、独立の機関にするよう勧告してきたのですが、全く無視されてきたのです。３・11福島原発事故で、２０１３年６月19日原発などの設置許可に関する「原子力規制委員会」が、環境省の外局として設置されました。

しかし、１９９４年９月に日本も調印している国際的な「規制機関」とほど遠く、「推進機関」といっていいものです。

原子力規制委員会設置法案

（目的）

第一条　この法律は、平成二十三年三月十一日に発生した東北地方太平洋沖地震伴う原子力発電の事故を契機に明らかとなった原子力の研究、開発及び利用（以下「原子力利用」という）に関する政策に係る縦割り行政の弊害を除去し、並びに一の行政組織が原子力利用の推進及び規制の両方の機能を担うことにより生ずる問題を解消するため、原子力利用における事故の発生を常に想定し、その防止に最善かつ最大の努力をしなければならないという認識に立って、確立された国際的な基準を踏まえて原子力利用における安全の確保を図るため必要な施策を策定し、又は実施する事務（原子力に係る製錬、加工、貯蔵、再処理及び廃棄の事業並びに原子炉に関する規制に関することを含む）を一元的につかさどるとともに、その委員長及び委員が専門的知見に基づき中立公正な立場で独立して職権を行使する原子力規制委員会を設置し、もって国民の生命、健康及び財産の保護、環境の保全並びに我が国の安全保障に資することを目的とする。

2 原子力新規制基準と新基準地震動ＳＳ

新基準地震動ＳＳは、２００６年の新耐震設計審査指針改訂とし２００７年中越沖地震による柏崎刈羽原発の被災を受け、規制委員会はすべての原発であらためて求めました（図X―1参照）。

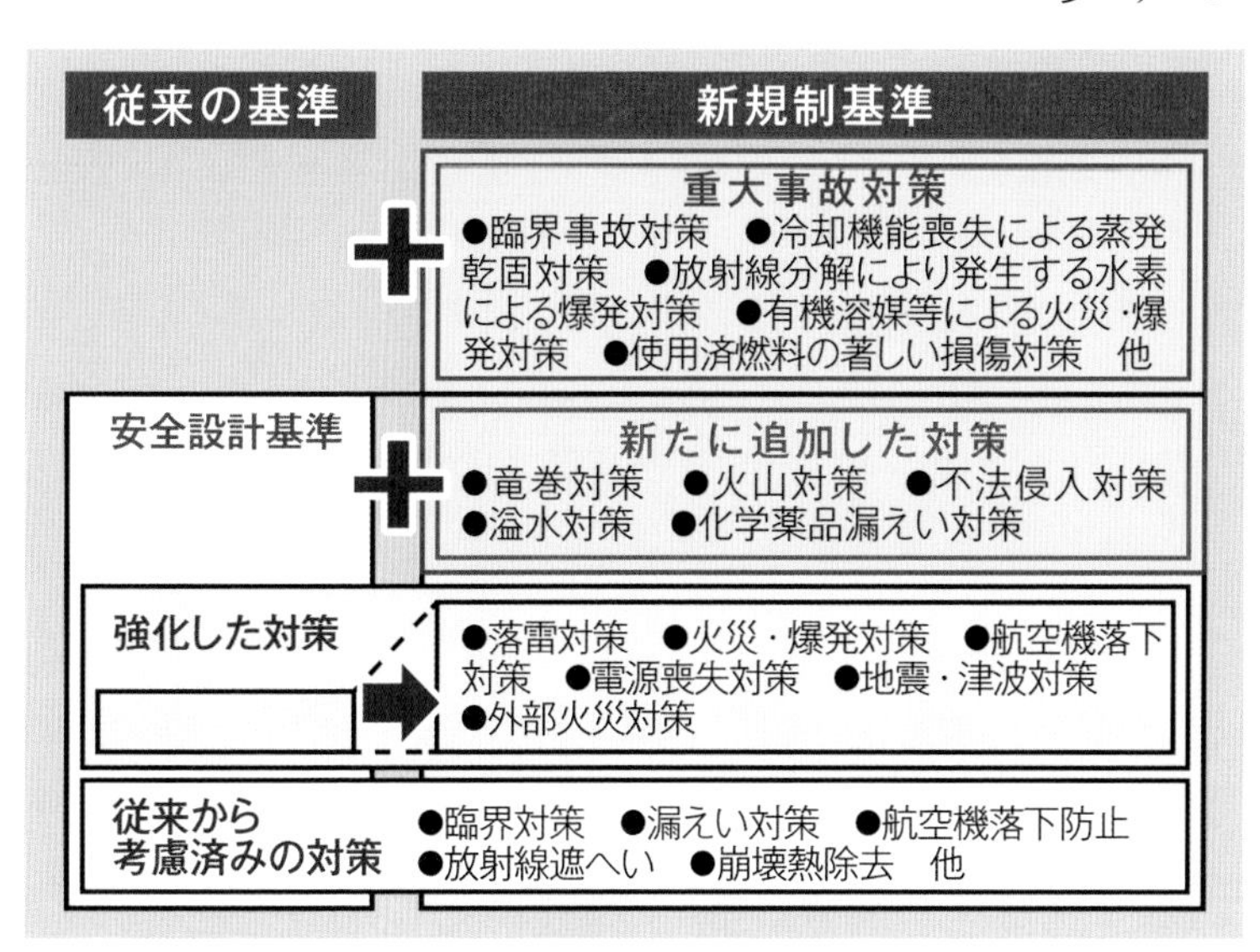

図X－1
出所：「さいくるアイ」No.22　2019Winter　令和元年12月25日発行　経済産業省資源エネルギー庁（p.8下）

【第4部】

XI　トリウム溶融塩炉（夢の原子炉）

――プルトニウムや高レベル放射性廃棄物を燃やし尽くせるトリウム「溶融塩炉」で核兵器廃絶へ――

「革命的な原発」と言われ、軽水炉の炉心熔融なども起こらない、液体核燃料であるトリウムを使う**トリウム熔融塩炉**という炉があります。この炉は、核兵器と関係なく、プルトニウムも燃し尽くせるというもので、平和的で、より安全な炉とも言われています。高レベル放射性廃棄物も軽減できます（古川和男『「原発」革命』／文春新書より）。

トリウム232は、中性子を吸収するとプロトアクチニウムを経て、核分裂性ウラン233となり、このウラン233を利用する核燃料サイクルを「トリウム・ウラン核燃料サイクル」と言っています。

このサイクルは、連鎖反応を加速的に進め、暴発することがなく、また、長寿命で、毒性の大きいアメリシュウムやキュウリムなどのアクチノイド系元素が生じることがありません。トリウム系資源はトリウム232で、そのまま自然に存在し、そのまま利用できます。トリウム溶融塩炉は、液体でトリウムを扱うことができます。

また、金属である高レベル放射性廃棄物を高速の中性子で、消滅を図ることができます。決して、やっかいなプルトニウム239のような元素に変換していかないのです。

以下は、古川さんの『「原発」革命』を要約した岩間滋さんの「安全な原発はあるか」（『世界がはまっ

た大きな落とし穴 原発・再処理』）からの紹介です。

★ウランを使わない

トリウムは、ウランの２つ下の原子番号の元素です。トリウム自身は核分裂をしません。トリウムに熱中性子が当たるとウラン２３３に変わります。ウラン２３３は核分裂を起こす分子で、これに中性子が当たると核分裂が起きます。その時のエネルギーを取り出し発電に使う方式です。トリウムの埋蔵量はウランよりずっと多く、多くの国が産出し、資源の奪い合いが起きにくいのです。残念ながら日本にはありませんが。

★プルトニウムを作らない

ウランを使わないので、プルトニウムができません。軽水炉では、ウラン２３８が燃料棒に大量に含まれています。これに中性子が当たるとウラン２３８より一つ重い原子、プルトニウム２３９に変わります。燃料がトリウムであれば、プルトニウムはできません。

★原爆を作れない

原爆の材料は、濃縮ウランか、プルトニウムです。どちらもできないので原爆は作れません。トリウムから作られるウラン２３３を取り出して原爆は作れても、強いガンマ線が出るため、遠隔操作と分厚い遮蔽物が必要となり、兵器としては不向きです。また、このガンマ線を検出されればすぐばれてしまうので、秘密裏に作るのが困難です。

★開発者や推進政府は、ノーベル平和賞をもらえる！

原爆を作れないので平和利用のみになります。「平和利用」と言いながら影で原爆を作ることができなくなります。世界の原発がこのトリウム溶融塩炉に置き換われば北朝鮮やイランの核開発のような問題も起きなくなります。

★世界中のプルトニウムの掃除ができる

この原子炉の燃料にプルトニウムを混ぜると、プルトニウムは核分裂をして、無くなります。その時燃料として発電に貢献します。新たなプルトニウムを作らないので、この原子炉は、嫌われ者のプルトニウムを食べながら発電してくれることになります。世界中からプルトニウムを一掃してくれます。核軍縮によって解体された核弾頭のプルトニウムの処理としてはうってつけです。

★放射性廃棄物も軽減

プルトニウムだけでなく、その仲間の超ウラン原子もできにくいのです。これらは半減期の長い、最もやっかいな死の灰です。それが軽減されます。

★溶融塩とは

塩とは加熱し高温にすれば液体になります。身近な塩である食塩（塩化ナトリウム）も８００度で液体になります。この原子炉で使おうとしている塩は、フッ化リチウムとフッ化ベリリウムの混合物で、混合比を工夫すれば、３６４度で液体になります。原子炉１次系全体を５００度の部屋に入れ、この溶融炉が配管のなかをゆっくり流れるのが原子炉の本体です。この溶融塩に燃料としてのトリウムをフッ化トリウムの形で混ぜます。

溶融塩のベースとなるフッ素もベリリウムもリチウムも中性子吸収が少ない原子なので効率が軽水炉と比べて非常に良くなります（軽水炉に使われている水の成分の水素は中性子を吸収しやすい）。

★核分裂を起こす原子炉の本体は黒鉛のなか

核分裂が起きると、そこから2～3個の中性子が飛び出します。飛び出したばかりの中性子は高速で、次の原子核にはなかなか当たりません。従ってこの中性子のスピードを100万分の1位に減速します。このくらいのスピードになると、次の原子核に当たりやすくなり、核分裂連鎖反応が起きやすくなります。中性子を減速させる物を減速材と言い、軽水炉では水の成分の水素がこの役割を果たします。

このトリウム溶融塩原子炉での減速材は黒鉛を使います。黒鉛に多数の穴があり、そのなかを溶融塩が流れます。燃料入りの溶融塩が黒鉛のなかに入ると、中性子が減速されて核分裂を起こします。黒鉛（中性子減速材）から抜け出ると核分裂が止まります。従って、事故で燃料が漏れても、そこに減速材がなければ核分裂は起きません。その点は軽水炉より、格段に安全です。黒鉛は水素よりは減速材としては劣りますが、量を多くすることで解決できます。黒鉛を使う理由は黒鉛が中性子を吸収しにくい原子だからです。中性の吸収が、少ない方から3番目（1、2位は酸素、重水素）の原子です。中性子を吸収しないということは、変化を受けにくく、放射性物質を作りにくいということです。

中性子を吸収しないということは、中性子の無駄遣いが無いということにもなります。効率が良いので過剰に燃料を入れる必要が無く、暴走の確率が少なくなります。軽水炉（今の原子炉）は余分に燃料をいれるため、常に暴走の危険を抱えています。

また、黒鉛は融点が高く、熱に強い物質です。高温になる炉にはうってつけです。

★液体燃料の利点は大

液体なら運転しながらの燃料の調整が可能です。燃料の継ぎ足しができるので、最初に過度に燃料を入れる必要がありません。このことは、暴走爆発の危険の原因が無くなることを意味します。

それに対して今の原発（軽水炉）は、固体燃料なので、簡単に燃料の成分を変えられません。途中から注ぎ足すようなことができません。そのために、運転開始時は燃料を過度に入れておく必要があります。すると、燃え過ぎないための制御が必要になります。それをおこなうのが制御棒で、発生した中性子を吸収させます。せっかく発生した中性子を吸収するのですからもったいないのです。効率が落ちます。

また、過度に燃料を入れることは、常に、暴走、爆発の危険を内在することになります。制御棒の欠落事故も頻繁に起きています。軽水炉では制御棒を大量に入れますが、トリウム溶融塩原子炉では、制御棒が少なくてすみます。制御棒は中性子を吸収するのですから、それ自身は放射性物質に変化します。その後の後始末も少なくてすむことになります。

★1次系に水を使わないため危険が激減

今の原発（軽水炉）では、核分裂して高温になった燃料のまわりを流れる水が熱を運びます。水は、１００度以上では高圧にして閉じ込める必要があります。加圧水型で１５５気圧（３２０度）、沸騰水型でも70気圧（２８５度）となります。このことは、配管から漏れるリスクを常に抱えることになります。微細な亀裂でも致命的です。配管に使われるステンレスは、熱水に弱く、火力発電にはステンレスは禁止されていました。

ステンレスも改良され一時は解決されたかに見えましたが、ひび割れなどが発見され、未解決のままです。配管からの漏れは空焚きの危険につながります。これは、核燃料のメルトダウン→制御棒の不能不全→臨界を越える可能性→水との接触による水蒸気爆発の危険へとつながっています。

それに対してトリウム溶融原子炉では、配管のなかの圧力は常に常圧です。溶融塩は科学的に安定な物質なので、配管への損傷も少ないのです。

また、軽水炉では、水の構成物の水素が中性子を吸収し、中性子の無駄遣いになります。これも燃料を必要以上に多く入れておく必要が生じます。暴走の危険に繋がります。トリウム溶融塩原子炉の配管に流れる溶融塩の成分、フッ素もベリウムも中性子吸収が少ない原子です。

★より安全な再処理の方式が使える

プルトニウムを燃料に混ぜ込むには、今の原子炉の使用済み核燃料からプルトニウムを抽出する必要があります。これが、まさに再処理です。しかし、六ヶ所再処理工場など、世界の主流の再処理方法は硝酸で死の灰を溶かします。硝酸は火薬の原料で、これに有機物が混じれば爆発の危険性があります。爆発が起きれば死の灰が舞い上がり、人の住めない程の高濃度の広範囲の汚染が心配されます。独立行政法人原子力安全基盤機構の調査では、世界で26回も爆発事故が起こっています。非常に危険です。

硝酸を使わない乾式再処理方法もあります。フッ素ガス中に粉にした使用済み核燃料を吹き込みフッ化物にする方法です。水を使わないので、水素の発生もありません。こちらの方式の方が安全ですが、多少純度が悪いので敬遠されている技術です。純度が悪いと強いガンマー線を出し、燃料製造時が困難になります。しかし、溶融塩炉なら、燃料を形にせず、ただ混ぜるだけなので問題はありません。

★アメリカの実験炉の実績がある

この炉の研究は、世界の原子炉開発研究の初期の段階から進められていました。アメリカでは、

１９４７年～１９７６年オークリッジ研究所で開発が進められました。１９６５年～１９６９年に実験炉が稼働しました。その規模は、７５００キロワット（発電設備は無し）で４年間無事故で基礎データーを蓄積し、終了しました。

★課題

運転の最初は、核分裂のスターターとして、トリウム燃料の他に核分裂核（プルトニウム、ウラン２３５、ウラン２３３など）を入れる必要があります。しばらく（世界中のプルトニウムを処理するまで）は良いのですが、プルトニウムを使い切った将来は、ウラン２３３を独自に作り出す施設が必要になります。「核スポレーション反応」と言って、素粒子加速機で中性子を大量に発生させ、トリウムに当て、ウラン２３３を作る方法ですが、この技術はまだ入り口段階です。これが実現しない場合、プルトニウムを世界中から無くすという使命を果たして終わることになります。それだけでも価値があると思います（図XI―１参照）。

なお、この技術は実現すると応用として放射線核種の消滅にも使えます。

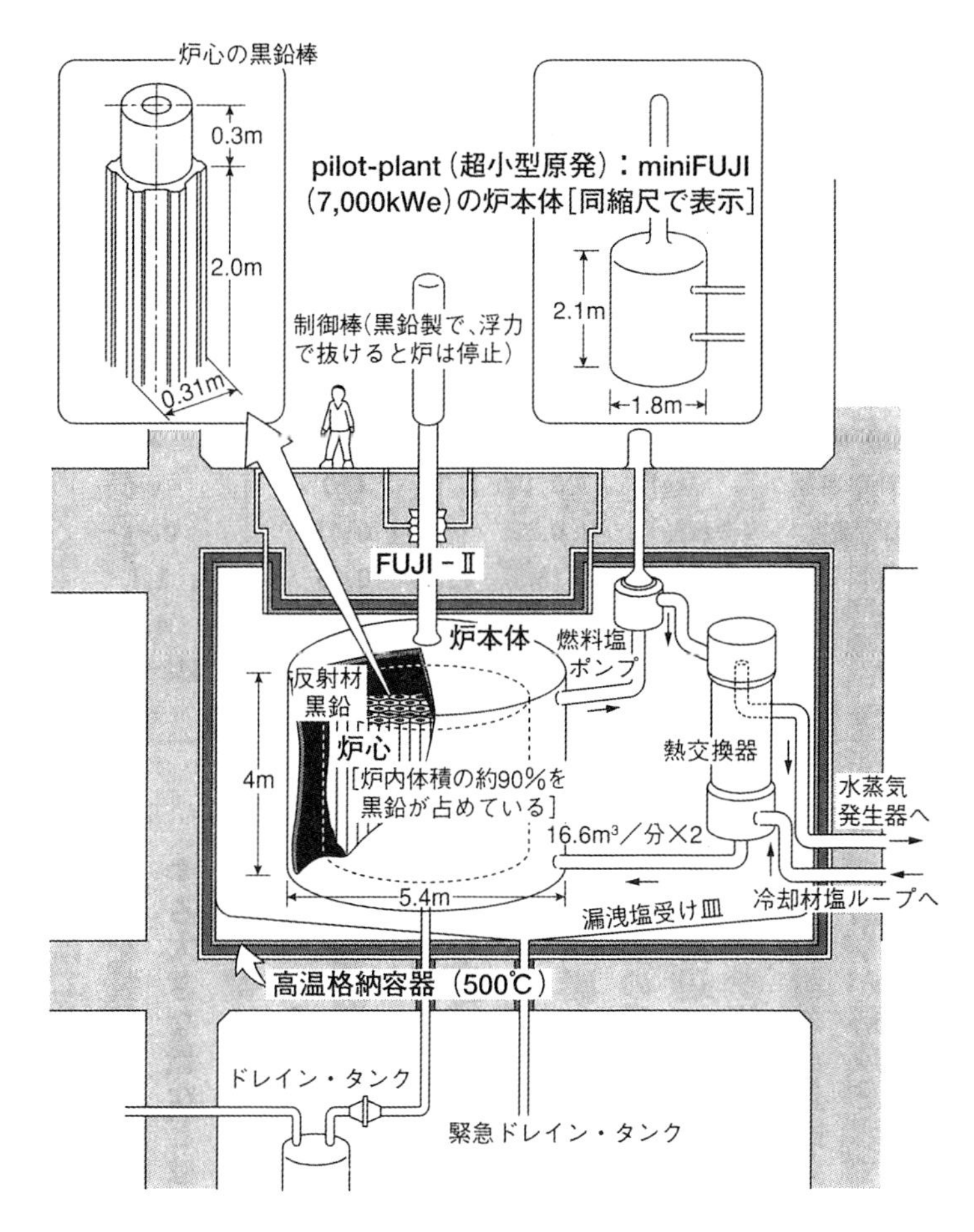

図Ⅺ－1　燃料自給自足型小型熔融塩発電炉の概念図
高温格納容器内に格納、右上にminiFUJI炉本体も図示
出所：『「原発」革命』古川和男　文藝春秋　平成13年8月20日発行（第1刷／p.148）

〔おわりに〕日本の核燃料サイクルと青森県の原発核燃料サイクルの現状
――核燃料サイクルは完全に破綻しました。
今こそ勇気をもって原子力委員会による核燃料サイクルの全面検証を――

日本でのオリンピックやリニア中央新幹線工事は直ちに止めること
――自衛隊以上の自然災害対処組織を――

海に囲まれた島孤日本列島は、北は亜寒帯、南は亜熱帯に細長く位置します。4枚のプレートがぶつかり合って火山噴火・地震が多発する、世界で最も危険な自然災害列島です。

しかも、現在は地震の活動期で、それに加え世界は人為的な気候温暖化が進行中です。海水温が上昇し、海進がすすみ、毎年かつてないほどのスピードのある台風、豪風雨、豪雪、洪水が発生しています。自衛隊以上の自然災害対処組織が必要です。

こんな日本に核燃料サイクル（原子力発電・再処理工場・ウラン濃縮工場等）はもってのほか、即刻中止するべきです。日本でのオリンピック・パラリンピックも地震の平穏期まで延ばし、東京から名古屋までのリニア中央新幹線工事や都心の深い地下の大工事は止め、また、都民は直下地震に備えるべきです。

現在までにつくりだした高レベル放射性廃棄物（ガラス固化体）や原子炉等を、安全に処分しなければならない時代になったのです。

青森県内の原発核燃料サイクル施設の現状

①東通原発――やめるべき――

工事完工時期は、当初２０１６年３月を目標としていました。しかし、新規制基準の適合性審査状況や安全対策工事を踏まえ、２０１５年６月に変更したが、すぐに２０１７年４月、２０１９年度、２０１８年度、２０２１年度と、次々に変更しています。地震、津波対策はありません。

②大間原発――必要なし――

安全強化対策工事の終了時期については、当初、２０２０年12月を目標にしていましたが、その後、新規制基準への適合性審査の状況や、安全対策工事などを踏まえ、２０１５年４月に変更、さらに２０２１年12月ごろ、２０２３年後半、２０１８年、２０２５年後半へと次々に変更しています。危険なフルモックス燃料を燃すより、もはや太陽光発電などの再生可能なエネルギーの方が安価となったのです（毎年太陽光発電だけで、１００万キロワット以上の発電量となっています）。

私は、すでに述べてきたように、厳格なフルＭＯＸ燃料を燃す原発の安全審査において、使用済みＭＯＸ燃料再処理工場がないことや、活断層があることが明確となれば、止められると確信しています。そうなれば、温排水によって海草の死滅を防ぐことができます。

③ウラン濃縮工場――必要なし――

２０１３年５月に、３７５（トンｓｗｕ／年）の新型遠心分離機を導入するとしたことの事業申請をおこない、２０１７年５月に、事業変更許可を取得。９月に新規制基準に適合するための安全性向上工事や新型遠心分離機の更新工事、濃縮事業部の品質保証活動や設備の安全確認などの改善を図るため、自主的に75（トンｓｗｕ／年）の生産運転を一時停止しています。

【言葉の解説】
○ＳＷＵ
ウラン濃縮の作業量を表す単位。濃縮の度合や廃棄する劣化ウランのウラン―２３５含有率をどのくらいにするかによって作業量が決まる。

④低レベル放射性廃棄物埋設センター

２０１８年８月現在、充てん固化体に係る４万２２４０立方メートル（２００リットルドラム缶21万１２００本相当）の３号廃棄物埋設施設の増設、１号埋設施設に（充てん固化体を埋設できるよう変更）、１号埋設施設（20万４８００本）、２号埋設施設（20万７３６０本）などについての事業変更許可申請をおこないました。このままではやがて外部に出ます。

【言葉の解説】
○充てん固化体
金属・プラ・フィルターを粉砕し、セメントで固化したもの。
均質固化体とは、樹脂・手袋を燃焼し、アスファルトで固化したもの。

⑤再処理工場──必要ないことが明確に──（図Ⅻ─1参照）

再処理工場は、工事開始が1993年、竣工予定が2012年でした。しかし、今もってアクティブテストも完全に終了していません。

⑥高レベルに近い低レベル放射性廃棄物（高レベル放射性廃棄物）・一時貯蔵施設

フランスから返還される低レベル放射性廃棄物及び六ヶ所再処理工場で発生するハル・エンドピース（燃料被覆管のせん断〈ハル〉、燃料集合体末端〈エンドピース〉）などの圧縮体について、最終処分地は未定です。

現在、高レベル貯蔵管理センターにおける返還低レベル廃棄物（高レベル放射性廃棄物）は、地層処分ができません。そのため、中間貯蔵施設の試験空洞を六ヶ所村に建設し、搬入しようとしています。

⑦MOX燃料工場──必要なし──

MOX燃料工場の最初の竣工予定は2016年でした。2014年1月に新規制基準への適合性確認のため、事業変更許可申請をおこない、現在審査を受けています。竣工時期は、当初2015年3月としていましたが、1月に2016年に変更、さらに2018年に変更、2019年には2021年に変更しています。現在は全く必要ない存在となっています。

⑧使用済み核燃料中間貯蔵施設

現在むつ市はリサイクル核燃料貯蔵施設（RFS）として、事業開始を待っています。

事業開始時期を、これまで2018年後半としていたものを2021年と修正し、再処理工場が操業する見通しのないまま、規制委員会は認可しようとしています。が、六ヶ所再処理工場では必要ないので、搬入されるとむつに永久貯蔵されます。使用済核燃料は各原発サイトに貯蔵すべきです。

⑨六ヶ所再処理工場──プルトニウム余剰（約47トン）全く操業する必要なし──

主として海外（フランスとイギリス）の再処理により、日本は約47トン（原爆６０００発分）ものプルトニウムを所有しています。六ヶ所再処理工場を操業する必要性は全くなく、余剰プルトニウムをどうするかが大問題です。

⑩世界で高い方に属する日本の電気料金──原子力発電や電気料金の引き下げを──

電気料金は米国は約10円／キロワット・アワーです。ヨーロッパのなかで最も高いのはドイツで、約18円／キロワット・アワー程度です。日本の各家庭料金は、契約種別、容量、燃料調整費、再エネ発電賦課金と大変複雑で、それに消費税10％加算です。ご家庭の電気料金と比較してみてください。米国の約3倍位になるでしょう。高い電気料金です。

日本の電気料金制度は、**総括原価主義**と言って、その原発や関連施設に設備投資すればするほど電気料金に組み込まれる仕組みになっているため、家庭の電気料金が高くなっているのです。また、電気料金全体は、具体的には使途が全く不透明です。

「核兵器なき世界」を目標に掲げる核兵器禁止条約が50カ国以上の批准により発効し、いまや核兵器とその製造につながる諸技術を廃棄すべき時代がきています。

⑪高レベル放射性廃棄物（ガラス固化体）中間貯蔵は直ちにキャスク保管へ

高レベル放射性廃棄物は、日本学術会議の提言を待つまでもなく、現在のステンレス容器では、地震や事故がなくても50年程度しか安全に保てないと多くの核学者が言っています。

現在のステンレス容器が崩壊しない間に、すぐキャスク保管に切り替える必要があります。

⑫原子力発電を直ちに止めること

太陽光発電や風力発電等の再生可能なエネルギーは、毎年１００万キロワット以上（原子力発電１基分以上）増加しています。３・11の福島原発事故を見るまでもなく、原子力発電は直ちに全面停止しなくてはなりません。もはや、原子力発電は必要なくなっているのです。

⑬３・11福島原発事故汚染水――海洋放出を止めよ――

東京電力原発からの高濃度汚染水の「海洋放出」をやめ、石油備蓄基地（六ヶ所村に存在）用の大型タンク（１０００万トンクラス）を多く用意し、トリチウム水の半減期まで保管する必要があります。現在の東電の処理水タンク貯蔵量は１２３万トンです。

最後に文学的なことですが、島孤日本列島の危険で美しさの多様性を表現するには、短詩・短歌や俳句が最も適しているのではないかと私は思っています。

むつ小川原開発と核兵器開発の日本の核燃料サイクル年表

1895年（明治28年）	レントゲン（ドイツ）――X線を発見
1896年（明治29年）	ベクレル（フランス）ウランから放射線が出ていることを発見
1898年（明治31年）	キュリー夫人（フランス）ポロニウムやラジウムから放射線が発生することを発見
1904年（明治37年）	長岡半太郎（日本）原子核存在を予言。原子の土星型模型発表
1905年（明治38年）	アインシュタインの特殊相対性理論「$E = mc^2$」（ドイツ→アメリカ）の発見。微量な質量であっても、それがエネルギーに変わると膨大なエネルギーを放出する。
1911年（明治44年）	ラザフォード（イギリス）原子核の存在確認
1913年（大正2年）	ボーア（デンマーク）原子模型提唱
1932年（昭和7年）	チャドウィック（イギリス）中性子を発見
1933年（昭和8年）	シラード（ハンガリー）中性子が原子核にあたると、原子核が壊れ、分裂を起こす、そこから2個の中性子が他の原子核にあたり、また、2つの核分裂を起こすというような、中性子による「連鎖反応」を着想。 この年、ヒトラーがドイツ総統就任。ナチス政権成立。
1938年（昭和13年）	シュトラスマンとハーン（ドイツ）が、核分裂反応を確認。〈ウランは中性子が当たることによって核分裂が起こり、膨大なエネルギーが放出されることを明らかにした。〉
1939年（昭和14年）	シラードの下書きによる「アインシュタインの手紙」でドイツの脅威、天然ウラン爆弾、天然ウラン原子炉の可能性あり。 アメリカが先に原子爆弾を作るようルーズヴェルト大統領宛の手紙にアインシュタイン署名。
1941年（昭和16年）	シーボーグ（アメリカ）超ウラン元素、プルトニウム発見、その核分裂を確認。アメリカの原爆開発計画「マンハッタン計画」始まる。

年	月日	事項
1942年（昭和17年）		フェミル（アメリカ）シカゴ大学において、世界初の原子炉実験に成功。現在の発電用原子炉と異なり、天然ウランと黒鉛の板を重ね、原爆材料のプルトニウムを得る目的のもの。
1943年（昭和18年）		原爆開発の研究所。ロスアラモス研究所発足。 日本では、陸軍の「二号研究」（ウラン分離……熱拡散法）海軍の「F研究」リーダー：仁科芳雄机上作業に終止
1945年（昭和20年）	5・―	ドイツ無条件降伏。
	7・―	トリニティ実験用原爆を作る。
	7・17	ポツダム会談。ベルリン郊外ポツダムに、米・英・ソの首脳が集まり、ドイツの戦後処理について話し合う。
	7・26	ポツダム宣言発表
	7・28	鈴木首相。ポツダム宣言黙殺、戦争邁進談話。
	8・6	アメリカが広島に原爆投下（年末までの死者　推定14万人±1万人）ウラン原爆（リトル・ボーイ）
	8・9	アメリカが長崎に原爆投下（年末までの死者　推定7万人±1万人）プルトニウム原爆（ファットマン） 旧ソ連の対日参戦と「人体実験」を意識したもの。 御前会議開催　8・10午前2時半、国体護持を条件に、ポツダム宣言とカイロ宣言受諾を決定。連合軍に申し入れ。
	8・12	日本国の降伏条件に対し、連合国の回答公電着く（天皇制については直接触れず）。
	8・4	御前会議　戦争終結の詔書を放送（玉音放送）第2次世界大戦終わる
	9・22	連合国軍最高司令官総司令、総司令部指令第三号　原子力研究全面禁止政策 サイクロトロン破壊命令
1946年（昭和21年）		アメリカ・ビキニ環礁で、元太平洋艦隊艦「ペンシルバニア」他と日本の戦艦「長門」など170隻を標的に、大々的に第1回核実験をおこなう（原爆のデモンストレーション）。 ビキニ環礁で、その後計67回の核実験をおこなう。
1950年（昭和25年）	1・31	トルーマン大統領水爆製造命令
	3・15	「ストックホルム＝アピール」発表　5億人署名。原子核兵器の絶対禁止を求める。
	6・25	朝鮮戦争勃発
	11・30	トルーマン米大統領、朝鮮戦争で「原爆使用も有り得る。」と発言。
1951年（昭和26年）	12・29	最初の原子力発電　アメリカでおこなわれる 実験増殖炉（ＥＢＲ―1）《Experiment-Breader Reactor》
	12・29	臨界、発生電力100キロワットである。 核兵器にも使えるプルトニウム239ができる炉。

年	月日	事項
1952年（昭和27年）	11・1	アメリカ・エニウェトク環礁水爆基礎実験 日本・初の原子力関係（2億5000万円）予算化
1953年（昭和28年）	7・27	朝鮮戦争休戦協定調印
	8・12	ソ連が水爆実験成功
	8・12	アメリカのアイゼンハワー大統領が国連で「原子力平和利用」の演説
	10・—	日本学術会議で茅・伏見提案
1954年（昭和29年）	3・1	アメリカ・ビキニ環礁で水爆実験 日本のマグロ漁業「第5福竜丸」が東方160キロで被災する。被災日本船500隻。被災者数1万人。 ※1945年7月16日～1963年8月5日部分的核実験禁止条約（PTBT）締結まで、核保有国（アメリカ・ソ連（ロシア）・イギリス・フランス・中国）五ヵ国の核実験回数は2047回にも及ぶ。世界の空は放射能だらけ。
	3・2	日本国会で保守改進党中曽根康弘ら三党が原子炉予算を突如提出。4月3日に成立。
	4・—	日本学術会議が「原子力の研究と利用に関し、公開・民主・自主の減速を要求する声明」を採択。
	5・9	杉並区の主婦たち、原水爆禁止署名運動始める。
	6・—	濃縮ウラン受け入れに関する日米原子力研究協定調印。
	8・—	第1回原子力平和利用国際会議（ジュネーブ）開催。
1955年（昭和30年）	11・30	財団法人　原子力研究所設立
	12・4	原子力三法（原子力基本法、原子力委員会設置法、原子力局設置に関する法律）が衆院通過。
	12・19	原子力基本法　※「第二条　原子力の研究・開発・利用は、**平和の目的に限り、安全の確保を旨として、民主的な運営の下に、自主的に行うもの**として、その成果を公開し、進んで国際協力に資するものとする。」公布。
		原子力委員会設置法公布（1955年1・1）科学者による核戦争の危険を訴える平和運動「ラッセル・アインシュタイン宣言」 広島で、第1回原水爆禁止世界大会
1956年（昭和31年）	1・1	原子力委員会発足。初代委員長、正力松太郎就任。「5年後には実用規模の発電炉を建設する。」
	6・15	財団法人　日本原子力研究所（原研）発足。
	10・26	国際原子力機関（IAEA）憲章に調印。〈1956年7・29〉のちに「原子力の日」に決定。
	11・—	兵器用プルトニウム製造できるイギリスのコルダーホール改良型黒鉛ガス冷却炉GGR（Graphite-Gas-Reactor／黒鉛：炭素を減速剤に、二酸化炭素を冷却剤として、天然ウランをそのまま利用。容易にプルトニウムを製造できる炉）。原子炉の輸入を正力松太郎が主張。

年	月・日	事項
	6・21	**【第1回 原子力の研究、開発及び利用に関する長期計画】**（第1回原子力長期計画）原子燃料は、極力国内資源に依存する。増殖型動力炉我が国に適する。増殖実験炉一基を建設する。並行して、増殖動力試験炉を海外に発注する。はじめから「……資源面から増殖型動力炉が適する」と、増殖炉による核燃料サイクル、プルトニウム利用を目指していた。
	10・15	原子力委員会委員　石川一郎を団長とする「第一次原子力訪英調査団」英国訪問。帰国後1957年1月にコルダーホール型原子炉導入を可とする報告書提出。
1957年（昭和32年）	6・10	核原料物質。核燃料物質及び原子炉の規制に関する法律（原子炉等規制法）公布
	8・27	日本初の原子炉原研JRR（Japan-Research-Reactor）――1臨界（ウォターボイラ型熱出力50キロワット）。
	5・15	イギリス、クリスマス島で水爆実験成功する。
	9・27	旧ソ連で、高レベル放射性廃液が爆発。「ウラルの核惨事」
1958年（昭和33年）	6・16	日米原子力協定調印。
1960年（昭和35年）	2・13	フランス、サワラ砂漠で原爆実験成功。
1961年（昭和36年）		**【第2回　原子力長期計画】**　我が国において再処理をおこなう必要がある。プルトニウムリサイクル熱中性子炉の建設を考慮する。 ウラン重水型減速炉の開発・実験炉の建設。
1962年（昭和37年）	4・26	日本学術会議が、原子力潜水艦の日本寄港は望ましくないと声明発表。
	9・12	原研、国産1号JRR―3臨界（天然ウラン重水型出力1万キロワット）は、国産第1号炉である。 ※JRR―3……JAERI・Research Reactor 《※JAERI……Japan Atomic Energy Research Institute（日本原子力研究所）の略》
	1・―	ライシャワー駐日米大使、米海軍原子力潜水艦の日本寄港日本政府に申し入れ。池田勇人首相受け入れ表明。
1963年（昭和38年）	10・26	原研動力試験炉JPDR（Japan Power Demonstration Reactor）発電試験成功
1964年（昭和39年）	3・―	八戸地区新産業都市区指定。小川原湖周辺開発は調査継続を付記。
	10・16	中国・ロプノールで原爆実験成功する。
1965年（昭和40年）	5・4	原電第1号原発（東海1号、コールダーホール改良型）が臨界。
	5・	**東通村議会原子力発電設置決議**

年	月日	事項
1966年（昭和41年）	7・25	東海原発が運転開始
1967年（昭和42年）		**【第3回　原子力長期計画】**プルトニウムを本格利用する。高速増殖炉が実用化されるまで、つなぎ的に「プルサーマル」を実施する計画。新型転換炉ATR（Advanced Thermal Reator）を国のプロジェクトとして取り上げる。
	10・2	動力炉核燃料開発事業団（動燃）発足。日本の原子炉開発の中心として発足。
		※核燃料サイクル図XP参照
	6・17	中国・ロプノールで水爆実験成功する。
	7・20	動力炉。核燃料開発事業団法公布。原子燃料公社を改組して動力炉核燃開発専業団（動燃）設立。
	12・―	佐藤栄作首相「核を持たず、つくらず、持ち込ませず」の非核三原則を衆院予算委員会で表明
1968年（昭和43年）	1・―	内閣官房内閣調査室で、専門家を集め、核武装に関する秘密研究。9月に報告書。
	7・1	核拡散防止条約（NPT）署名、1970年3月5日NPT発効。
	7・―	**青森県竹内俊吉知事。日本工業立地センターに、むつ湾小川原湖地域、工業地域開発に関する調査を委託。**
	8・24	フランスの水爆実験成功する。
1969年（昭和44年）	5・30	**「新全国総合開発計画」（新全総）閣議決定。むつ小川原を大規模工業基地の候補地に指定。**
	9・―	外務省が秘密文書作成。「核保有はしないが、核兵器製造の経済的・技術的ポテンシャルは常に保持」
	12・―	六ヶ所村・村長選挙で、開発反対の寺下力三郎氏当選。
1970年（昭和45年）	1・―	中曽根康が弘防衛長官に就任。庁内で核武装に関する研究。
	3・5	日本・核拡散防止条約（NPT）発効。
	4・―	青森県「陸奥小川原湖開発室」を設置。
	4・1	東奥日報「巨大開発の胎動――むつ湾小川原湖」大キャンペーン、連日紙面に掲載。
	8・26	竹内知事の要請により、竹内俊吉知事、植村経団連会長・平井、東北経済連合会会長の三者会談。以後、経団連中心に開発計画具体化
	11・4	青森県は、むつ小川原湖を中心とする総合開発計画発表。基幹産業に、鉄鋼アルミ産業など8種想定。
	11・16	むつ湾「小川原湖開発室」を「むつ小川原開発」と改称。三沢市に調査事務所を置く。
1971年（昭和46年）	2・26	竹内俊吉前知事の三選なる。
	3・―	関係8省庁からなる、「むつ小川原総合開発会議」設置。
	3・14	小川原湖で三沢高校地学部が、小川原湖の最深部点定点観測中に水難事故。
		三宅純一教諭、中嶋真悦さん、類家正樹さんの3名死亡。
	3・26	福島第一原発1号機運転開始。

年	月・日	事項
	3・31	財団法人青森県むつ小川原開発公社設立
	8・14	住民対策大綱と立地想定業種規模（第1次案）を発表。関係市町村長、議長、関係団体へ説明会。
	8・20	寺下力三郎六ヶ所村長「開発反対」を表明。
	8・25	六ヶ所村村議会。開発反対決議。
	9・25	竹内知事は、青森市で六ヶ所村長、村議団に対し、第2次住民対策を提示。
	10・25	六ヶ所村、開発反対同盟が発足。
	12・―	鉄鋼業界は、深刻な過剰設備問題を抱え、粗鋼の不況カルテルを実施。
	12・―	石油化学業界は、深刻な過剰設備問題抱える。巨大開発の時代は去りつつあった。
1972年（昭和47年）	5・25	**【第4回　原子力長期計画】** ナトリウム冷却型の高速増殖炉の開発目標として、昭和49年ごろまでに熱出力10万キロワットの実験炉を臨界させる。また、新型転換炉（ATR＝Advanced Thermal Reactor）と高速増殖炉（FBR＝Fast Ereader Reactor）とで、プルトニウム循環を1990年代に実用化する。「使用済み燃料から回収されるプルトニウム及びウランは、国産エネルギー資源として扱うことができ、……この利用により、ウラン資源の有効利用が図れるとともに、原子力発電に関する対外依存度を低くすることができる。」 県は、石油コンビナートを中心とするむつ小川原開発第1次基本計画と住民対策大綱を発表し、六ヶ所村はじめ、関係市町村各種団体に説明会。
	9・14	政府は、小川原巨大開発を、閣議口頭了解。
	10・1	六ヶ所村議会特別対策委員会が、むつ小川原の条件付き開発推進を決議。
	12・25	県むつ小川原開発公社による用地買収交渉開始。
1973年（昭和48年）	1・5	開発反対期成同盟は、橋本勝四郎特別対策委員長のリコール手続き。
	1・31	開発推進派は、寺下村長リコール手続きをおこなう。
	3・26	美浜原発1号機で、燃料棒の大折損事故（76年末まで隠蔽）
	5・13	橋本村議のリコール投票は不成立。
	6・4	寺下村長のリコール投票は不成立。
	10・17	第4次中東戦争による、石油輸出機構（OPEC）の石油公示価格の引き上げと、敵対国に対する石油輸出禁止で、オイル・ショックが起こる。
	12・―	六ヶ所村長に、開発推進派の古川伊勢松氏当選。通商産業省資源エネルギー庁設置
1974年（昭和49年）	6・26	国土庁発足。経済企画庁から国土庁・地方振興局にむつ小川原開発の所管移る。
	8・31	県は、第2次基本計画の骨子、国土庁に提出。
	6・6	電源三法（発電用施設周辺地域設備法・電源開発促進税法・電源開発促進対策特別会計法）公布。
	5・18	インドプルトニウム原爆実験成功する（地下実験）。

年	月日	事項
1975年（昭和50年）	12・20	県、オイルショック後の石油需給を見通し、むつ小川原開発第2次基本計画を決定。工業地区528ヘクタール、立地想定は、石油精製計100万バーレル。石油化学160万トン。火山発電320万キロワットと訂正。
	3・22	アメリカのブラウンズフェリー原発1・2号機火災事故。
1976年（昭和51年）	7・20	環境庁、開発の影響、事前評価をテストケースとして、むつ小川原開発に適用決定。
1977年（昭和52年）	3・21	六ヶ所開発反対同盟は、「六ヶ所を守る会」に改称。開発を認め、条件闘争に転換。
	4・24	高速増殖実験炉「常陽」（FBR、熱出力5万キロワット）臨界　※FBR……Fast Breader Reactor の略
	8・30	むつ小川原開発第2次基本計画について閣議口頭了解。
	12・2	むつ小川原港湾計画を、運輸大臣承認。
	12・4	六ヶ所村村長選がおこなわれ、開発推進派の古川伊勢松氏再当選（3999票）。開発反対派の寺下力三郎氏（3074票）が、925票差で敗れる。
1978年（昭和53年）	2・14	県むつ小川原開発公社は1977年度の事業報告で94％の土地買収を報告。
	3・6	むつ小川原港建設の漁業補償の交渉を青森県と関係漁協の間で開始。
	6・19	通産省は、石油備蓄基地（CTS）を、むつ小川原に建設する方針を決め、青森県に協力を要請。 **【第5回　原子力長期計画】** 高速増殖　昭和70年代（1995年）実用化。実証炉を昭和60年代後半に臨界に至らしめる。
	12・6	小川原湖総合開発事業に関する基本計画建設大臣告示。主な内容は、湖岸堤整備による治水事業および湖の淡水化による利水事業の開始。
	2・26	前副知事の北村正哉氏、青森県知事に就任。竹内俊吉前知事のむつ小川原開発の推進を継続。
	6・14	むつ小川原港建設に伴う漁業補償交渉で、六ヶ所村内3漁協のうち、2漁協が県と協定調印。補償額は同村海水漁協が118億円、同村漁協が15億円。
1979年（昭和54年）	10・1	石油備蓄基地のむつ小川原地区立地正式決定。
	10・23	むつ小川原港建設漁業補償金額に不当な水増し分があるとして、米内山義一郎元衆議院議員（元社会党）が青森地裁に、北村正哉知事を被告とする損害賠償請求訴訟を提訴（米内山訴訟）。
	11・21	石油国家備蓄基地建設の起工式がおこなわれる。
	3・28	アメリカ、スリーマイルアイランド（TMI）原子力発電で大事故発生。
1980年（昭和55年）	3・1	核燃料サイクル事業をおこなう「日本原燃サービス会社」（日本原燃［株］の前身）が設立。
	3・31	六ヶ所村泊漁協は33億円、東通村白糠漁協は5億5000万円で、県と漁業補償協定調印。
	4・15	フランス・ラ・アーグ再処理工場で、電源喪失事故。
	7・23	むつ小川原港の起工式がおこなわれる。

年	月日	事項
1981年（昭和56年）	12・6	六ヶ所村長選挙は、古川伊勢松氏（4378票）が橋本喬氏（3291票）、寺下力三郎氏（212票）に圧勝、三選した。
1982年（昭和57年）	2・25	県は、むつ小川原港の一点係留ブイ・海底パイプラインの敷設計画に対して許可。 **【第6回　原子力長期計画】**　電気出力28万キロワット原型炉「もんじゅ」を1990年ごろを臨界目標に進める。1990年代初め、実証炉着工目標にする。原型炉「ふげん」は、昭和53年（1978年）から運転されている。60万キロワット程度の実証炉を建設する。
1983年（昭和58年）	8・31	CTSはA工旬（タンク12基）と中継基地、一点係留ブイバースの一連の付帯施設が完成。
	9・1	オイル・イン開始。
	12・8	**中曽根康弘首相が総選挙遊説先の青森市で記者会見し「下北半島を原子力基地にすればメリットは大きい」と述べる。**
1984年（昭和59年）	1・5	電気事業連合会（以下、電事連）、核燃料サイクル施設の建設構想発表。
	3・1	日本原燃産業（株）発足。
	4・20	電事連、青森県再処理施設内での海外からの返還廃棄物の貯蔵計画を含めた原子燃料サイクル事業（**再処理施設、ウラン濃縮施設、低レベル放射性廃棄物貯蔵施設**の3施設）の立地を協力要請。海外返還高レベル放射性廃棄物の表現はなし。
	7・27	電事連が青森県と六ヶ所村に、核燃料サイクル施設立地を正式申し入れ。
	11・26	県が委託した専門家グループ（11人）が「原子燃料サイクル事業の安全性に関する報告書」を提出。「安全性は基本的に確立しうる」との内容。※高レベル放射性廃棄物についての検討なし。
1985年（昭和60年）	1・17	古川村長、知事に「核燃料サイクル基地」立地、受け入れ回答。
	3・19	「核燃料サイクル施設立地反対連絡会議」結成。
	4・9	**北村知事が県議会全員協議会で核燃施設立地受け入れを表明。翌日、電事連に回答。受け入れ施設は再処理施設、ウラン濃縮施設、低レベル放射性廃棄物貯蔵施設の三点と説明。この時、再処理施設の概要に「海外に委託している使用済み核燃料の再処理に伴う返還廃棄物の受け入れ一時貯蔵を行います。」と記載あり。**
	4・18	青森県（北村知事）、六ヶ所村（古川村長）原燃サービス、原燃産業の四者が電事連を立会人として「原子燃料サイクル施設の立地への協力に関する基本協定」を締結。
	4・26	**「むつ小川原第2次基本計画」一部修正」を閣議口頭了解。核燃料サイクル基地の立地がむつ小川原開発の一部となる。売却困難な用地と借入金2600億円を抱えて困窮していたむつ小川原開発株式会社の救済という側面が強い。**
		国家石油備蓄基地51基完成。
	5・27	青森県議会が、臨時会を開き、直接請求で提案されていた「核燃料サイクル施設建設立地に関する県民投票条例」を否決。賛成は社会党と共産党のみ。

年	月日	事項
1985年（昭和60年）	7・11	六ヶ所村漁協が核燃料サイクル施設立地に関わる海域調査に合意。7月31日六ヶ所村海水漁協、8月19日八戸漁連、八戸地区原燃対策協議会、8月23日三沢市漁協も合意。
	12・1	六ヶ所村長選、古川氏当選（四選、4343票）。滝口作兵ヱ氏（2469票）、中村雄喜氏に大差。
1986年（昭和61年）	4・26	旧ソ連でチェルノブイリ原発4号機で暴走事故が発生。青森県内にも衝撃。六ヶ所村では、核燃施設建設に必要な海域調査への阻止行動が高まる。
1987年（昭和62年）		**【第7回原子力長期計画】** 高速増殖・原型炉「もんじゅ」建設。1992年の臨界目標に。青森県大間に1990年代半ばの運転目標に新型転換炉実証炉（60・6万キロワット）を建設する。
	3・9	フランスの高速増殖炉スーパーフェニックス燃料貯蔵タンクからナトリウム漏れ。
	5・26	日本原燃産業が、六ヶ所村のウラン濃縮施設の事業許可を申請。
	11・25	仏原子力庁が「スーパーフェニックスⅡ」計画を白紙撤回。
	12・12	農業4団体の核燃料サイクル建設阻止農業者実行委員会が発足。これ以降、核燃反対は全県的な規模の運動へ拡大。
1988年（昭和63年）	6・30	ストップ・ザ・核燃署名委員会、知事にサイクル施設建設白紙撤回の署名簿約37万人分提出。
	8・6	「核燃料サイクル阻止1万人訴訟原告団」の結成式がおこなわれる。法定闘争で核燃阻止を訴える。
	8・10	国が青森県六ヶ所村ウラン濃縮施設を、正式に事業許可。
	10・8	核燃料サイクル施設予定地の活断層に関する内部資料を、社会党県本部が入手。
	10・14	ウラン濃縮工場着工。日本原燃は、青森県に「断層は問題なし」と、地盤の安定性を強調。六ヶ所村泊住民ら反対グループは「抜き打ち」と怒りを示す。
	12・29	県農協代表者大会で、「核燃料サイクル施設建設反対」を決議。
1989年（平成元年）	4・9	六ヶ所村で「核燃阻止全国集会」。参加者が1万人を超える。「核燃いらね！　4・9大行動」運動の高まりの象徴。
	5・31	ドイツでヴァッカースドルフ再処理工場の建設中止。
	7・13	核燃料サイクル阻止1万人訴訟原告団がウラン濃縮施設の事業許可取消しを求め、提訴。
	7・23	青森県参院選で核燃料サイクル建設に反対を掲げた三上隆雄氏（無所属）が当選。青森県選出国会議員は、相次ぐ慎重論に、軌道修正を迫られる。
	8・—	青森県内の農協の過半数が核燃反対を決議。8月のみで22農協が表明。
	12・10	六ヶ所村長選で「核燃凍結」の土田浩氏（無所属）が、現職の古川伊勢松氏（自民党）を破り、初当選（土田3820票、古川3514票、高梨241票）。県や事業者に衝撃。
1990年（平成2年）	1・12	六ヶ所村議会で、核燃推進の請願が採択される、土田村長の方針と対立し、野党優位が浮き彫りに。
	3・17	六ヶ所村議会、電源3法交付金を含む新年度予算案を可決。

年	月・日	事項
	3・29	原子力船「むつ」の原子炉臨界。7月13日航海開始。
	4・26	六ヶ所村で低レベル放射性廃棄物貯蔵センターに関する公開ヒアリング開催。
	11・30	核燃施設低レベル貯蔵施設が着工（事業許可は11月15日）。
1991年（平成3年）	2・3	核燃政策が最大の争点となる青森県知事選で、北村正哉氏（推進）が、金沢茂氏（反対）、山崎竜男氏（凍結）を破り四選（順に32万５９８５票、24万７９２９票、16万７５５８票）。この知事選をピークに反核燃運動は下降線に。
	4・7	青森県議会選挙で核燃反対候補の落選が相次ぐ。反核燃議員は３名のみ。
	7・1	青森県核燃料物質等取扱税条例、県議会本会議で可決。
	7・25	ウラン濃縮工場に関する安全協定を青森県知事、六ヶ所村長、日本原燃産業社長の間で締結。
	10・30	六ヶ所村で、再処理工場と高レベル放射性廃棄物貯蔵施設についての公開ヒアリングが開催される。安全性をめぐり質疑。反対派も意見を述べる。
	11・7	１万人訴訟原告団が、低レベル放射性廃棄物施設に対する許可取消し訴訟を提訴。
1992年（平成4年）	2・14	原子力船「むつ」が実験終了を宣言。
	3・27	ウラン濃縮工場が本格操業開始。
	5・6	高レベル放射性廃棄物貯蔵管理センター施設着工（海外から返還されるガラス固化体一時貯蔵）
	7・1	原燃サービスと原燃産業が合併し、日本原燃（株）が発足。
	9・21	低レベル施設に対する安全協定が県、六ヶ所村と「日本原燃」の間で結ばれる。
	12・8	低レベル施設の操業開始。ドラム缶初搬入。９日に第１回廃棄物搬入は終了。
	12・24	国が青森県六ヶ所村再処理工場を事業許可。
1993年（平成5年）	4・28	**日本原燃、使用済み核燃料再処理工場着工。竣工予定２０１２年。**
	9・17	１万人訴訟原告団、高レベル貯蔵施設の事業許可取り消しを求めて提訴。
	11・18	六ヶ所ウラン濃縮工場から製品の濃縮六フッ化ウラン初出荷。
	12・5	六ヶ所村村長選挙で土田氏（４１６９票）が、「核燃反対」の高田興三郎氏（１２５２票）を退け再選。
1994年（平成6年）		**【第８回原子力長期計画】** 一定規模の核燃料サイクルの実現をすることが重要であり、高速増殖炉実証炉は、電気出力約66万キロワットとし、２０００年初頭に着工目標とする。余剰プルトニウムを持たないという原則の下に、プルトニウム利用計画を明らかにし、透明性を高めていく（※プルトニウム受給見通し示される）。
	11・19	科学技術庁、高レベル廃棄物の最終処分地問題について、青森県知事の意向に反しては最終処分地に選定されない旨の確約書を北村知事に渡す。
	12・9	反核燃３団体、「高レベルガラス固化体の最終処分場拒否条例」の制定を求める請願を県議会に提出。署名10・２万人。県議会は不採択（16日）。

年	月・日	事項
1994年（平成6年）	12・16	六ヶ所村住民5人（寺下氏ら）、高レベル廃棄物受け入れの是非を問う住民投票条例制定を直接請求。六ヶ所議会はこれを否決（24日）。
	12・26	県、六ヶ所村、日本原燃、返還高レベル放射性廃棄物の安全協定に調印。
1995年（平成7年）	2・5	青森県知事選で木村守男氏が初当選、反核燃派は大下由宮子氏と西脇洋子氏が立候補（木村32万3928票、北村29万7761票、大下5万9101票、西脇2万9759票）
	3・28	むつ小川原開発（株）の株式総会。繰越損失は20億7100万円、借入金2104億円となる（1994年末）。
	4・5	高速増殖原型炉「もんじゅ」臨界。
	4・25	海外（フランス）からの第1回高レベル放射性廃棄物返還ガラス固化体（28本）搬入で輸送船が六ヶ所沖に到着。木村守男知事、最終処分地に関する科技庁の回答を不服とし、高レベル廃棄物輸送船の接岸拒否。科技庁長官の確約文書提出を受け、翌26日に接岸許可。
	8・―	大間に電源開発株式会社による（ATR）実証炉が正式に建設中止となる。代わりに全炉心MOX燃料装可の改良型沸騰水型軽水炉（ABWR）一基建設を決定。プルトニウム利用は、プルサーマルのみとなる。
	8・29	高速増殖炉原型炉「もんじゅ」初送電するも、12月8日、ナトリウム漏洩火災事故で原子炉停止。
	10・23	県が国際熱核融合実験炉（ITER）の誘致を決定。
	12・8	高速増殖炉もんじゅ、ナトリウム漏れ事故で原子炉停止。「むつ」が原子炉を撤去され、海洋地球研究船「みらい」に改装される。むつの原子炉炉心「むつ科学技術館」に展示。
1996年（平成8年）	4・25	科技庁、第1回「原子力政策円卓会議」を開催。
	5・8	原子力委員会が、「高レベル放射性廃棄物処分懇談会」を発足させる。
	8・4	新潟県巻町で原発建設の是非を問う住民投票がおこなわれ、建設反対が60％を超える。町長、町有地の売却拒否を宣言。
	8・―	東北電力（株）東通原発1号機設置申請
1997年（平成9年）	1・14	通産省、総合エネルギー調査会、高速増殖炉開発政策を転換し、プルサーマル計画の推進を決める。
	2・4	政府が、プルサーマル推進計画について国策として閣議で了解する。
	3・18	第2回高レベル放射性廃棄物、むつ・小川原港到着。フランス・シェルブール港より。
	11・30	六ヶ所村村長選で橋本寿氏が現職の土田氏を破り初当選（橋本4407票、土田氏3850票、高田84票）。
1998年（平成10年）	2・2	仏政府が「スーパーフェニックス」の廃炉を正式決定。
	3・13	六ヶ所貯蔵施設に3回目の高レベル廃棄物搬入（知事接岸拒否で予定より3日遅れ）。
	3・18	第2回高レベル放射性廃棄物（ガラス固化体40本）、輸送船「パシフィックティール号」
	8・30	東通原発原子炉設置許可

	10・7	青森県六ヶ所村に搬入される使用済み核燃料輸送容器の性能を示すデータの改竄が発覚。科技庁と木村知事は日本原燃に、使用済み核燃料を使った校正試験と2回目の搬入中断を要請。
	3・10	第3回高レベル放射性廃棄物（ガラス固化体60本）フランスがむつ小川原港に到着。木村守男知事、知事要請内容──最終処分地にしないというもの。接岸拒否。3月13日、橋本竜太郎首相と会談・実現・搬入された。
	5・30	両日、パキスタンの原爆実験が成功する。
	9・18	使用済核燃料搬入
	10・1	動力炉・核燃料開発事業団（動燃）が、もんじゅナトリウム火災爆発事故や、東海再処理工場火災・爆発事故などで、核燃料開発機構と改名。
1999年（平成11年）	4・15	第4回高レベル放射性廃棄物（ガラス固化体）40本フランスから搬入。
	4・26	日本原燃、再処理工場の操業開始を2003年から05年7月に延期すると発表。総工費は8400億円から2兆1400億円に増大。
	9・30	JCO（旧称：日本核燃料コンバーション株式会社）東海事業所臨界事故。従業員2人死亡。1人重大な被爆。多くの村民被爆。東電・関電によるMOX燃料の海上輸送開始。
	11・―	**六ヶ所再処理工場化学試験始まる。**
2000年（平成12年）	2・23	第5回高レベル放射性廃棄物（ガラス固化体）フランスから104本搬入。
	4・―	ウラン濃縮工場生産ライン「RI―IA」停止
	6・7	「特定放射性廃棄物の最終処分に関する法律」が制定。高レベル放射性廃棄物の処分法決まる。（地層処分）
	7・―	ウラン濃縮工場遠心分離機472台停止
	8・4	新むつ小川原（株）が設立、法務局にて登記。経営破綻した「むつ小川原開発会社」（本社東京）の事業を引き継ぐ新会社。
	8・18	県議会で、県としては、「原子炉廃止措置により発生する炉内構造物」も立地協力要請に含まれている、との答弁。
	10・12	六ヶ所再処理工場へ使用済み核燃料を搬入する前提となる安全協定と覚書締結。木村知事、橋本六ヶ所村長、竹内哲夫日本原燃社長の協定当事者3人と立会人の太田宏次電事連会長が署名。
	12・19	六ヶ所再処理工場に使用済み燃料の本格搬入開始。
		【第9回原子力長期計画】 2010年過ぎまでのプルトニウムの回収と利用計画を発表。原子力発電を基幹電源として位置付ける。高速増殖原型炉「もんじゅ」を1992年に臨界目標。実証炉は1990年代後半に着工する。第2再処理工場については未明。
2001年（平成13年）	2・20	第6回高レベル放射性廃棄物（ガラス固化体）フランスから192本搬入。使用済み核燃料の再処理のための第三国移転終了。

年	月・日	事項
2001年（平成13年）	4・20	日本原燃が再処理工場で通水作動試験開始。
	5・27	新潟県刈羽でのプルサーマル住民投票。54%反対。
	8・24	日本原燃が青森県、六ヶ所村MOX燃料加工工場（ウラン・プルトニウム混合酸化物燃料工場）立地の協力申し入れ。
	8・—	使用済み燃料受け入れ貯蔵施設での漏水発覚。
	9・11	アメリカで「同時多発テロ」その後、核燃料サイクル施設等の警備が強化される。
2002年（平成14年）	1・22	フランスから第7回高レベル放射性廃棄物152本むつ小川原港に搬入する。
	2・22	福島第二原発が排出した低レベル放射性廃棄物200L入りドラム缶2072本を同廃棄物埋設センターで搬入。搬入済み同廃棄物累計は14万1403本。
	3・15	青森地裁で、核燃料サイクル阻止1万人訴訟原告団がウラン濃縮工場許可の取消しを求めて起こした行政訴訟の判決。「濃縮事業は適法、国の判断に不合理な点はない」との内容で、原告の全面敗訴。
	4・23	女川原発の使用済み核燃料約15トンと福島第二原発から出た約54トンを貯蔵施設に搬入、使用済み核燃料の累積受け入れ量は約574トンとなった。
	5・18	橋本六ヶ所村長が自殺。村発注の公共事業に絡む贈収賄の疑惑の渦中にあった。
	5・29	政府、六ヶ所村を国際熱核融合実験炉（ITER）の建設候補地として国際提案する方針を決める。小泉純一郎首相と森喜朗前首相らが首相官邸で会談して合意。
	6・1	県の「ITER誘致推進本部」が発足し、「ITER誘致推進室」が設置される。
	7・7	六ヶ所村長選で古川健治氏が当選。大関正光氏に大差。
	10・2	村は、日本原燃が計画する次期埋設施設（廃炉廃棄物埋設施設）について、本格調査開始を了解。
	11・1	再処理工場の化学試験の開始。
	11・—	ウラン濃縮工場で設備自動停止。
	11・13	日本原燃が高ベータ・ガンマ廃棄物処分施設の本格調査を六ヶ所村で着手。
2003年（平成15年）	1・1	日本原燃（株）本社を青森市から六ヶ所村へ移転。
	1・26	県知事選で木村氏が三選される。
	5・15	青森県木村知事、辞職願を提出。原因は女性問題。16日に与野党が不信任決議案を提出し、議会が合意。
	6・26	杉山粛むつ市長が使用済み燃料貯蔵施設の誘致を正式表明。
	6・29	青森県知事選で三村申吾氏初当選（三村29万6828票、横山北斗27万6592票、柏谷弘陽2万1709票、高柳博明1万9422票）。
	7・23	フランスから第8回高レベル放射性廃棄物（ガラス固化体）144本搬入。
	8・6	再処理工場貯蔵プールの漏水問題などを背景におこなわれた六ヶ所村再処理工場の点検調査が終了。ずさんな溶接は291ヵ所にのぼるなど、不良施行が問題化。

	10・14	県原子力政策懇話会の初会合が開催される。
	12・24	日本原燃は、再処理工場の化学試験の終了を発表。
２００４年（平成16年）	3・4	フランスから第9回高レベル放射性廃棄物（ガラス固化体）１３２本搬入。
	7・2	核燃政策における「再処理方式」に比べ、「使用済み核燃料直接処分」のコストが半分以下であるという政府試算の未公表が明らかに。
	11・12	「原子力開発利用長期計画」の新計画策定会議（原子力委員会）が、再処理路線の継続方針を決定。
	11・22	再処理工場のウラン試験安全協定を、県、六ヶ所村、日本原燃が締結。
	12・21	六ヶ所村再処理工場でウラン試験（稼動試験）開始。本格操業に向け機器の不具合・故障を操業前に洗い出す目的。
	12・24	東通原発一号機（東北電力）の試運転開始。
２００５年（平成17年）	4・19	青森県、六ヶ所村、原燃がMOX燃料加工工場立地で基本協定を締結。
	4・20	第10回高レベル放射性廃棄物（ガラス固化体）フランスから１２４本搬入。
	6・28	国際熱核融合実験炉（ITER）は、閣僚級会合で、南フランスのカラダッシュに建設決定。
	10・1	日本原子力研究開発機構発足（日本原子力研究所と核燃料サイクル機構が統合）
	10・11	**「原子力政策大綱」（第10回原子力長期計画が原子力政策大綱となる）決定。** ①使用済み核燃料の「全量再処理」推進・プルサーマルの推進。核燃料サイクルの推進。 ②原子力発電を58ギガワット（５８００万キロワット）まで拡大へ ③軽水炉の60年運転
	11・18	敦賀発電所からの低レベル放射性廃棄物を埋設施設に搬入。累積量18万２０１１本。
	12・15	九州電力玄海原発からの使用済み核燃料約17トンを、六ヶ所村の貯蔵プールに搬入。累積受け入れ量は約１５４１トンとなる。
２００６年（平成18年）	3・23	フランスから第11回高レベル放射性廃棄物（ガラス固化体）１６４本搬入。
	3・31	**日本原燃は、再処理工場で、プルトニウムを抽出するアクティブ試験を開始。**
２００７年（平成19年）	1・25	高知県東洋町が、高レベル最終処分地の「設置可能性を調査する区域」に応募。町民の反対が強く、4月23日付で取り下げる。
	1・31	日本原燃は、再処理工場の操業開始を3ヵ月遅らせて、２００７年11月にすると発表。
	3・23	第12回高レベル放射性廃棄物ガラス固化体、フランスから１３０本搬入。
	4・18	再処理工場の耐震計算ミス問題が発覚。
	7・16	中越沖地震発生。柏崎刈羽原発で耐震基準を大幅に上回る揺れがあり、全機停止。柏崎刈羽原発、震災の安全性が問題化。

年	月・日	事項
2007年（平成19年）	8・17	日本原燃が耐震補強工事を終了。
	9・6	原子力安全委員会が、MOX燃料加工工場についての公開ヒアリングを開催。
	9・7	**日本原燃は、再処理工場の操業開始を2008年2月に延期と発表。**
	10・1	日本原燃、新潟県中越沖地震発生を受け、六ヶ所再処理工場東方沖で追加断層調査を開始。
	12・22	六ヶ所ウラン濃縮工場訴訟で、最高裁が、住民側上告を棄却。
2008年（平成20年）	2・14	**原燃は再処理工場のアクティブ試験の第五ステップを開始。**
	3・6	青森県議会野党三会派は、高レベル放射性廃棄物の青森県内での最終処分地を拒否する条例案を提出。
	3・11	県議会は、最終処分地拒否条例案を質疑・討論なしで否決。
	3・27	フランスから第12回高レベル放射性廃棄物1300本搬入。
	4・10	三村知事は、電事連と日本原燃に対して、ガラス固化体を貯蔵期間終了後、県外に運び出すという確約書を提出するよう要請。
	4・24	電事連と原燃は、確約書を三村知事に提出。
	5・―	アクティブ試験一時中止
	5・24	核燃料サイクル施設の直下に、これまで未発見だった活断層が存在する可能性が高いとの研究を渡辺満久東洋大学教授らが発表。
	7・2	**日本原燃、再処理工場でのガラス固化体製造試験を、約半年ぶりに再開。しかし、すぐに（翌3日）、中断。**
	12・19	日本原燃が実施した再処理工場耐震性評価について、原子力安全・保安院は、妥当とする報告書案を提示。
2009年（平成21年）	1・―	アクティブテスト延期
	4・4	高レベル放射性廃液漏れで、日本原燃社長ら処分
	4・9	「4・9反核燃の日全国集会」を青森市で開催、約1300人が参加。
	6・―	再処理工場のボイラー用燃料受け入れ・貯蔵所で重油が漏洩。
		プルサーマル計画が5年先送りに。
	8・―	アクティブテスト延期
	7・―	使用済み核燃料が3000トン突破／「原子力政策大綱」の10年改定が先送りに。※後に「原子力政策大綱」の改定は、原子力委員会設置法の改正で取りやめとなった。（2013年6月）核燃施設訴訟上告審で、住民側の敗訴確定。
	10・9	核燃料税の税率を引き上げる県条例が可決。
	10・23	民主党への政権交代をふまえ、三村知事が、直嶋正行経産相、川端達夫文科相、平野博文官房長官から、高レベル最終処分地にしないという従来からの確約が有効であることを確認したと発表。
	11・―	むつ市関根水川目にリサイクル燃料貯蔵（RFS）の新社屋が完成。
	7・10	原子力安全・保安院は、再処理工場の設計と工事の認可などに対する住民側からの異議申し立て10件を棄却。

年	月日	事項
	6・―	再処理工場用燃料、重油漏洩。
	8・―	日本分析センターがむつ市に移転を発表。
	8・31	**日本原燃の川井吉彦社長は再処理工場の試運転の終了時期を、２００９年８月から１年２ヵ月繰り延べて２０１０年10月にすると発表。**
	9・―	ウラン濃縮工場で冷却水８００リットル漏洩。再処理工場で発電機から潤滑油１・５リットル漏洩。
		県議会に原子力・エネルギー対策特別委員会が設置。
		貯蔵中使用済み燃料の核燃税を6倍超引き上げ。
	10・―	再処理工場の高レベル放射性廃液、配管から20ミリリットル漏洩。
		ウラン濃縮工場が導入する新型遠心分離機製造の建屋が完成。
２０１０年（平成22年）	2・―	使用済み核燃料貯蔵プールの冷却系統が約3時間停止。
		再処理工場の高レベル放射性廃液漏れで汚染された機器の洗浄作業が終了。
	3・1	石田徹資源エネルギー長官が、三村知事に、海外返還低レベル放射性廃棄物を六ヶ所村で受け入れるよう打診。
	3・9	第13回高レベル放射性廃棄物（ガラス固化体）28本、イギリスからむつ小川原港に到着。
	3・―	国が三村知事に使用済み核燃料の海外処理で生じた低レベル放射性廃棄物を、六ヶ所村で受け入れるよう要請。
		返還廃棄物受け入れ問題で県専門家会議が都内で初会合。
	4・―	日本原燃が六ヶ所村で、新型ウラン濃縮工場で使用する新型遠心分離器製造開始。
	4・―	日本原子力研究開発機構の国際核融合エネルギー研究センター、六ヶ所村に完成。
	5・―	国が核燃料サイクル交付金による地域振興計画を承認。
		日本原燃が六ヶ所村に計画しているＭＯＸ燃料工場と、リサイクル燃料貯蔵（ＲＦＳ）がむつ市に計画中の使用済み核燃料中間貯蔵施設に国が事業許可。
	5・6	日本原子力開発機構は、高速増殖炉もんじゅの運転を再開。
	6・17	再処理工場ガラス溶解炉内に落下していた耐火レンガが、難航の末、回収された
	7・―	低レベル放射性廃棄物受け入れで国が、蝦名副知事に対し「青森県を廃棄物の最終処分地にしない」とした経産相名の確約文書を交付。
	7・2	「海外返還廃棄物の受け入れ」に関する県民説明会（県内5ヵ所）。
		函館市民団体の「大間原発訴訟の会」。大間原発建設差し止め訴訟。
	7・13	石田資源エネルギー長官は、海外返還低レベル放射性廃棄物受け入れ問題に関連して、「青森県を廃棄物の最終処分地にしない」などとした直嶋経産省相名の確約文書を蝦名武副知事に交付。この後内閣が代わる毎に、同様の確約文書を国からとる。

年	月・日	事項
2010年（平成22年）	7・26	「海外返還廃棄物の受入れ」に関する県民説明会（県内5ヵ所）。
	8・―	英仏両国から返還される低レベル放射性廃棄物について、三村申吾知事が受入を表明。 リサイクル燃料貯蔵が使用済み核燃料中間貯蔵施設に着工。
	8・18	古川六ヶ所村長は、三村知事に、海外返還低レベル放射性廃棄物受け入れを表明。
	8・26	もんじゅの原子炉容器内に3・3トンの装置が落下し、再停止。
	8・31	むつ市で、使用済み核燃料中間貯蔵施設が着工（2012年7月に操業予定）。
	9・―	日本原燃が六ヶ所再処理工場の完工2年延期決定。
	9・10	日本原燃、再処理工場の完工予定を2年遅らせ、12年10月に延期すると発表。
	9・22	日本原燃、電力会社などを引き受け先とした4000億円の第三者割当増資を正式決定。
	10・28	日本原燃、MOX燃料工場の本体工事に着手。2016年3月の完工をめざす。
	11・―	産経省が六ヶ所ウラン濃縮工場に導入する新型遠心分離機の工事計画を認可。
	12・―	六ヶ所再処理工場で極低レベル放射性廃液約2・4Lが漏洩。
	12・4	東北新幹線、新青森駅まで延伸開業。
	12・15	六ヶ所村ウラン濃縮工場で7系統のうち稼動していた最後の1系統も停止。今後10年かけて、全遠心分離器の更新（リプレース）をおこなう計画。
	12・21	原子力委員会が、「原子力政策大綱」を改定するための第1回会合を都内で開催
2011年（平成23年）	2・―	日本原燃は、六ヶ所再処理工場で使用しているガラス溶融炉の後継となる新型炉の研究開発施設の新設を発表。
	3・11	**東日本大震災が発生。15日までに福島第1原発の1・3・4号機で水素爆発、2号機も危機的状況に。1～3号機でメルトダウン発生。六ヶ所再処理工場の貯蔵建屋内の使用済み核燃料プールの水、約600リットル溢れる。** **3月11日の地震により、東北電力からの2回線の外部電力が喪失。喪失時間約57時間30分に及ぶ。この時の震度4。** **非常用ディーゼル発電機の稼働に、危機的状態は回避された。** **東通原発定期点検中で運転していない。** **原燃、東北電は、東日本大震災以降全面休止していた使用済み核燃料中間貯蔵施設工事を一部再開。** **高レベル放射性廃棄物貯蔵管理センターの増設工事が終了。**
	3・12	政府は福島第1原発から半径20キロメートル以内の住民に避難指示。 東通原発非常用発電機部品の取付間違い→油漏れ。
	4・7	**余震震度3による停電で、11～15時間にわたる外部全電源を喪失し、六ヶ所村の再処理工場、ウラン濃縮工場など、再処理工場の冷却ができず、危機一髪の危険な状況になる。**

	4・12	政府は福島原発事故を、国際原子力事象評価尺度でレベル7と発表。
	5・―	民主党の岡田克也幹事長が六ヶ所再処理工場を視察。
	5・9	中部電力は菅直人首相の要請を受け、運転中の浜岡原発の4・5号機の停止を決定。
	6・―	保安院が日本原燃の使用済み核燃料再処理工場を立ち入り検査。
		「県原子力安全対策検証委員会」が発足。
	7・―	六ヶ所再処理工場で、廃液回収機器2台が故障。
		日本原燃が六ヶ所再処理工場敷地内に、緊急時対策所新設。
	7・8	ドイツの連邦会議で、2022年末までに、国内の原発17基をすべて閉鎖する脱原子力法案が可決成立。
	7・13	菅首相、日本の首相としてはじめて「原子力に依存しない社会をめざす」と発言。
	8・―	ウラン濃縮工場で有効期限切れ線量計を使用。
	8・26	再生可能エネルギー特別措置法が成立。
	9・―	六ヶ所再処理工場で使用済み核燃料プールに水を補給する設備の配管から水約4000リットルが漏水。
	9・15	第14回高レベル放射性廃棄物（ガラス固化体）76本、イギリスから搬入。
2012年（平成24年）	1・―	非常用電源として電源車全3台の配備を完了。
		リサイクル燃料貯蔵が、むつ中間貯蔵施設の事業開始を13年10月操業へ国に変更届け出。
	3・―	六ヶ所・高レベル放射性廃棄物貯蔵管理センターの建屋で、「管理区域」の送排風機計が一時停止。
		六ヶ所ウラン濃縮工場の新型遠心分離機が生産運転を開始。
		むつ・中間貯蔵施設建屋の本体工事が約1年半ぶりに再開。
	4・―	日本原燃がMOX燃料工場の建設工事を再開。
	5・―	日本原燃は、六ヶ所村の再処理工場で、遮蔽せずに低レベル放射性廃棄物容器を保護容器から取り出していた。
	6・―	六ヶ所再処理工場でガラス固化体（高レベル放射性廃棄物）製造試験を約3年半ぶりに再開。
	8・―	再処理工場の配管から暖房用の重油1500リットルが漏洩。
		六ヶ所・ウラン濃縮工場で外部からの電力供給が途絶え、約15分間生産運転停止。
	10・―	**アクティブテスト延期19回**
	11・―	使用済み核燃料の12年度分の受け入れ終了後、貯蔵プールの貯蔵割合は97・9％に。
	12・―	六ヶ所再処理工場でガラス固化試験再開。
2013年（平成25年）	1・―	茂木敏充経済産業相が三村申吾知事に対し「核燃料サイクル継続」と「本県最終処分地にしない」と明言。
	2・27	英国からの返還ガラス固化体（高レベル放射性廃棄物）が六ヶ所村に到着。搬入28本、合計1442本。
	3・―	県核燃税の12年度の収入見込み額は160億4480万円、過去最高。

年	月	事項
２０１３年（平成25年）	4・―	日本原燃が、六ヶ所再処理工場の敷地内粉砕帯調査を開始。 六ヶ所村でプルトニウム・ウラン混合酸化物（ＭＯＸ）燃料工場建屋の建設工事開始。 原子力規制庁が日本原燃六ヶ所再処理工場、リサイクル燃料貯蔵（ＲＦＳ）使用済み核燃料中間貯蔵施設（むつ市）の10月完工、操業を認めない方針を2社へ伝達。
	5・―	日本原燃六ヶ所再処理工場で、５年半にわたるガラス固化体（高レベル放射性廃棄物）製造試験が終了。
	7・―	原子力規制委員会が核燃料サイクル関連施設の新規制基準の骨子案公表。
	8・―	リサイクル燃料貯蔵（ＲＦＳ）（むつ市）の使用済み核燃料中間貯蔵施設の貯蔵建屋本体が完成。 **アクティブテスト延期20回**
	10・―	日本原燃が六ヶ所再処理工場南側に建設を進めていた、ガラス固化体（高レベル放射性廃棄物）製造技術の研究開発拠点となる施設完成。 経済産業省がガラス固化体の埋設に約40年間かかるとの工程案を公表。 **アクティブテスト延期21回。**
	11・―	原子力規制委員会が核燃料サイクル施設について、高レベル放射性廃棄物ガラス固化体の受け入れは、経過措置として５年間に限り、事業継続を容認すると決定。
	12・―	核燃料サイクル施設の新規制基準施行。 日本原燃とＲＦＳが新工程発表、六ヶ所再処理工場の完工時期は「２０１４年10月」
２０１４年（平成26年）	1・―	日本原燃が六ヶ所再処理工場に関する新規制基準適合に向けた安全審査を原子力規制委員会に申請。 日本原燃が六ヶ所再処理工場について、２０１５年３月までに操業する旨を記した「再処理施設の使用計画」の変更を原子力規制委員会に届け出。アクティブテスト延期22回。
	4・―	政府が、原発を「重要なベースロード電源」と位置付け再稼働を進める方針を明記したエネルギー基本計画を閣議決定。
	4・10	日本原燃は、六ヶ所村に建設中のＭＯＸ燃料工場の完工時期を２０１７年10月に延期すると発表。 第15回高レベル放射性廃棄物（ガラス固化体）、32本イギリスから搬入。合計１４４６本。 今後約６００本イギリスから返還予定。
	4・11	第４次エネルギー基本計画、閣議決定。ベースロード電源として、原発、核燃料サイクルの推進。
	5・―	東通原発１号機再稼働延期。
２０１５年（平成27年）	11・―	再処理工場「緊急時対策所」の新設方針決定。
	12・―	**アクティブテスト延期23回。**
	12・―	ＭＯＸ燃料加工工場完工令和４年に延期。

年	月・日	事項
2016年（平成28年）	3・―	規制委員会、再処理工場とMOX燃料加工工場の重大事故対策了承。
	9・―	大間原発運転開始時期令和6年頃に延期。
2017年（平成29年）	12・22	MOX燃料加工竣工時期を平成33年度上期に変更。
	12・22	再処理の竣工時期を平成33年度上期に。延期24回。
2018年（平成30年）	3・―	函館の市民団体「大間原発訴訟の会」による「差し止めに対する訴訟」を函館地裁が請求を棄却する。
	9・―	大間原発運転開始時期を令和8年に延期する。
2019年（令和元年）	12・―	アクティブテスト延期25回。2021年度（令和3年度）に延期する。
	4・10	航空自衛隊三沢基地の最新鋭ステルス戦闘機F35Aが青森県の太平洋沖に墜落。
		MOX燃料加工工場操業を令和4年度以降に延期する。
2020年（令和2年）	3・―	使用済み核燃料に新課税。「むつ市使用済み核燃料税」条例成立。
	4・―	アクティブテスト延期26回。
	7・29	原子力規制委員会は、再処理工場が新規制基準に適合と認める。
	10・―	東北電力、東通1号タービン、建屋の床に油漏れ。
	10・―	原子力規制委員会・日本原燃・MOX燃料加工工場の安全対策新規制基準に適合を認める。

※再処理工場竣工延期と、再処理工場のアクティブテストの延期は同義です。まだテストは終了していないのです。

【参考文献】

・吉岡　斉『原子力の社会史』／2008年／朝日出版
・『科学』編集部「原発、再処理工場の事故について」／2010年2月／岩波書店
・東奥日報社編集『東奥年鑑』「むつ小川原開発・核燃料サイクルの経緯」／2020年9月／東奥日報社
・歴史学研究会編『日本史年表』第5版／2017年／岩波書店
・船橋晴俊、長谷川公一、飯島信子『核燃料サイクル施設の社会学』／2015年／有斐閣
・舘野　淳『シビアアクシデントの脅威』／2012年／東洋書店
・原子力技術史研究会編『福島事故に至る原子力開発史』／2015年／中央大学出版部
・有馬哲夫『原発・正力・CIA』／2008年／新潮社
・原発問題住民全国連絡センター『げんぱつ』（原発住民運動情報）月刊、合本『第1集』『第2集』『第3集』『第4集』『第5集』
・鎌田浩毅『地球の歴史（下）』／2016年10月／中央公論新社
・鎌田浩毅『日本の地下で何が起きているか』／2017年10月／岩波書店
・巽　好幸『和食はなぜ美味しい』／2017年7月／岩波書店

《資料・参考文献など》

【第1部】

①浜島書店編集部『ニューステージ新地学図表』／２０１３年11月5日／浜島書店

②巽好幸『和食はなぜ美味しい 日本列島の贈りもの』／２０１４年11月21日／岩波書店

③磯崎行雄、川勝均、佐藤薫他編著『地学（改訂版）』／２０１７年12月10日／振興出版社啓林館

④鈴木康弘『原発と活断層『想定外』は許されない』／２０１３年9月4日／岩波書店

⑤眞淳平『人類が埋めれるための12の偶然』／２００９年6月26日／岩波書店

⑥藤岡換太郎『フォッサマグナ』／２０１８年8月20日／講談社

⑦石橋克彦『台地動乱の時代 地震学者は警告する』／１９９４年8月22日／岩波書店

⑧鎌田浩毅『日本の地下で何が起きているのか』／２０１７年10月18日／岩波書店

【第2部】

①六ヶ所村史刊行委員会 平成9年『六ヶ所村史』／１９９７年4月30日／第一法規出版

②むつ・小川原開発問題研究会編『むつ小川原開発読本』／１９７２年8月／北方新社

③鎌田 彗『六ヶ所村の記録 上・下』／２０１１年11月／岩波書店

④六ヶ所村立郷土館編『六ヶ所村立郷土館総合案内図録』／２００５年3月／東奥マイクロシステム

⑤福田友之『青森県の貝塚――骨角器と動物食料――』／２０１２年8月20日／北方新社

⑥青森県埋蔵文化財調査センター『図説ふるさと青森の歴史』／１９９０年3月31日／第一印刷

⑦村越 潔『原始時代の人』／１９９７年7月25日／北方新社

⑧斉藤成也『日本列島人の歴史』／２０１５年8月28日／岩波書店

⑨蒲生俊敬『日本海』／２０１６年2月20日／講談社

⑩「核燃料サイクル施設」問題を考える文化人・科学者の会著、宮城一男編『青森県六ヶ所村核燃料サイクル施設 科学者からの警告』／１９８６年4月1日／北方新社

⑪青森県国民教育研究所『教育情報青森 No.105（青森県は、教育どころか人間が住むところではなくなる）』／２０００年10月25日／高金印刷

⑫田中正明『日本湖沼誌』／１９９２年1月31日／名古屋大学出版会

⑬青森県行政資料センター『第2回自然環境保全基礎調査報告』／１９７９年／青森県

【第3部】

①古川和男『「原発」革命』／２００１年8月20日／文藝春秋社

②日本科学者会議『原子力発電 知る・考える・調べる』／１９８５年8月15日／合同出版

③高木仁三郎『下北半島六ヶ所村 核燃料サイクル施設批判』／１９９１年1月／七つ森書館

④吉岡斉『新版 原子力の社会史』／２０１１年10月25日／朝日新聞出版

⑤不破哲三『「科学の目」で原発災害を考える』／２０１１年５月27日／日本共産党中央委員会出版局
⑥原発問題住民運動全国連絡センター『迫りくるプルトニウムの利用の危険』／１９９３年12月１日
⑦高木堅志郎・植松恒夫、他『物理』（高等学校理科用教科書）／２０１２年３月15日／新興出版社啓林館
⑧國友正和、他『改訂版　高等学校物理Ⅱ』／２０１１年１月10日／数研出版
⑨國友正和、他『改訂版 物理基礎』／２０１７年１月10日／数研出版
⑩小出裕章・渡辺満久・明石昇二郎『「最悪の各施設」六ヶ所再処理工場』／２０１２年８月22日／集英社
⑪新藤宗幸『原子力規制委員会――独立と中立という幻想――』／２０１７年12月20日／岩波書店
⑫田中三彦『原発はなぜ危険か――元設計技師の証言――』／１９９０年１月22日／岩波書店
⑬岩間滋『世界がはまった大きな落とし穴原発再処理』／２０１１年７月29日／岩手・宮古・岩間滋 moriko@jeans.ocn.ne.jp
⑭太田昌克『日本はなぜ核を手放せないのか』／２０１５年９月15日／岩波書店
⑮有馬哲夫『原発・正力・ＣＩＡ（機密文書で読む昭和裏面史）』／２００８年２月20日／新潮社
⑯日高三郎『原発と暮らし』／１９９１年３月15日／新日本出版社
⑰船橋晴俊 飯島伸子編『講座社会学12・環境』／１９９８年12月10日／東京大学出版会
⑱舘野　淳・野口邦和・吉田康彦編『どうするプルトニウム』／２００７年４月26日／リベルタ出版
⑲「核燃料サイクル施設」問題を考える文化人・科学者の会著、宮城一男編『青森県六ヶ所村核燃料サイクル施設　科学者からの警告』／
　１９８６年４月１日／北方新社
⑳「核燃料サイクル施設」問題を考える文化人・科学者の会『科学者からの提言「核燃」は阻止できる』／１９８９年11月20日／北方新社
㉑高木仁三郎『プルトニウムの恐怖』／１９８１年11月10日／岩波書店
㉒野口邦和『放射能のはなし』／２０１１年５月30日／新日本出版社
㉓経済産業資源エネルギー庁『さいくるアイ』／季刊２０１４年～２０１９年／日本立地センターエネルギー部
㉔東奥日報社『東奥年鑑』／２０１４年～２０２０年
㉕『科学』特集　活断層とは何か／２００９年２月号／岩波書店
㉖『科学』特集　プルトニウム科学の現在／２０１０年２月号／同
㉗『科学』特集　東北地方太平洋地震の科学／２０１１年10月号／同
㉘『科学』特集〈安全〉をめぐる神話を問い直す／２０１５年３月号／同
㉙『科学』特集　１００ミリシーベルトの神話を問い直す／２０１５年９月号／同
㉚『科学』特集　原発と国民負担を問い直す／２０１６年11月号／同
㉛『科学』特集　再エネ・地域社会の再生へ／２０１６年10月号／同
㉜大島堅一『原発のコスト』／２０１１年12月20日／岩波書店

【第４部】

①古川和男『「原発」革命』／前出
②岩間滋『世界がはまった大きな落とし穴として穴・原発・再処理』／前出

元素の周期表

周期＼族	1	2	3	4	5	6	7	8	9	10	11	12	13	14	15	16	17	18
1	水素 1H 1.008																	ヘリウム 2He 4.003
2	リチウム 3Li 6.941	ベリリウム 4Be 1.008											ホウ素 5B 10.81	炭素 6C 12.01	窒素 7N 14.01	酸素 8O 16.00	フッ素 9F 19.00	ネオン 10Ne 20.18
3	ナトリウム 11Na 22.99	マグネシウム 12Mg 24.31											アルミニウム 13Al 26.98	ケイ素 14Si 28.09	リン 15P 30.97	硫黄 16S 32.07	塩素 17Cl 35.45	アルゴン 18Ar 39.95
4	カリウム 19K 39.10	カルシウム 20Ca 40.08	スカンジウム 21Sc 44.96	チタン 22Ti 47.87	バナジウム 23V 50.94	クロム 24Cr 52.00	マンガン 25Mn 54.94	鉄 26Fe 55.85	コバルト 27Co 58.93	ニッケル 28Ni 58.69	銅 29Cu 63.55	亜鉛 30Zn 65.38	ガリウム 31Ga 69.72	ゲルマニウム 32Ge 72.63	ヒ素 33As 74.92	セレン 34Se 78.96	臭素 35Br 79.90	クリプトン 36Kr 83.80
5	ルビジウム 37Rb 85.47	ストロンチウム 38Sr 87.62	イットリウム 39Y 88.91	ジルコニウム 40Zr 91.22	ニオブ 41Nb 92.91	モリブデン 42Mo 95.96	テクネチウム 43Tc (99)	ルテニウム 44Ru 101.1	ロジウム 45Rh 102.9	パラジウム 46Pd 106.4	銀 47Ag 107.9	カドミウム 48Cd 1.008	インジウム 49In 114.8	スズ 50Sn 118.7	アンチモン 51Sb 121.8	テルル 52Te 127.6	ヨウ素 53I 126.9	キセノン 54Xe 131.3
6	セシウム 55Cs 132.9	バリウム 56Ba 137.3	ランタノイド 57~71 ※1	ハフニウム 72Hf 178.5	タンタル 73Ta 180.9	タングステン 74W 183.8	レニウム 75Re 186.2	オスミウム 76Os 190.2	イリジウム 77Ir 192.2	白金 78Pt 195.1	金 79Au 197.0	水銀 80Hg 200.6	タリウム 81Tl 204.4	鉛 82Pb 207.2	ビスマス 83Bi 209.0	ポロニウム 84Po ☢(210)	アスタチン 85At ☢(210)	ラドン 86Rn ☢(222)
7	フランシウム 87Fr ☢(223)	ラジウム 88Ra ☢(226)	アクチノイド 89~103 ※2	ラザホージウム 104Rf ☢(267)●	ドブニウム 105Db ☢(268)●	シーボーギウム 106Sg ☢(271)●	ボーリウム 107Bh ☢(272)●	ハッシウム 108HS ☢(277)●	マイトネリウム 109Mt ☢(276)●	ダームスタチウム 110Ds ☢(281)●	レントゲニウム 111Rg ☢(280)●	コペルニシウム 112Cn ☢(285)●	ニホニウム 113Nh ☢(278)●	フレロビウム 114Fl ☢(289)●	モスコビウム 115Mc ☢(289)●	リバモリウム 116Lv ☢(293)●	テネシン 117Ts ☢(293)●	オガネソン 118Og ☢(294)●

※1 ランタノイド	ランタン 57La 138.9	セリウム 58Ce 140.1	プラセオジム 59Pr 140.9	ネオジム 60Nd 144.2	プロメチウム 61Pm ☢(145)●	サマリウム 62Sm 150.4	ユウロピウム 63Eu 152.0	ガドリニウム 64Gd 157.3	テルビウム 65Tb 158.9	ジスプロシウム 66Dy 162.5	ホルミウム 67Ho 164.9	エルビウム 68Er 167.3	ツリウム 69Tm 168.9	イッテルビウム 70Yb 173.1	ルテチウム 71Lu 175.0
※2 アクチノイド	アクチニウム 89Ac ☢(227)	トリウム 90Th ☢232.0	プロトアクチニウム 91Pa ☢231.0	ウラン 92U ☢238.0	ネプツニウム 93Np ☢(237)●	プルトニウム 94Pu ☢(239)●	アメリシウム 95Am ☢(243)●	キュリウム 96Cm ☢(247)●	バークリウム 97Bk ☢(247)●	カリホルニウム 98Cf ☢(252)●	アインスタイニウム 99Es ☢(252)●	フェルミウム 100Fm ☢(257)●	メンデレビウム 101Md ☢(258)●	ノーベリウム 102No ☢(293)●	ローレンシウム 103Lr ☢(262)●

元素名 — 水素
原子番号 — 1H — 元素記号
1.008 — 原子量

☢ すべて放射性同位体からなる元素
● 人工的につくられたもの

非金属元素
金属元素
● 半導体的・半金属的
● 超アクチノイド元素

常温で気体
常温で固体
常温で液体

原子量は、炭素原子 $^{12}_{6}$C 1個の質量を基準とし、これを 12 としたときの、他の原子1個の質量の相対値を表している。同位体（同じ元素の原子で質量が異なるもの）が存在する原子は、それらの存在比で平均した値になっている。安定同位体がなく、天然で特定の同位体組成を示さない元素については その元素の放射性同位体の質量数（原子核を構成する粒子 ― 陽子と中性子 ― の数）の一例を（　）内に示す。

《参考文献》
・『改訂版 物理基礎』平成 28年2月23日検定済／数研出版
・「Wikipedia」周期表より
　http://www.chiba-kc.ac.jp/user/~iseri/siryo/atom.pdf
　（作者：井芹 康統）

<table>
<tr><th>震度階級</th><th>人の体感・行動</th><th>屋内の状況</th><th>屋外の状況</th></tr>
<tr><td>0</td><td>人は揺れを感じないが、地震計には記録される。</td><td>–</td><td>–</td></tr>
<tr><td>1</td><td>屋内で静かにしている人の中には、揺れをわずかに感じる人がいる。</td><td>–</td><td>–</td></tr>
<tr><td>2</td><td>屋内で静かにしている人の大半が、揺れを感じる。眠っている人の中には、目を覚ます人もいる。</td><td>電灯などのつり下げ物が、わずかに揺れる。</td><td>–</td></tr>
<tr><td>3</td><td>屋内にいる人のほとんどが、揺れを感じる。歩いている人の中には、揺れを感じる人もいる。眠っている人の大半が、目を覚ます。</td><td>棚にある食器類が音を立てることがある。</td><td>電線が少し揺れる。</td></tr>
<tr><td>4</td><td>ほとんどの人が驚く。歩いている人のほとんどが、揺れを感じる。眠っている人のほとんどが、目を覚ます。</td><td>電灯などのつり下げ物は大きく揺れ、棚にある食器類は音を立てる。座りの悪い置物が、倒れることがある。</td><td>電線が大きく揺れる。自動車を運転していて、揺れに気付く人がいる。</td></tr>
<tr><td>5弱</td><td>大半の人が、恐怖を覚え、物につかまりたいと感じる。</td><td>電灯などのつり下げ物は激しく揺れ、棚にある食器類、書棚の本が落ちることがある。座りの悪い置物の大半が倒れる。固定していない家具が移動することがあり、不安定なものは倒れることがある。</td><td>まれに窓ガラスが割れて落ちることがある。電柱が揺れるのがわかる。道路に被害が生じることがある。</td></tr>
<tr><td>5強</td><td>大半の人が、物につかまらないと歩くことが難しいなど、行動に支障を感じる。</td><td>棚にある食器類や書棚の本で、落ちるものが多くなる。テレビが台から落ちることがある。固定していない家具が倒れることがある。</td><td>窓ガラスが割れて落ちることがある。補強されていないブロック塀が崩れることがある。据付けが不十分な自動販売機が倒れることがある。自動車の運転が困難となり、停止する車もある。</td></tr>
<tr><td>6弱</td><td>立っていることが困難になる。</td><td>固定していない家具の大半が移動し、倒れるものもある。ドアが開かなくなることがある。</td><td>壁のタイルや窓ガラスが破損、落下することがある。</td></tr>
<tr><td>6強</td><td rowspan="2">立っていることができず、はわないと動くことができない。揺れにほんろうされ、動くこともできず、飛ばされることもある。</td><td>固定していない家具のほとんどが移動し、倒れるものが多くなる。</td><td>壁のタイルや窓ガラスが破損、落下する建物が多くなる。補強されていないブロック塀のほとんどが崩れる。</td></tr>
<tr><td>7</td><td>固定していない家具のほとんどが移動したり倒れたりし、飛ぶこともある。</td><td>壁のタイルや窓ガラスが破損、落下する建物がさらに多くなる。補強されているブロック塀も破損するものがある。</td></tr>
</table>

出所：気象庁ＨＰの気象庁震度階級関連解説表「人の体感・行動、屋内の状況、屋外の状況」
ＨＰ：http://www.jma.go.jp/jma/kishou/know/shindo/kaisetsu.html

あとがき

私は、日本という国がどのように誕生したのか、この著を書いてあらためて理解しました。

また、原子力発電は「**崩壊熱**」でも発電していること、高レベル放射性廃棄物は長寿命で超ウラン元素のアクチニド系元素を多く含んでいて、その元素群を「地層処分」する場所は日本にないこと、日本の核燃料サイクルは①軽水炉サイクル、②プルサーマルサイクル、③高速炉サイクルの3サイクルで、この全サイクルが必要なく、また、できもしないことを痛感しました。

軽水炉サイクルの六ヶ所再処理工場は、現在アクティブテストを、25回も延期しています。にもかかわらず、アクティブテスト中なのに、原子力委員会は操業しても良いと許可を与えているのです。日本の核燃料サイクルは、始めから終わりまで嘘・騙しです。

原爆投下から75年経過した今年はじめ、核兵器禁止条約が発効し、核兵器を持つことが悪であることが国際的な共通認識となりました。日本が一日も早く批准し、賛成国の一つになることを願ってやみません。


この著は、多くの方々のおかげでできあがりました。

まず、むつ小川原巨大開発「新全国総合開発計画」が発表された時代に、反対の中心となった地域村民と寺下力三郎村長です。

また反対運動は、多くの労働組合に支えられました。特に青森県高等学校教職員組合と青森県教職員組合です。理論的には、青森県国民教育研究所と所長だった故鈴木清龍氏（宮城教育大学教授）です。

原子力の問題については、岩間滋氏（科学教育研究協議会員）です。高レベル放射性廃棄物（ガラス固化体）の恐怖の「崩壊熱」について明らかにされました。

次に、青森県の核燃料サイクル施設設立反対連絡会議の方々です。会長の諏訪益一氏（前・青森県会議員）は、核燃料サイクルの危険な内容から青森県の政治的情勢運動など、あらゆる面から反対運動の先頭に立たれました。

核物理学者の宮永崇史氏（弘前大学大学院理工学研究科教授）にも、たくさんのご指導をいただきました。

また、私の後を継いでくださった事務局長の谷崎嘉治氏、事務局次長の河内淑郎氏、医師の西脇洋子氏。そして、「原発問題住民運動」の筆頭代表委員、伊東達也氏と事務局長の柳町秀一氏の方々です。柳町秀一氏には、全国情勢や理論的な運動のあり方についてご享受いただきました。

再処理工場のある地域のあらゆる場所の地質調査を何度もおこない、活断層を明らかにしてくださった立石雅昭氏（新潟大学名誉教授）、原発の科学的内容を分かりやすく説明してくださった石川県の児玉一八氏（日本科学者会議エネルギー部会）、エネルギー問題情報センターの事務局長舘野淳氏などの方々、原稿作成の際に様々なサポートをしていただいた本の泉社の新舩海三郎氏と田近裕之氏、しらかば保育園事務局の櫻庭るみ氏に深く感謝申し上げます。

2021年4月1日　小山内　孝

●著者略歴
小山内　孝（おさない　たかし）

昭和12年9月17日生まれ。青森県青森市出身。

北海道大学理学部生物学科（動物）卒。八甲田の湿原研究と淡水産プラナリアの生態研究をおこなう。

大学卒業後、青森県立青森高等学校等の理科教員、他。

1987年～1997年までの10年間、核燃料サイクル施設立地反対連絡会議事務局長を務める。

また、1998年～2009年までの間、青森市の市史自然編の執筆・編纂に携わる。

定年退職後、社会福祉法人しらかば福祉会しらかば保育園理事長に就任。

就任直後より、保育園敷地内にビオトープをつくり、平成27年から令和元年まで、日本生態系協会が開催する全国ビオトープコンクールに参加し、日本生態系協会賞に入賞している。

六ヶ所村　核燃料サイクルの今

2021年4月26日初版第1刷発行
2021年6月10日初版第2刷発行

著　者　小山内　孝（おさない　たかし）

発行所　株式会社 本の泉社
〒113-0033 東京都文京区本郷 2-25-6
電話：03-5800-8494　Fax：03-5800-5353
mail@honnoizumi.co.jp ／ http://www.honnoizumi.co.jp

発行者　新船海三郎
ＤＴＰ　田近　裕之
印　刷　新日本印刷株式会社
製　本　株式会社　村上製本所

ISBN978-4-7807-1997-0　C0036